JN409747

세계의 식물원 산책 1

세계의 식물원 산책 1

이숭겸 이길순 윤근영 이창경 황환주 김인호 전정일 변재상 지음

신구문화사

책을 펴내며

세계 12개국 식물원 61곳을 답사하고 쓴 《꼭 가봐야 할 세계의 식물원》을 간행한 지 4년의 세월이 흘렀습니다. 그 후에 답사한 많은 식물원을 소개하기 위하여 신구대학교식물원 개원 10주년에 맞추어 6개 대륙을 포함하는 160여 개 식물원을 안내하는 《세계의 식물원 산책》을 내게 되었습니다.

신구대학교식물원과 이 책은 불가분의 관계에 있습니다. 신구학원 설립자 우촌 선생께서는 상적동 현 식물원 부지에 어린이 자연학습공원을 만드실 계획을 갖고 계셨습니다. 자연의 소중함을 가르치는 체험교육의 현장을 조성하려고 하셨던 것입니다. 1999년 식물원 설계가 시작되면서 자료 수집을 위하여 답사를 시작하게 되었습니다.

답사를 시작한 지 10여 년 간 방문한 식물원이 230여 곳에 이릅니다. 주로 출장이나 연수 기간을 이용하여 답사를 진행하였고, 좋은 식물원이 있는 곳을 연수 장소로 선정하기도 했습니다. 방문한 곳 중 식물에 관심이 있는 사람이라면 시간을 내어 가보아도 결코 후회하지 않을 식물원 160여 곳을 선정하여 이 책을 내게 되었습니다. 식물원 조성의 역사와 구성, 운영의 특성 등을 기술하여 이해에 도움이 되게 했고, 저자들이 직접 촬영한 사진 자료를 수록하여 현장감이 나도록 했습니다.

분량을 고려하여 두 권으로 완결하기로 하고, 이번에 1권을 먼저 간행하게 되었습니다. 1권에는 아시아, 북아메리카, 오세아니아, 아프리카 등 4개 대륙 식물원 81곳을 수록하였습니다. 이어 2014년 간행하게 될 2권에서는 유럽과 중 · 남아메리카 지역 식물원 80여 곳을 수록할 예정입니다.

이제 식물원은 식물의 수집과 증식, 연구 등 전문적인 기능 수행과 함께 복합문화공간으로서 중요한 역할을 수행하고 있습니다. 어린이들에게 자연의 소중함을 가르치는 교육의 장으로, 휴식과 재충전의 공간으로, 또 힐링의 공간으로 자리 잡고 있습니다.

식물원에 대한 관심과 발전은 국민 소득과 연관이 있다고 합니다. 국민소득 2만 불 시대를 맞아 이제 우리나라도 식물원 100개 시대에 접어들었습니다. 국민소득이 높아지면서 여가를 즐기는 방법도 달라지고 있습니다. 식물에 관한 관심도 높아지고 단순히 보던 것에서 느끼는 것으로 바뀌고 있습니다. 그만큼 우리 생활은 식물과 가까워졌습니다. 스위스를 여행하면 집집마다 창가에 놓인 예쁜 꽃이 핀 화분을 보고 감탄하게 됩니다. 이제는 우리가 그렇게 꽃을 가꾸고 느끼는 시기가 된 것입니다.

이 책에 수록된 식물원은 그 나라를 대표하는 아름다운 곳입니다. 한 나라의 역사와 문화를 이해할 수 있는 곳이 박물관이라면 식물원은 문화 수준을 나타내는 곳입니다. 해외여행이나 출장길에 한나절 틈을 내어 인근의 식물원을 둘러본다면 또 다른 즐거움을 느끼게 될 것입니다. 식물원 산책길에 조그만 도움이 되기를 바랍니다.

2013. 5.

대표 저자 이 승 겸

차례

북아메리카

미국

캐나다

오세아니아 

아프리카 

일러두기

1. 이 책에서 설명한 식물원들은 저자들이 약 10여 년간 직접 방문한 6개 대륙 총 230여 곳의 세계 식물원 중에서 원예적 측면, 역사적 측면 및 학문적 측면에서 방문할 가치가 높고 아름다운 식물원 160여 곳을 선정하여 1, 2권에 나누어 실었다. 즉, 캐나다의 부차트가든Butchart Gardens처럼 식물의 수집, 연구, 전시 및 교육이라는 식물원 고유 역할을 모두 수행하고 있지 않더라도 원예적으로 아름다운 곳도 포함하였다.
2. 각 식물원에 대한 설명은 식물원의 역사, 식물원의 구성, 식물원의 운영 특성 등의 순서로 하였다. 또한 식물원의 특징을 핵심적으로 표현하는 수식어를 각 식물원 이름 앞에 붙였다.
3. 이 책에 서술된 내용이나 수록된 사진들은 필자들이 직접 방문하여 보고 기록한 것들이다. 일부 내용은 각 식물원 홈페이지에 설명되어 있는 내용을 참고하였다.
4. 외국 지명이나 인명은 외래어표기법에 따랐다. 그러나 정확한 발음을 알 수 없거나 한글로 번역하기 어려운 단체명 등은 원어 그대로 두었다.
5. 이 책을 기획하면서 중점을 둔 점 중의 하나가 각 식물원의 역사에 관한 내용 서술이다. 초기에 어떠한 목적과 여건 속에서 식물원을 조성하기 시작하였는지와 지나온 발자취를 추적하는데 많은 노력을 기울였다. 식물원의 역사를 통하여 그 식물원이 추구하는 목표와 운영 내용을 더욱 잘 이해할 수 있으리라는 생각에서다.
6. 각 식물원 설명 끝부분에는 식물원의 주소, 전화번호, 홈페이지 주소, 면적 등에 관한 내용을 실어 여행에 필요한 간략한 정보를 제공하고자 하였다.
7. 본문 설명 중에 나오는 식물 이름은 가능한 한국명으로 표기하였다. 그러나 한국 이름이 없는 경우에는 원어와 학명을 병기하였다.
8. 원예학이나 식물학을 전공하지 않았더라도 식물에 관심을 가진 이들이 볼 수 있도록 쉽게 설명하였으며, 식물원 동선을 따라 산책하는 느낌이 들도록 서술하였다.
9. 책의 말미에 식물원의 역할과 역사에 관한 소고를 실어 식물원에 관하여 보다 자세히 알고자 하는 분들께 도움이 되도록 하였다.

아이콘보기

 방문객센터

주차장

 유모차 대여

 식당, 레스토랑

매점, 기념품점

 해설

 카페, 찻집

 휠체어 대여

 의료센터

 화장실

 수유실

 전동차

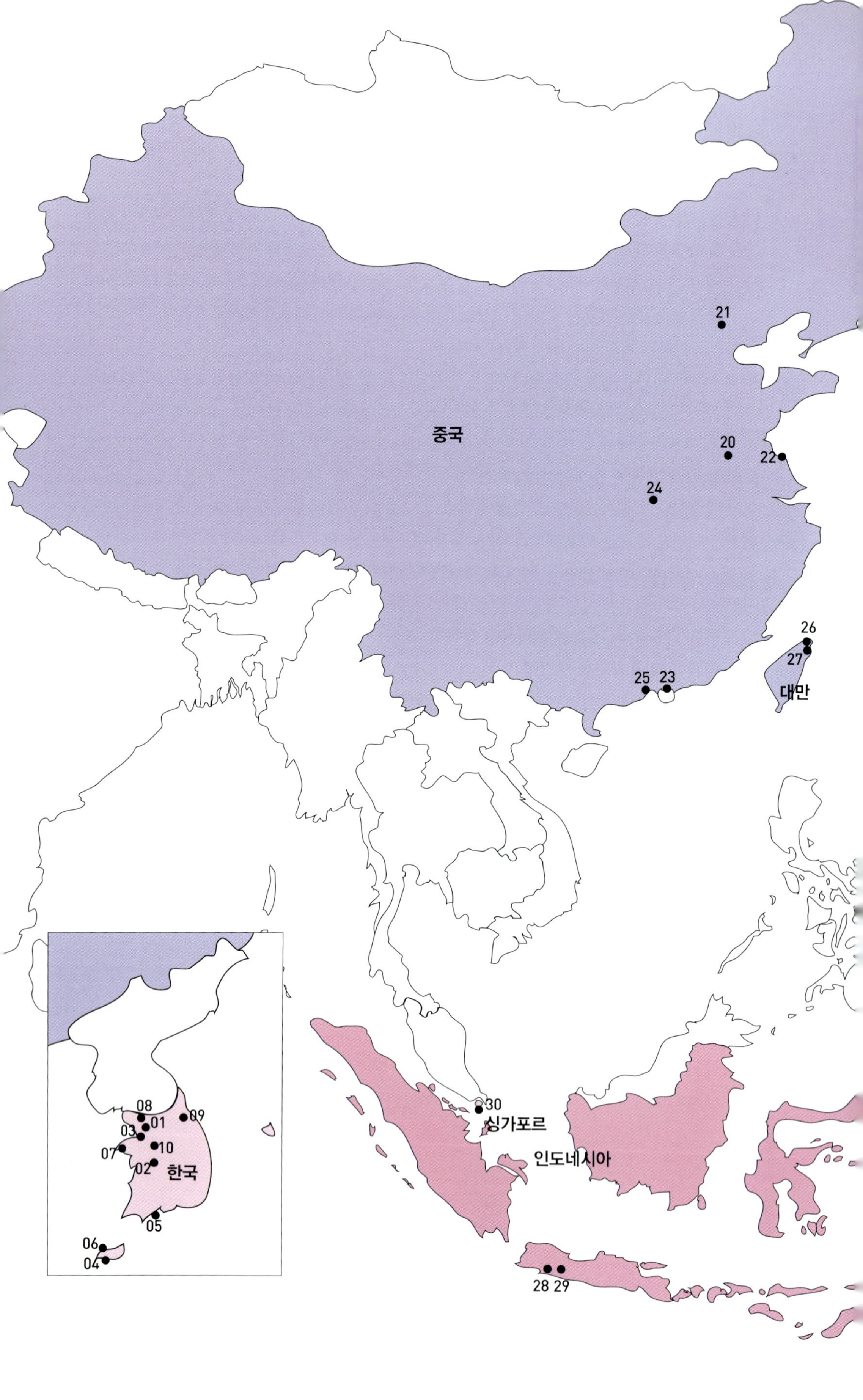

중국
21
20
22
24
26
27
25
23
대만
30
싱가포르
인도네시아
28
29
08
01
09
03
07
10
02
한국
05
06
04

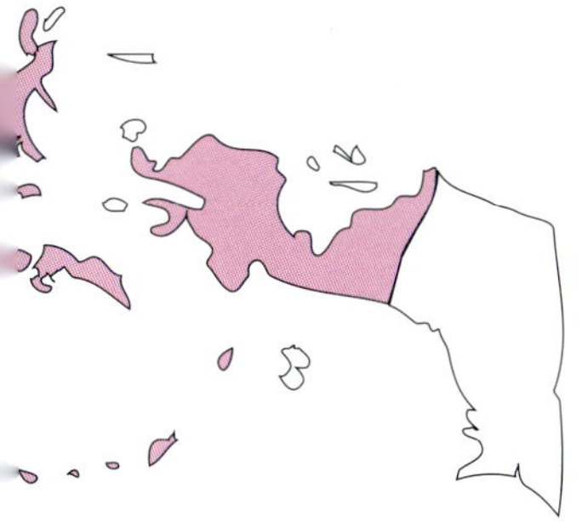

아시아

한국
01 국립수목원
02 대아수목원
03 신구대학교식물원
04 여미지식물원
05 완도수목원
06 제주한라수목원
07 천리포수목원
08 평강식물원
09 한국자생식물원
10 한택식물원

일본
11 교토식물원
12 나가사키아열대식물원
13 나가이식물원
14 도쿄진다이식물공원
15 로코고산식물공원
16 츠쿠바식물원
17 하코네습생화원
18 히가시야마식물원
19 히로시마식물원

중국
20 난징식물원
21 베이징식물원
22 상하이식물원
23 선전쉬엔후식물원
24 우한식물원
25 화난식물원

대만
26 타이페이식물원
27 푸산식물원

인도네시아
28 보고르식물원
29 찌보다스식물원

싱가포르
30 싱가포르식물원

01 생명과 역사가 어우러진 식물원 · 수목원의 맏형
국립수목원
Korea National Arboretum

봄단풍이 알리는 육림호의 봄소식(사진제공: 국립수목원)

국립수목원은 우리나라 식물원 · 수목원의 리더로서 산림생물종에 대한 조사 · 수집 · 분류 및 보전, 희귀 특산식물의 보전 및 복원, 국내외 유용식물자원의 탐사 및 이용기술의 개발, 전시원의 조성 및 관리, 산림생물종과 숲, 산림문화 등을 소재로 한 산림환경교육 서비스 제공, 산림문화 사료의 발굴 및 보전 등의 임무를 활발하게 수행하고 있다.

식물원의 역사

국립수목원이 자리한 광릉숲은 조선조 제7대 세조대왕의 능인 광릉의 부속림 중 일부로 500여 년 이상 황실림으로 엄격하게 관리를 해오다 1911년 국유림 구분조사 시에 능묘 부속지를 제외한 지역을 '갑종요존 예정임야'에 편입시켰는데, 이것이 오늘날의 숲이 되었다. 1913년에는 이 숲을 임업시험림으로 지정하여 묘포가 설치되었고, 1929년에는 임업시험장 광릉출장소가 설치되어 숲을 관리하였으며, 1976년 1월에는 출장소가 임업시험장 중부지장으로 승격되었다.

그 후 1984년부터 1987년까지 우리나라 자생식물종의 현지외 보존과 산림에 대한 자연학습교육 및 대국민 계도를 목적으로 수목원을 조성하고 산림박물관을 건립하여, 1987년 4월 5일부터 일반인들에게 공개하기 시작하였다. 이후 1989년에는 산림욕장을 개장하였고, 이어서 1991년에는 산림동물원을 개원하여 산림에 대한 대국민 홍보에 지대한 역할을 해왔다. 그러나 숲의 보존이 무엇보다도 큰 문제로 제기되면서 1997년부터는 산림욕장을 폐쇄하였으며, 주말과 공휴일에는 입장을 제한하고 5일 전 예약제를 도입하여

1일 입장객을 5,000명 이하로 한정하였다. 국립수목원은 식물자원의 중요성이 세계적인 관심사로 대두되면서 1999년 5월 24일 임업연구원 중부임업시험장 수목원으로부터 산림청 국립수목원으로 승격되었다.

식물원의 구성

국립수목원은 1,018ha의 자연림과 100ha에 이르는 전문전시원을 비롯하여 산림박물관, 산림생물표본관, 산림동물원, 난대온실, 열대식물자원연구센터 등으로 구성되어 있다. 전문전시원의 경우 1984년부터 조성하기 시작하여 1987년에 완공되었으며, 식물의 특징이나 기능에 따라 15개의 전시원으로 구성되어 있다. 1987년 4월 5일 개관한 산림박물관은 우리나라 산림과 임업의 역사와 현황, 미래를 설명하는 각종 임업사료와 유물, 목제품 등 11,000점에 이르는 자료들이 전시되어 있다. 1991년 개원한 산림동물원에는 백두산호랑이, 반달가슴곰, 늑대 등 총 17종의 야생동물이 전시되어 있다.

여기에는 광릉에서만 자라는 광릉물푸레나무 · 광릉갈퀴나무를 비롯하여 대전 이남에서만 자라는 금송金松, 완도에서 옮겨온 300년 된 동백나무도 있고, 네덜란드 이북에서만 자라는 수종인 자작나무와 외국에서 들여온 대왕송大王松 · 귀갑죽龜甲竹 · 자청목紫靑木 · 망고 · 바닷고사리 등도 있다.

석조물로 구성된 비밀의 뜰

단풍과 낙엽이 알리는 가을 전경(사진제공: 국립수목원)

시각장애인들을 위하여 촉감과 맛과 냄새로 나무를 식별하여 알 수 있도록 마련된 손으로 보는 식물원에는 맛이 쓰고 독한 소태나무 · 생강나무, 냄새가 고약한 노린재나무, 향기가 뛰어난 서양측백나무, 만지면 따끔한 노간주나무 등이 심겨 있다.

그리고 수목원의 중앙에는 우리나라의 산림과 임업

철쭉과 어우러진 돌탑

의 역사와 현황, 미래를 설명하는 각종 전시품과 자료가 전시되어 있는 연면적 4,628m² 규모의 산림박물관이 자리하고 있다. 바로 인접하여 연면적 3,967m² 규모의 산림생물표본관이 있는데 전용표본관으로서는 국내 최초로 2003년 11월에 완공되었다. 식물의 건조표본을 비롯하여 곤충, 버섯, 산림동물 등의 표본을 소장하고 계통분류에 관한 자체 연구는 물론 관련 분야 연구에 필요한 기본 자료를 제공하고 있다.

2008년 8월에 열대식물자원에 대한 연구를 위하여 열대식물자원연구센터를 오픈하였다. 3,000여 종의 식물을 보유하고 있는 열대식물자원연구센터에서는 무한한 가치를 지닌 열대식물을 수집 · 보전하고 기초, 응용 연구의 기반을 구축하여 국민들에게 열대식물의 중요성과 잠재적 자원가치를 알리고 있다.

열대식물자원연구센터의 열대식물 중 벨빗치아*Welwitschia mirabilis*는 독일 달렘식물원에서 들여온 종으로 남아프리카 나미비아 사막에 분포하는 귀한 식물이다. 두 장의 커다란 잎이 띠 모양으로 최대 3~3.5m까지 자라는데 1년에 1cm 정도로 아주 느리게 자라며 오래된 잎은 잘 찢기고 비틀린다. 암수

이천 년을 산다는 벨빗치아(사진제공: 국립수목원)

딴그루로 종자를 맺어도 건조지대라 발아가 힘들지만 한번 뿌리를 내리면 수백에서 수천년까지 생명을 유지하는 벨빗치아속에 속하는 유일종이다. 사막의 큰 일교차에 의해 생기는 이슬을 먹고사는 식물로 미스트를 통한 관수로 관리가 필요하다.

식물원의 운영 특성

국립수목원은 국가식물자원 관리시스템 구축, 식물보존센터 설치 운영, 전문수목원의 기능 보완 및 확대 조성, 국내외 유용식물의 탐색 확보, 산림생물표본관 및 종자은행 운영, 전국 단위의 사이버 표본관의 구축 및 운영, 대국민 교육 및 홍보 확대, 식물 전문 도서관 설치, 광릉숲의 생태계 보존 관리 업무에 주력하고 있으며, 산림과 관련된 실생활에 필요한 여러 가지 유익한 주제를 다루는 산림문화 체험강좌를 실시하고 있다.

국립수목원은 다양한 교육프로그램을 운영하고 있는데, 2010년부터 유아미취학아동을 대상으로 하는 '신나는 초록세상' 과 초등학생을 대상으로 하는 '재량활동 녹색수업' 은 인기있는 프로그램이다.

전문교육으로 수목원실무전문가 연수과정, 박사후 연구과정, 인턴과정 등을 진행하여 수목원 · 식물원 분야의 전문인력 양성에 크게 기여하고 있다. 이와 함께 일반인을 대상으로 다양한 교육서비스를 제공하고 있는데, 전문해설, 녹색수업, 행복충전 프로그램, 산림문화체험 프로그램 등이 그것이다.

2003년에 완공된 산림생물표본관에는 국내외 식물 및 곤충 표본, 야생동물 표본, 식물종자 등 40만 점 이상이 체계적으로 수집 · 관리되고 있으며, 2008년에 완공된 열대식물자원연구센터에는 식물의 이력정보가 있는 열대식물 3,000여 종이 식재되어 연구에 활용되고 있다. 이 밖에도 국립수목원에서는 전국의 관련대학, 연구기관, 수목원, 식물원 등에서 보유하고 있는 산림생물표본이나 식물정보를 데이터베이스화한 국가생물종지식정보시스템을 구축하여 관련정보를 서비스하고 있다. 또한 국내 식물명의 표준화와 명명 등을 위하여 국가표준식물목록위원회를 한국식물분류학

열대식물자원연구센터

습지식물원

회와 공동으로 구성하여 운영하고 있다. 국립수목원이 연구한 결과물로 구축된 국가생물종 지식정보시스템 및 국가표준식물목록, 재배식물목록 등이 중요한 성과이기도 하다.

국립수목원은 멸종위기에 처한 희귀, 특산식물의 현지 내외 보전기반 조성과 서식지 복원을 위해 노력하고 있고, 세계식물보전전략GSPC과 관련하여 국제워크숍을 개최하는 등 식물보전을 위해 노력하고 있다.

이와 함께 2010년 6월 2일 광릉숲은 유네스코 생물권보전지역으로 지정되어 세계적으로도 중요성을 인정받게 되었다. 한편, 국립수목원의 온라인-오프라인 교육, 홍보 기능을 강화하여 월간으로 온라인 웹진을 발간하고 있고, 방문객을 위해 수목원해설안내 및 자동안내해설기 대여 등의 서비스를 제공하고 있다.

Travel tip

주소 경기도 포천시 소흘읍 광릉수목원로 415
홈페이지 www.kna.go.kr
전화 +82 31 540 2000
개원시기 및 시간 4월~10월은 09:00~18:00까지, 11월~3월은 09:00~17:00까지, 일 · 월요일, 공휴일(국경일)은 휴원이며, 입장자는 사전예약을 해야 한다.
면적 1,118ha

02 전라북도가 자랑하는 대아수목원 Daea Arboretum

대아수목원은 전라북도 도립수목원으로 전라북도의 북부지역인 완주군 동상면에 자리하고 있으며 산악형 특성을 나타내는 수목원이다. 호남고속도로 및 익산~장수간 고속도로와 약 20분 거리에 위치하여 전국 어디서나 접근이 용이하다. 또한, 대아저수지 상류에 위치하고 있어 자연경관이 수려하고 주변에 고산 자연휴양림, 대둔산, 송광사 등 관광명소가 많이 위치하고 있다.

식물원의 역사

전라북도의 산림 및 임업에 대한 연구를 총괄하는 전라북도 산림환경연구소에서 종합적인 산림 휴양공간과 문화공간, 인간과 생물이 공존하는 자연환경 조성을 목적으로 1988년 7월 10일 조성을 시작하여 1995년 5월 7일 개원하였다.

식물원의 구성

대아수목원은 자연림 지역과 함께 14개 주제원으로 구성되어 있으며, 총 1,151종류 29만 7천여 본의 식물을 보유하고 있다. 주요 주제원은 약용수원, 유실수원, 활엽수원, 침엽수원, 밀원수원, 관상수원, 수생식물원, 무궁화원, 열대식물원, 장미원, 표본수원, 풍경원, 분재원, 테마식물원 등이 있다.

대표적인 주제원 중의 하나인 밀원수원은 꽃꿀과 꽃가루를 공급하는 식물을 수집, 전시한 곳으로 붉은꽃아까시나무 등을 비롯하여 조팝나무, 박태기나무 등 9종 2,200본이 식재되어 있다.

온실로 조성된 열대식물원은 테마별 10개원 13개실로 구성되어 있으며 면적은 1,670㎡

산림문화전시관 주변의 정원

풍경원과 분수(사진제공: 박준모)

식물과 어울리는 조각품

이다. 주요 수집 식물은 열대과수, 선인장, 식충식물, 흥미진귀식물, 열대수생식물 등의 주제로 구성되어 있으며 410종류 7,525본이 식재되어 있다.

교육 목적으로 산림문화전시실이 지상 2층 규모로 552m²의 면적에 설치되어 있는데 약용식물의 유래와 세시풍속, 전라북도의 산림과 임업의 역사 등을 한눈에 볼 수 있는 전시품 1,074점이 전시되어 있다.

이 밖에 대아수목원의 면적 중 70% 이상에 해당하는 110ha를 차지하는 자연림이 있는데 층층나무, 느티나무, 비목나무와 참나무류가 주요 식생을 차지한다. 이 자연림에는 교

천연기념물 수목의 후손을 키우는 정원

육시설로 180명을 수용할 수 있는 숲속교실 2곳을 운영하고 있다. 또한 이 자연림 지역은 우리나라 최대(약 5ha)의 금낭화 자생군락지로 유명하며 5월 초 분홍색 꽃이 만발하면 탐방객들을 사로잡는다.

수경식물원과 관람로

대아수목원은 4월의 진입로 벚꽃, 5월의 철쭉과 금낭화, 6월의 향기로운 장미와 붓꽃, 11월의 형형색색의 단풍 등 계절마다 다른 아름다운 모습을 보여준다.

식물원의 운영 특성

대아수목원은 전라북도 도립수목원으로 전라북도 산림환경연구소가 관리하며, 자연학습, 학술연구, 산림사료 및 유전자 보존 전시, 희귀 식물자원 보존 등을 통해 종합적인 산림 휴양공간과 문화공간, 인간과 생물이 공존하는 자연환경 조성을 목적으로 운영하고 있다.

개원 이래 연평균 25만여 명의 많은 사람들이 이곳을 찾고 있으며, 특히 금낭화와 철쭉이 만발하는 4~5월, 단풍철인 10월 말~11월 초에 많은 사람들이 찾고 있다.

뿐만 아니라 방문객들을 위해 숲해설 안내와 목공예, 꽃 누르미 체험, 숲속생태놀이 등 다양한 체험교실을 연중 운영하는 등 다양한 서비스를 제공하고 있다.

Travel tip

주소 전라북도 완주군 동상면 대아수목원로 94-34
홈페이지 www.daeagarden.kr
전화 +82 63 243 1951
개원시기 및 시간 1월 1일, 설날 및 추석을 제외하고 연중 개원하는데 3월~10월은 09:00~18:00까지, 11월~2월은 09:00~17:00까지 개방한다.
면적 150ha

03

대한민국 식물원의 자부심

신구대학교식물원

Shingu Botanic Garden

한 폭의 그림같은 신구대학교식물원 전경

자연과 일체화된 아름다움을 간직한 신구대학교식물원은 시민들에게 휴식공간을, 청소년들에게는 체험학습 공간을 제공하며, 대학교 실습장 및 멸종위기식물을 비롯한 식물 · 곤충의 연구를 담당하고 있다. 대학교에서 운영하는 특성을 살려 어린이들의 체험교육장, 성인들의 평생학습장으로 생애주기 맞춤형 교육프로그램을 제공하고 있는 명실상부한 녹색문화교육센터로서 지역의 평생교육 요람으로 발전하고 있는 식물원이다.

식물원의 역사

신구대학교 실습농장 부지에 성남시민과 신구대학교 학생 모두에게 혜택이 될 수 있는 교육과 휴양의 장소를 제공하기 위하여 성남시와 신구대학교 간의 관학협동으로 신구대학교식물원이 조성되었다.

신구대학교식물원은 1981년에 조성된 신구대학교 조경 · 원예실습장 부지를 기반으로 1999년부터 성남시가 식물원 지역으로 지정하면서 준비되고 구상되기 시작했다. 이후 식물원 조성을 위한 기본계획과 실시설계를 통해 2001년에 식물원 조성에 착수하여 2003년 5월 20일에 개원하였다. 2004년 6월 산림청에 학교수목원(산림청 제13호)으로 등록되었다. 2010년 2월에 환경부의 멸종위기식물 서식지외 보존기관으로 지정되었으며, 2012년에 신구대학교식물원으로 명칭을 변경하여 현재에 이르고 있다. 학생들에게는 실습교육의 장으로, 성남시 · 수도권의 일반시민들에게는 환경교육의 장으로, 전문가들에게는 식물의 개발 및 이용에 관한 연구를 할 수 있는 공간으로 활용되고 있다. 특히 2013년 숲

전시관을 개관함으로써 명실상부한 녹색문화 교육센터로서 지역의 평생교육 요람으로 발전하는데 중요한 기틀을 마련하였다.

식물원의 구성

신구대학교식물원은 성남시와 서울시 서초구의 경계부에 있는 인능산 자락에 위치하고 있다. 인근에 청계산, 대왕저수지가 있어 서울근교에서 보기 드문 자연경관을 감상할 수 있는 곳이다.

정문을 들어서면 숲전시관이 있다. 2013년에 완성한 숲전시관은 지하 1층에서 지상 1층까지 약 3,300㎡의 규모로 친환경 시설인 태양광 설비, 지열 등과 함께 빗물 처리 시설도 도입되었다. 신재생에너지를 이용하여 에너지를 절감하는 친환경 건물이다. 숲전시관에는 영상강의실, 연구실, 기계실 등을 갖추고 편의를 위한 엘리베이터와 지하주차장이 마련되어 있다. 판매장, 카페테리아, 전시관을 갖추고 있으며, 선인장류와 같은 다육식물, 양란 등을 도입한 온실이 있다. 대왕저수지의 아름다운 경치를 볼 수 있는 옥상정원까지 마련되어 있어 관람객의 사랑을 받고 있다. 숲전시관 전시공간에는 숲과 곤충, 환경을 주제로 한 체험하면서 교육받을 수 있는 전시내용이 구축되어 있으며 전시관의 광장에서는 음악회, 사진전시회를 비롯한 각종 이벤트를 개최하고 있다. 숲전시관은 신구대학교식물원

이젠 전설이 되어 버린 서양정원

다채로운 5월의 정원

이 명실상부한 녹색문화를 확산하는 평생교육센터로 발전하는데 중요한 기틀을 제공하고 있다.

숲전시관을 지나면 곤충생태관을 만나게 된다. 기존의 유리온실을 개선하여 만든 곤충생태관의 실내에는 곤충들이 좋아하는 화관목을 심고 나비를 방사해 놓았다. 덕분에 안으로 들어가면 다양한 종류의 나비가 날아다니는 모습을 자연스럽게 몸으로 체험할 수 있다. 그 외에도 사슴벌레 등 여러 곤충을 전시하여 어린이들에게 매우 인기가 좋은 장소이다. 곤충생태관 앞에는 나비가 좋아하는 화접원과 우리나라 전통정원 양식을 도입한 주제정원이 위치하고 있으며, 전통정원에는 솟대, 낮은 전통담장, 장독대, 석물과 괴석 등이 아름다운 우리나라 관목, 야생화들과 어우러져 있다. 화접원과 전통정원의 중앙에는 최근에는 사라져 가고 있는 재래식 펌프를 기존의 우물터에 설치하였는데, 가족들이 함께 펌프질을 하면서 물을 얻었던 옛 도구를 체험하는 장소로도 많이 이용되고 있다.

계절초화원에는 봄, 여름, 가을 계절별로 아름답게 피어나는 꽃을 감상할 수 있도록 다양한 초화류를 식재하였다. 중앙에는 바닥분수를 설치하여 어린이들이 시원한 분수의 물줄기를 가까이서 느낄 수 있는 장소로 햇빛이 뜨거운 초여름부터 초가을까지 많은 어린이와 가족들에게 인기가 폭발적이다. 에코센터에는 남부수종이 식재된 온실과 강의실 등이 있고, 지하에는 연구실, 조직배양실 등 식물원의 연구시설이 구축되어 있다. 에코센터 후면에는 식물 상설 전시공간이 마련되어 있다.

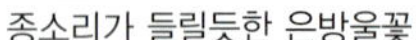

종소리가 들릴듯한 은방울꽃

멸종위기식물인 가시연꽃

곤충생태관과 에코센터 사이에는 생울타리용 식물(서양측백)을 이용한 어린이 키 높이의 미로원이 있는데, 길찾기 놀이, 숨바꼭질 놀이와 같은 재미있는 놀이 활동을 할 수 있다. 어린이정원이던 앞 공간은 다양한 소품과 재활용품을 이용한 DIY용 소품정원으로 꾸며져 있다. 2004년에 도입된 측우기와 우리나라 전통 해시계인 앙부일구는 그대로 있어 관찰학습도 함께 이루어지고 있다.

에코센터 위쪽에는 연꽃원, 수련원, 습지생태원, 고층습원 등 자연습지 부지를 활용한 다양한 생태연못이 조성되어 있다. 다른 어떤 식물원, 수목원보다 지형과 유역을 적용한 물이용과 물관리가 잘되어 있는 곳이기도 하다. 이곳에는 당연히 잠자리, 나비 등 곤충을 비롯하여 개구리, 두꺼비 등 양서류들의 서식처가 되기도 한다. 그야말로 자연과 일체화된 건강하고 아름다운 자연학습장이라 할 수 있다. 그래서 어린이들에게 가장 인기있는 공간으로 자리 잡고 있다. 특히 교재원은 초등학교 교과서에 나오는 다양한 식물들을 학습할 수 있도록 조성된 곳으로 습지생태원과 에코센터 사이에 위치하고 있다. 이외에도 약초원, 암석원, 수목관찰원, 유실수원, 곤충생태관 곁에 야외학습을 위한 공간 등을 개원 이후에 조성하였다. 신구대학교 식물원은 크게 3가지 코스인 어린이 코스, 가족 코스, 연인들을 위한 데이트 코스를

꽃과 잎이 서로 만나지 못하는 슬픈 이야기를 간직한 꽃무릇

가을을 보랏빛으로 물들이는 해국

제공하고 있다. 관람객의 필요에 따라 식물의 아름다움을 만끽할 수 있는 코스를 선물하고 있다.

식물원의 운영 특성

신구대학교식물원은 식물원 운영관리를 담당하는 운영관리부와 교육·연구를 담당하는 식물생태연구소가 있다. 다른 사립식물원에 비해 대학교식물원으로서 연구와 교육에 많은 투자와 함께 노력을 기울이고 있다. 식물생태연구소는 국내 · 외 자원식물을 체계적으로 수집·보전·전시하며, 지식과 정보를 축적·연구·교류하기 위하여 많은 노력을 하고 있는데, 국내·외 식물 수집 및 전시, 식물원 관련 국내·외 교류, 자원식물의 발굴 및 보급, 식물 교육 및 체험활동, 서식지외 보전기관 등의 활동이 중심적으로 진행되고 있다. 특히 가시연꽃 *Euryale ferox* Salisb., 나도승마 *Kirengeshoma koreana* Nakai를 포함하여 11종의 서식지외 보전 대상종을 보전 증식하기 위한 연구활동을 활발하게 진행하고 있다. 2012년 7월 산림생명자원 관리기관으로 지정되어 산림 유전자원을 체계적이고 과학적으로 지켜 나가는데 역할을 담당할 예정이다. 이러한 노력을 통해 국가가 인정하는 연구, 보전기관으로 자리를 잡아가고 있다.

신구대학교식물원은 자연 속에서 생명을 이해하고 더불어 사는 관계를 느낄 수 있는 어린이를 대상으로 하는 체험프로그램과 식물과 함께 자아실현을 할 수 있는 성인대상의 프로그램을 운영하고 있다. 특히 어린이를 대상으로 한 식물원 체험교육 프로그램은 2004년부터 운영한 환경해설가 양성과정을 이수한 환경해설가에 의해 운영되고 있다. 어린이, 청소년을 대상으로 한 식물원 체험프로그램은 2012년 11월에 환경부가 인증하는 환경교육 프로그램에 등록되어 더욱 신뢰받고 인기있는 프로그램이 운영될 것으로 기대된다.

신구대학교식물원이 진행하고 있는 성인대상 평생교육 프로그램은 수준과 단계가 있다. 전문가부터 초보자, 취업과 취미 등 다양한 맞춤형 프로그램으로 진행되고 있다. 그야말로 평생교육센터가 아닐 수 없다. 산림청이 지원하는 수목원전문가(가드너) 양성과정은 2013년 1기생을 모집하여 교육과 실습을 진행하고 있다. 국가에서 인정한 수목원전문가 양성과정은 처음으로 천리포수목원과 함께 지정되었는데, 한국수목원식물원협회와 협약 체결로 이루어지고 있다. 2006년부터 (재)경기농림진흥재단과 함께 경기도 내 일반시민을 대상으로 조경가든대학을 운영하고 있는데 매우 인기가 좋아 다른 대학으로도 확대되고 있다. 2013년부터 조경가든대학 수료생 및 관련 학과의 졸업자를 대상으로 봉사활동을 담당할 인력양성을 위해 시작한 시민정원사는 경기도지사가 인증하는 제도이다. 미국 마스터 가드너Master Gardener의 운영체계에 기초하여 기획되었는데, 어르신 분들이 건강과 사회봉사라는 두 마리 토끼를 잡을 수 있도록 지도하는 봉사인턴에 중점을 둔 교육프로그램이다.

울긋불긋한 가을 단풍

눈으로 뒤덮인 겨울 풍경

2013년도에는 조경가든대학 특화(단기) 프로그램으로 경기도 교사대상프로그램, 농촌진흥청의 농촌지도사 농촌조경과정을 위탁받는 등 다양한 연령층을 위한 프로그램이 제공되고 있다. 그야말로 녹색문화와 녹색서비스를 기반으로 한 평생교육센터로 성장하고 있다.

신구대학교식물원은 국립수목원, (사)한국식물원수

2013년 조성 중인 숲전시관 조감도

목원협회, 서울시 푸른수목원, 성남시 판교생태학습원과 MoU를 체결하여 다양한 기관과의 협력관계를 유지하고 있다. 이를 통해 함께 지혜를 나누고 도와주는 역할을 하는데 앞장서고 있다.

신구대학교식물원은 오프라인 홍보보다 온라인 홍보가 흥미롭고 재미있다. 홈페이지에도 녹색정보가 가득차 있지만 최근 페이스북에도 실시간 정보가 다채롭다. SNS시대 스마트폰으로도 언제든지 신구대학교식물원을 만날 수 있다. 일상에서 평생까지 녹색문화와 녹색서비스를 제공하는 노력을 게을리하지 않겠다는 신구대학교식물원 운영주체들의 의지가 엿보인다.

Travel tip

주소 경기도 성남시 수정구 적푸리로 11

홈페이지 www.sbg.or.kr

전화 +82 31 723 6677 / 교육프로그램 및 일반단체 예약문의 +82 31 723 9770

개원시기 및 시간 연중 운영하며, 개원시간은 두 가지 유형으로 구분된다. 봄, 가을, 겨울은 10:00~17:00까지이며, 5월~8월은 10:00~18:00까지 개원하며, 매주 월요일은 휴관이다.

면적 약 57ha

04

우리나라 최남단에 위치한

여미지식물원

Yeomiji Botanic Garden

잔디광장에서 바라본 전시온실

제주도 중문관광단지 내에 위치한 아름다운 땅이라는 의미를 지니고 있는 여미지식물원은 제주도 방문객이라면 반드시 들러야 하는 필수 코스 중 하나이다. 중문관광단지의 상징인 만큼 시간이 부족한 관람객들이라 하더라도 중앙에 위치한 독특한 구조의 온실식물원은 가급적 들러보길 권한다. 특히 승강기를 타고 온실 꼭대기로 올라가면 여미지식물원의 전경을 감상할 수 있으며, 맑은 날에는 중문 앞바다를 배경으로 마라도와 가파도까지도 볼 수 있다. 제주도의 가정집 현관을 연상케 하는 세 개의 긴 지지대가 여미지식물원의 현판을 떠받치고 있는 모습은, 제주도에 와 있음을 실감케 한다.

식물원의 역사

여미지식물원은 제주도를 대표하는 식물원으로 1989년 동남아 열대식물을 보여주는 관광식물원으로 출발하였다. 1992년에는 한국기네스협회로부터 동양 최대의 식물원으로 인정받았다.

개원 이래 1997년부터는 매각을 전제로 서울시시설관리공단이 위탁관리해 왔다. 이러한 탓에 장기발전계획의 추진이나 적절한 전시원의 추가가 이루어지지 않았으며, 합리적인 고객서비스가 부재하는 등의 문제가 발생하였다. 2005년부터는 한 민간회사에서 인수하여 식물원의 브랜드화를 도모하는 동시에 제주지역의 산업 발전과 지역 협력에 식물원을 적극 활용하고 있다.

제주도에는 환경부가 지정한 멸종위기식물 64종 가운데 절반에 가까운 29종이 자생한다. 생물다양성이 풍부하다는 증거이지만, 동시에 많은 희귀식물이 사라질 위기에 놓여 있다는 얘기다. 2003년 환경부로

풍차와 초화류 잔디광장

야자나무와 어우러진 연못

이태리정원의 상징인 오비타분수

부터 솔잎란 등 12종의 증식과 복원을 맡을 서식지외 보전기관으로 지정된 여미지식물원은 한라수목원과 함께 제주도의 멸종위기식물을 지키는 첨병이라고 할 수 있다.

식물원의 구성

총 면적 11.2ha에 조성된 여미지식물원은 크게 외부 정원과 온실식물원으로 구성되어 있다. 식물원 중앙에 자리 잡은 동양 최대 규모를 자랑하는 1.2ha 면적의 온실은 다양한 식물을 위한 각종 정원과 함께 전시회와 음악회를 열 수 있는 공간과 매점까지 들어서 있다. 온실식물원은 지름 60m의 중앙홀과 높이 38m

정문에서 바라본 온실 입구

의 중앙 전망탑을 중심으로 화접원, 수생식물원, 생태원, 열대과수원, 다육식물원 등이 배치되어 있으며, 전 세계에서 도입된 희귀식물을 포함해 2011년 현재 2,000여 종류의 식물들이 식재되어 있다. 그중에서도 솔잎란을 포함한 13종류는 멸종위기에 처한 보호대상 식물이다. 온실 내 화접원에는 다양한 화초류가 배치되어 있어 1년 내내 꽃을 볼 수 있고, 꽃의 여왕이라 불리는 구근베고니아를 볼 수 있다. 수생식물원에는 다 자라면 잎의 크기가 2m에 달하는 세계 최대의 빅토리아수련 등 50여 종류의 수련과 파피루스, 망그로브 등 5종의 희귀식물이 자라고 있다. 다육식물원에는 선인장 130여 종류가 있으며, 생태원에는 열대원시림과 정글벌레잡이 식물 등이 식재되어 있다. 열대과수원에는 우리가 잘 알고 있는 바나나, 망고 등을 비롯하여 최근 인기를 끌고 있는 카카오와 잭후르츠, 파파야 등 7종류의 과수를 관람할 수 있다. 온실 중앙의 승강기 위에 오르면 여미지의 아름다운 모습을 한눈에 담을 수 있으며, 고개를 들어 멀리 바라보면 넓게 펼쳐진 제주 중문 앞바다의 시원한 풍경이 창 너머에 펼쳐진다.

활짝 핀 열대수련

온실 밖에는 제주도자생식물원을 비롯하여 자연미

를 강조한 한국정원과, 고산수식과 회유식을 혼합해 놓은 일본정원을 감상할 수 있다. 또한 프랑스정원과 이태리정원이 만들어져 있어 동서양의 정원을 동시에 감상할 수 있으며, 침상원과 소철원에서는 형형색색의 꽃들과 사계절 푸르른 야자수들이 열대의 분위기를 만들고 있다. 이 중 이태리정원은 15세기 이태리정원 양식을 대표하는 로마 근교의 오비타분수를 재현한 물의 정원으로 웅장하게 떨어지는 물줄기는 한여름의 청량감을 제공해 주며, 이어지는 프랑스의 평면기하학식 정원은 자연미보다는 절제와 균형, 그리고 대칭의 미를 강조하여 4개의 회양목 자수화단을 조성하였다.

중앙온실 뒤로는 넓은 잔디광장 주변으로 놓인 의자에 앉아 한가로이 쉬는 사람들이 많다. 관람 전이나 또는 관람을 마치고 나오면서 입구에서 대기하고 있는 관람차를 타고 식물원 전체를 한 바퀴 돌아보는 것도 여미지식물원을 즐기는 방법이다. 이와 같은 온실과 조경시설 외에도 관리동, 재배온실(원내 5개 동, 창천 2개 동) 등의 부대시설이 있다.

식물원의 운영 특성

여미지식물원의 방문객 수는 연평균 73만 명으로 하루 2,000명 정도이다. 관광지의 입지를 살려 예술품 전시에 힘을 기울이고 있으며, 영국에서 가장 사랑받는 식물원인 시싱허스트 캐슬 정원을 모델로 하고 있다. 특히 국내외의 진취적인 설치예술가들의 작품을 설치하는 여미지 아트 프로젝트를 격년제로 열고 있다.

프랑스정원의 자수화단

6개 주제를 가지고 운영되는 전시온실

봄 전시회 기간(매년 3월~5월)에는 도내 초등학생을 대상으로 식물교실이라는 프로그램을 운영하고 있다. 이는 어린 시절부터 식물에 대한 관심을 유도하여 자연의 소중함과 환경보호에 대한 관심을 고취하고 실습의 장을 제공하여 학습효과와 정서함양을 도모하고자 개설한 프로그램이다. 봄 전시회 기간 이외에도 참여를 희망하는 방문객은 사전에 공문을 접수한 후 관람할 수 있다. 오전 9시 30분부터 대회의실에서 식물에 대한 이해를 목적으로 이론수업을 진행하고, 11시에서 12시까지는 온실이나 자생식물원, 재배동 등을 관람하며 관찰과 실습을 병행하고 있다. 하루 1회 운영하며 교육참가자 수를 제한하여 50명 내외의 관람객만 신청이 가능하다. 참가비는 3,000원으로 입장료를 포함하고 있으며, 수업을 마친 참가자에게는 자생식물 1분을 제공하기도 한다.

Travel tip

주소 제주특별자치도 서귀포시 색달동 2920

홈페이지 www.yeomiji.or.kr

전화 +82 64 735 1100

개원시기 및 시간 09:00~18:00(폐장 30분 전까지 입장권 판매)까지이며, 옥외정원은 일몰시까지 관람이 가능하다.

면적 11.2ha

05

국내 최대의 난대수목원

완도수목원

Wando Arboretum

아열대온실 속 사막식물원

수생식물원과 아열대온실

완도수목원은 전라남도에서 운영하는 공립수목원으로서 국토 최서남단에 위치한 국내 최대의 난대수목원이다. 난대림이란 연평균 기온 14℃ 이상, 1월 평균기온 0℃ 이상에 해당하는 지역에 서식하는 수림대로서 연강수량은 1,300~1,500mm 정도의 기후적 특성을 나타낸다. 이와 같은 기후를 나타내는 지역은 우리나라 국토의 15% 정도에 해당하는데 지리적으로는 북위 35° 이남의 남해안과 제주도, 울릉도 지역 등이며, 우리나라에서 가장 온화하고 일교차가 적으며 비가 많이 내리는 지역에서만 볼 수 있는 독특한 상록활엽수림을 보유하고 있다. 완도수목원은 동백나무, 붉가시나무, 구실잣밤나무, 황칠나무, 감탕나무, 후박나무, 완도호랑가시, 굴거리나무 등 조경 및 식 · 약용으로 가치가 높은 상록활엽자생수림이 분포하고 있는 식물자원의 보고이기도 하다. 국토의 최남단에 위치한 지리적 특성으로 1년 내내 푸르른 경관을 유지하고 있으며, 다도해의 장관이 어우러진 천혜의 자연조건을 간직하고 있다. 수목원 내외에 3,801종류가 분포하고 있으며, 자생식물만 752종류가 분포하는 국내 유일의 난대수목원이다.

대중교통으로는 찾아가기 힘든 수목원이기 때문에 서울에서 찾아가는 사람이라면 하루 이상은 비워야 관람이 가능하다. 참고로 시간 여유가 있는 방문객이라면 완도수목원에만 머물지 말고, 인근 화흥포에서 배를 타고 보길도까지 찾아가 보길 권한다. 시원한 다도해상의 바닷바람도 맞으며, 우리나라 3대 전통정원 중 하나인 세연정의 아름다운 모습도 감상한다면 1박 2일의 코스로는 최상이라고 하겠다.

식물원의 역사

1991년 2월 '전라남도 완도수목원 설치조례' 의 공포에 이어 4월에 완도수목원으로 발족한 이래, 1998년에는 전라남도 산림환경연구소와 완도수목원이 통합되었다. 2007년에 이르러 '완도난대수목원' 이란 이름으로 공립수목원에 등록하였으며, 이듬해에는 인간의 삶과 산림의 효능에 관한 모델 제시로 질높은 산림 · 문화 · 휴양의 기회를 제공한다는 취지하에 '산림자원연구소 완도수목원' 이라는 정식 명칭을 얻어 지금까지 운영되고 있다. 완도수목원은 난대성 목 · 초본 등 희귀식물 750여 종류가 자생하는 식물자원의 보고로서 아열대 · 온대 교차지에 분포하는 다양한 식물이 존재하여 학술적 가치가 높다. 특히 공립수목원의 설치 목적에 맞게 연구 기능을 중시하는 수목원으로서 수목유전자원의 수집과 증식을 비롯하여 보전·복원 및 관리와 학술적·산업적 조사 및 보급에도 많은 노력을 기울이고 있다.

식물원의 구성

수목원 이용을 위해 제안된 코스는 1~2시간 가량 소비되는 세 가지 코스가 있다. 특히 배후에 위치한 상황봉과 연결된 등산코스가 있기 때문에 많은 사람들이 주말이면 산행을 즐기기 위해 4시간 이상 소요되는 등산코스도 자주 선택한다.

수목원에 들어서면 좌측에 위치한 넓은 대문리저수지와 수변데크가 방문객들을 아름다운 경치 속으로 안내한다. 100m 가량 길을 따라 올라가면 육림교와 좌측에 위치한 교육관리동이 나타난다. 교육관리동 안에는 방문자 안내소와 사무실, 회의실, 교육장을 비롯하여 관람동선 총 150m의 산림전시관이 위치해 있다.

계곡쉼터를 마주보며 위치한 산림박물관은 완도수목원의 하이라이트로 4개의 전시공간과 휴게실을 비롯하여 기획전시실이 구비되어 있는 국내 유일의 난대림 전문박물관이다. 수목원 계곡 한편에 ㅁ자 형태의 전통한옥 양식을 취하고 있으며, 연속된 전시공간에는 다양한 난대수종과 야생 동·식물, 곤충 표본, 난대림 문화와 목공예품 등을 한눈에 만나 볼 수 있도록 전시하고 있다.

산림박물관에서 계곡을 건너 다시 코스를 따라 올라가면 총 면적 0.3ha의 아열대온실이 자리하고 있다. 온실 안의 열대·아열대식물원에는 야자류, 관엽식물류, 열대·아열대과일류, 허브, 초화류 등 200여 종류에 달하는 식물자원이 있다. 또한 금호나 펜타금과 같은 선인장류와 알로에, 용설란과 같은 다육식물 등을 보유한 다육식물원에는 300여 종류의 식물자원이 있어, 이곳 온실 내만도 총 506종류의 식물자원이 전시 및 보존·관리되고 있다.

전통 한옥양식의 산림박물관

사계절원

이외에도 수목원 곳곳에는 다양한 전문소원이 흩어져 있는데, 여러 종류의 식물을 형태·분류군별, 종별로 수집하여 전시·보전하고 있다. 특히 얼룩식물원, 방향식물원, 수생식물원, 진달래과원, 향토공예원, 동백나무과원, 녹나무과원, 외래소원, 침엽수원, 암석원 등 30여 개의 전문소원에는 2,940종류의 식물자원이 수집·전시되어 있다.

대문리저수지를 배경으로 펼쳐진 수목원 전경

수목원의 배후에는 우수한 전망포인트를 연결하여 상황봉 정상까지 이어놓은 6.4km의 생태탐방로가 있는데, 이 코스 때문에 등산을 목적으로 방문하는 관광객들도 수목원 내에서 흔히 볼 수 있다. 제1전망대(260m)나 수관데크(179m)까지는 꼭 올라가서 저수지를 끼고 있는 수목원 전경을 감상해 보길 권한다.

식물원의 운영 특성

녹색수업이라 불리는 완도수목원의 한 프로그램은 '자연과 인간의 만남'이라는 주제를 통해 숲의 역할과 중요성을 알리고 있다. 2시간 분량의 이 프로그램은 하루 100명 이내의 신청자들을 대상으로 무료로 운영되고 있다. 신청자 중에는 도내 유치원생, 초·중·고등학생 등이 대다수를 차지하고 있으나 장애우 등의 사회단체들도 꾸준히 신청하고 있다. 특히 대상별 프로그램을 수준별·요일별로 구분하여 세분하고 있다.

이외에도 오전 10시와 오후 2시에 2시간 동안 15~20명 내외의 단체 방문객을 대상으로 연중 수목원 안내 및 난대림 숲해설을 무료로 제공하고 있으며, 가족단위의 관람객들에게는 일주일 전에 사전 예약을 통해 난대림 숲해설과 함께 가족사랑 생태액자 등의 재미있는 체험행사도 제공하고 있다.

Travel tip

주소 전라남도 완도군 군외면 청해진북로 88번길 156
홈페이지 www.wando-arboretum.go.kr
전화 +82 61 552 1532 / 1544
개원시기 및 시간 3월~10월은 09:00~18:00까지이며, 11월~2월은 09:00~17:00(휴원일은 매월 첫째주 월요일과 설날, 추석 등의 연휴기간)까지 개원한다.
면적 2,050ha

06 난대수목을 한곳에서 볼 수 있는 제주한라수목원 Halla Arboretum

제주 현무암을 사용해 만든 상징조형물

한라수목원은 제주시 근교 광이오름과 남조봉 기슭에 자리하고 있으며 도시근교에 자연학습 장소 및 휴식공간을 제공하고 있다. 제주도 자생식물 유전자원의 수집 · 증식 · 보존 · 관리 · 전시 및 자원화를 위한 학술적 · 산업적 연구와 도시민에게 휴식공간 제공 및 관광자원으로 활용하기 위한 목적으로 설립되었다.

한라수목원의 정식 명칭은 제주특별자치도 한라산연구소 한라수목원으로 학술적 기능이 강하지만, 다양한 난대식물로 구성된 정원, 상록활엽수 숲 등이 일반인들이 관람과 휴양을 하기에도 좋은 수목원이다.

식물원의 역사

한라수목원은 1986년에 조성계획을 수립하는 것으로 시작되었으며, 7년여의 조성공사를 통해 1993년 말에 개원하였다. 2000년에는 환경부로부터 멸종위기식물 서식지외 보전기관 제2호로 지정되었는데, 제1호는 동물 분야였기 때문에 식물 분야에서는 첫 번째로 지정된 것이다. 2005년에는 교육기능을 강화하기 위하여 자연생태체험학습관을 개관하였다.

식물원의 구성

한라수목원은 교목원, 화목원, 희귀특산수종원, 수생식물원, 도외수종원 등 10개 소원으로 구성되어 현재 1,100종류 10만여 본의 식물을 소원별로 전시하고 있다. 이 중 제주도 내 수종으로 구상나무, 눈향나무, 비자나무 등 790종류, 은행나무, 미선나무, 병솔나무 등 제주도에 자생하지 않는 국내외 수종 310종류를 전시하고 있다.

한라수목원의 대표 주제원은 교목원과 온실이라고 할 수 있다. 교목원에는 제주도에 자생하는 구실잣밤나무, 담팔수, 종가시나무, 후박나무, 먼나무, 소귀나무 등의 난대수종이 주로 전시되고 있다. 특히 온실에는 가는쇠고사리, 파초일엽, 발풀고사리, 나도히초미, 창고사리, 더부살이고사리 등 상록성 및 난온대성 양치류 100여 종과 한란, 나도풍란, 죽백란, 새우란, 지네발란 등의 난과 식물을 전시하고 있는데 이들은 국내 다른 식물원 및 수

겨울에 꽃을 피우는 동백나무

수목원의 1월을 장식하는 수선화

사철 푸른 잎을 보여주는 송악

목원에서는 보기 어려운 식물들이다.

또 다른 대표 주제원으로 희귀특산수종원을 들 수 있는데, 여기에는 환경부로부터 멸종위기식물로 법적 보호를 받는 나도풍란, 한란 등 26종의 멸종위기식물과 다양한 제주도 특산식물이 수집되어 보호받고 있다. 자연생태체험학습관은 제주도의 지형, 지질과 자연사를 간략하게 알아볼 수 있도록 관련 자료를 전시하고 있으며, 각종 환경관련 사진을 전시하는 기획전시실과 세미나 시설을 갖추고 있어 다양하게 이용되고 있다.

한편, 수목원 내의 관람 동선에는 폐타이어를 재활용한 고무매트와 고무블럭을 사용하고 중심지역에 제주 현무암을 이용하여 '나무 목木'을 상징하는 조형물을 설치하여 환경보호의 메시지를 전달하고 있다.

한라수목원은 매월 특색 있는 꽃을 볼 수 있다. 1월은 수선화, 백량금, 동백나무, 2월은 복수초, 매실나무, 생강나무, 백서향 등이 꽃을 피운다. 3월은 개나리, 털진달래, 산목련, 붓순나무 등이 일찍 꽃을 피운다. 4월은 왕벚나무, 금새우란, 매자나무, 모과나무, 5월은 산철쭉, 참꽃나무, 병꽃나무, 구상나무, 다정큼나무 등이 꽃의 절정을 보여준다.

6월은 장미, 목서, 멀구슬나무, 산딸나무, 구실잣밤나무, 7월은 섬잔대, 왕원추리, 자귀나무, 누리장나무, 담팔수, 8월은 협죽도, 개상사화, 꿩의비름, 노랑어리연꽃, 부처꽃 등의 여름 꽃들이 가득하다.

9월은 해국, 석산, 아왜나무, 배롱나무, 10월은 먼나무, 말오줌때, 죽절초, 왕갯쑥부쟁이, 참취 등의 가을꽃들로 물든다. 11월은 한란, 피라칸다, 털머위, 단풍나무, 돈나무, 12월은 애기동백, 아열대식물, 고사리류 등이 수목원을 장식한다. 이렇게 사계절 다른 아름다움을 느낄 수 있을 정도로 식물이 다양하다.

자연생태체험학습관

자연생태체험학습관의 내부

식물원의 운영 특성

한라수목원에서는 자연생태체험학습관을 중심으로 주말을 이용하여 제주도의 오름, 습지, 곶자왈, 생태마을 등 여러 지역을 체험할 수 있는 프로그램을 운영하여 도민들을 위한 환경학습 프로그램의 중심이 되고 있다.

한편, 한라수목원은 제주도 내에 분포

수생식물원

하는 희귀식물을 증식하여 한라산 국립공원지역과 희귀식물 자생지 등에 복원하는 활동을 1994년부터 꾸준히 수행하고 있다. 그동안 구상나무, 한라구절초, 삼백초, 황근 등 22종류 55,000여 본을 자생지에 복원하였다. 이와 함께 한라생태숲 조성사업, 산림해충의 생물학적 방제사업 등 각종 연구 활동도 활발하게 수행하고 있다.

개원 이래 한라수목원을 찾는 입장객은 매년 증가추세를 보여 1998년에 29만 명이었던 연간 방문객 수가, 2005년에 100만 명을 돌파하였으며, 2012년에는 184만 명 이상이 수목원을 방문하는 등 제주도의 관광명소로도 자리 잡고 있다.

Travel tip

주소 제주특별자치도 제주시 수목원길 72
홈페이지 www.sumokwon.jeju.go.kr
전화 +82 64 710 7575
개원시기 및 시간 수목원의 야외 공간은 연중(04:00~23:00) 개방한다. 부대시설은 개방시간이 다른데 자연생태체험학습관은 설날 및 추석 당일을 제외하고 매일 09:00~18:00(동절기는 09:00~17:00)까지 개방한다. 온실 및 난전시설 등도 개방시간은 자연생태체험학습관과 같지만 관리상 필요시 개방하지 않는다.
면적 20.3ha

07

세계적으로 인정받는 아름다운 식물원

천리포수목원

Chollipo Arboretum

초가집을 모티브로 조성된 민병갈기념관

아시아에서 최초로 국제수목학회에서 인증하는 '세계의 아름다운 수목원' 으로 지정받은 수목원이다. 만리포와 천리포해수욕장 사이에 위치하고 있다. 다양한 수종을 보유하고 있는데 그 종류가 10,000여 종류가 넘는다고 한다. 특히, 400여 종류에 이르는 호랑가시나무와 목련류는 천리포수목원이 세계적으로 자랑하는 것으로 4월 목련이 필 때면 수목원의 아름다움은 절정에 달한다. 한국관광공사가 뽑은 '한국인이 꼭 가봐야 할 국내관광지 100선' 에 선정되었다.

식물원의 역사

충남 태안반도의 끝자락인 충남 태안군 소원면에 위치한 천리포수목원은 '푸른 눈의 한국인' 으로 불렸던 민병갈(미국명; Carl Ferris Miller, 1921~2002) 설립자가 40여 년 동안 정성을 쏟아 일궈낸 국내 최초의 민간수목원으로 바다와 숲이 어우러진 우리나라 1세대 수목원이다. 1962년 부지를 매입하고 1970년부터 본격적인 나무심기를 시작한 수목원은 교육 및 종다양성 확보와 보전을 목적으로 관련 분야 전문가, 후원회원 등에게만 제한적으로 입장을 허용하고 있다가 2009년에 일부 지역이 일반인들에게 공개되었다.

총 면적이 59.5ha에 이르는 수목원은 호랑가시나무, 목련, 동백나무, 단풍나무, 무궁화 등 5속을 중심으로 13,200여 종류의 국내에서 가장 많은 식물자원이 식재되어 있다. 민병갈 설립자는 식물을 공부하지도 않은 푸른 눈의 외국인으로 결혼도 하지 않고 평생 동안 자신의 전 재산을 들여 민둥산의 박토를 일궈

설립자 민병갈 박사 동상

스위트 하트 Sweet Heart 목련

스노우 드리프트 Snow Drift 마취목

지금의 수목원을 만들었기에 그 숭고한 정신과 철학으로 많은 사람들의 귀감이 되고 있다. 그는 산림 분야 최초로 금탑산업훈장을 수여받고 숲의 명예전당에 헌정되었다.

또한 수목원의 지속적인 노력으로 1997년에는 세계목련학회를 유치하였고, 1998년에는 국제수목학회 및 호랑가시학회를 유치하여 국제적인 학술교류 및 정보교환을 위하여 중요한 역할을 하고 있으며 이러한 업적은 세계적으로 크게 인정받고 있다.

식물원의 구성

천리포수목원의 해양성 기후 조건은 여름에는 내륙보다 서늘하고 겨울에는 온난하므로 난대성식물에서 아한대성식물들까지 재배할 수 있는 기후 조건을 갖추고 있다. 식물 종류의 폭이 넓은 것이 가장 큰 장점으로 다양한 상록활엽수들과 고산성식물들이 재배되고 있다. 천리포수목원은 서해안을 흐르는 황해 난류의 영향으로 난대성식물에서 아한대성식물들까지 식재할 수 있어 다양한 식물종의 보전이 가능하여 자생식물은 물론, 전 세계 60여 개국에서 들여온 도입종까지 약 13,200여 종류의 식물종을 보유하고 있는 국내 최대 식물종 보유 수목원이다.

크리스마스를 장식하는 사랑의 나무 완도호랑가시나무

목련류 400여 종류(세계 최다 목련 수집 수목원), 동백나무 380여 종류, 호랑가시나무류 370여 종류(미국 홀리학회 인증 수목원), 무궁화

소나무 숲이 비치는 연못

250여 품종, 단풍나무류 200여 종류 등을 집중적으로 수집하여 보전 및 연구하고 있으며, 2006년부터는 환경부로부터 멸종위기식물 서식지외 보전기관으로 지정받아 멸종위기식물 5종(가시연꽃, 매화마름, 미선나무, 망개나무, 노랑붓꽃)의 보전 및 증식을 위한 연구도 함께하고 있다.

천리포수목원은 59.5ha의 넓은 부지에 밀러가든과 생태교육관, 목련원, 낭새섬, 침엽수원, 종합원, 큰골 등 7개 지역으로 나눠 관리하고 있는데, 2009년부터 밀러가든을 일반인에게 공개했다. 이후 밀러의 사색길과 목련원이 개방돼 연간 20만 명이 넘는 관광객이 방문하고 있다.

토지가 이와 같이 한곳에 집중되어 있지 않고 분산되어 있는 것은 관리상, 작업상 매우 불편한 단점이 될 수 있으나 각 지역의 자연환경에 따라 다양한 식물 종류들을 적절히 배치 · 관리할 수 있는 장점도 있다. 따라서 이러한 지역들의 토질, 기후, 기존식물상 등을 고려하여 각각 관리하고 있다. 30여 년간 수집 관리해온 국내외 수종이 13,000여 종류에 달할 만큼 다양하여 사계절 관광이 가능하다.

주지역 또는 본원이라고도 부르는 밀러가든은 수목원이 시작된 모체로 전시용 내지 교육용 지역이라고 볼 수 있다. 수집된 식물들의 대부분이 이곳에 식재되어 있으며 사무실, 관리사택 등 10동의 건축물과 온실 8동 중 7동이 이 지역에 위치하고 있다. 위성류, 해송집, 감탕나무집 등 6개 동의 게스트하우스가 있어 숙소예약을 하고 수목원에서 숙박을 할 수도 있다. 2008년 밀러가든 외부에 조성된 생태교육관은 숙소는 물론, 대강의실, 소강의실, 비즈니스실, 공동취사장 등이 있어 회의, 심포지엄, 워크숍 등 모임을 개최하는데도 많은 도움이 된다.

식물원의 운영 특성

천리포수목원은 1979년에 산림청 산하 비영리재단법인으로 인가를 받았으며, 1996년 공익법인 인가를 받아 현재 공익재단법인으로 운영되고 있다. 현재 수목원 조직은 이사장, 원장, 홍보기획팀, 교육팀, 식물자원연구팀, 식물팀, 관리팀, 시설팀으로 구성되어 운영하고 있다. 방문객들에게 유료로 수목원해설 서비스를 제공하는 천리포수목원 해설가가 별도로 구성되어 있다.

꽃을 피운 삼지닥나무

천리포수목원은 식물원 전문가 교육으로도 유명하다. 최근에는 일반인 체험과정, 전문가 양성과정, 해설가 양성과정으로 구분하여 교육프로그램이 운영되고 있

민병갈 박사가 사랑한 배롱나무집

아름다운 가을 분위기에 어울리는 억새원

다. 특히 현장 실습 중심의 교육을 통해 수목원 및 식물원에서 필요로 하는 전문 인력을 양성하는데 목적이 있으며 더 나아가 수목원 및 식물원 대중화를 위한 선도자로 육성하기 위하여 1년 과정의 수목원전문가 양성교육 프로그램을 운영하고 있다. 2009년 산림청으로부터 수목원전문가 교육과정 인증을 받았으며, 2013년도부터 산림청에서 국고를 지원받아 제12기 '수목원전문가(가드너) 양성과정'을 운영하고 있다. 수목원전문가 교육과정 이외에도 천리포가든스쿨, 생태세밀화가, 숲해설가 교육 등은 일반인을 대상으로 정기적으로 실시되는 평생교육 프로그램이다. 매월 마지막주 월, 화요일에 6주 동안 12강으로 운영되는 '식물세밀화가 양성과정'은 인기있는 프로그램이다.

천리포수목원 안내소와 홈페이지를 통해서 제공되는 금주의 식물에 관한 팸플릿 자료는 천리포수목원에 있는 식물을 소개하는 것은 물론 안내도를 통해서 어디에 어떤 식물이 위치해 있는지 알 수 있게 한다. 이 자료를 보면 방문객에게 계절에 맞는 식물 관상 포인트를 하나라도 더 알차게 보여주고자 한다는 것을 느낄 수 있다. 수목원에 다양한 수종이 있지만 관람 동선에 위치하지 않은 것도 있기 때문에 방문객에게 충분한 사전지식을 제공하려는 배려가 담겨 있다. 팸플릿은 식물원전문가 교육과정에 있는 교육생이 계절마다 자신이 느끼는 관상 포인트를 정리하여 1차 자료를 만들고 이를 직원들의 감수를 거쳐 제작한다. 일반인들에게 천리포수목원의 정보를 알리는 소중한 자료로 이용되고 있다. 방문객들에게 보물찾기와 같은 재미와 흥미를 주기 위한 노력의 일환이다.

이외에도 방문객을 위한 다양한 교육과 이벤트 프로그램들이 진행되고 있다. 사전예약과 유료로 진행되는 '천리포수목원 체험마당'은 수목원 해설, 식물심기, 에코가방 만들기, 친환경화장품 만들기 등으로 구성되어 있는 묶음형 프로그램이다. '천리포수목원의 봄밤이야기' 프로그램은 야간개장을 위해 기획되었다.

계절별 축제와 이벤트, 문화행사가 준비되어 있는데, 가을꽃 전시회에는 '천리포수목원과 함께하는 가을꽃 여행'이라는 부제로 국화, 장미, 백합 등 다양한 가을꽃이 전시되어 방문객에게 볼거리를 제공하고 있다. 동절기 프로그램으로는 '내손으로 만드는 성탄절 장식', '안녕~서해낙조 찰칵찰칵', '반짝반짝 겨울 밤산책', '일일체험' 등이 진행됐거나 현재 운영되고 있다.

기획전시회도 다양하게 운영되고 있다. 봄방학맞이 프로그램으로 2013년 2월 18일부터 3월 24일까지는 수목원 밀러가든 내 전시온실과 생태교육관 1층 목련관에서 '울레미 소나무 특별 기획전'을 개최하였다. 전시회는 오전 9시부터 오후 5시까지 열리며 수목원 입장객이나 숙박객은 무료로 관람할 수 있다. 밀러가든 내 전시온실에는 세계적으로 희귀한 식물로 알려진 울레미소나무와 대나무 진본 화석, 중생대 트라이아스기의 규화목, 티라노사우르스 두개골, 프로토케라톱스 전신골격 등이 전시된다. 울레미소나무는 공룡과 함께 살며 이들의 먹이로 이용돼 '공룡소나무'라고도 불리는 세계적으로 매우 희귀한 식물이다.

아담한 침엽수로 이루어진 왜성침엽수원

천리포수목원 앞바다와 낭새섬

쥐라기시대부터 생존해 온 가장 오래된 상록침엽수 중 하나로 '살아있는 화석'이라 불리며 1994년 호주 시드니 울레미국립공원에서 처음 발견됐다. 2006년 천리포수목원에 삽목묘 형태로 두 그루가 전해져 온실에서 보호와 적응기간을 거쳐 한 그루가 이번에 공개되었다. 또한 생태교육관에서는 안면도 쥬라기박물관의 협조를 얻어 진본 위주의 식물과 생물 화석을 비롯한 희귀한 공룡 골격 80여 점을 선보이고 있다.

이렇듯 천리포수목원은 다양한 프로그램으로 방문객의 관심을 유도하기 위해 노력하고 있다. 홈페이지에 QR코드 도입, SNS 페이스북 운영 등 청소년과 젊은 층을 대상으로 한 홍보마케팅도 열심이다.

Travel tip

주소 충청남도 태안군 소원면 천리포 1길 187
홈페이지 www.chollipo.org
전화 +82 41 672 9982
개원시기 및 시간 4월~10월은 08:00~17:30까지, 11월~3월은 08:00~17:00까지이며, 연중 09:00~16:00까지 이용가능하다. 단, 매주 수요일, 창립기념일(7월 14일), 신정, 설날 및 추석연휴, 그리고 성탄절에는 휴원이다.
면적 59.5ha

08 고산 습지식물의 보고 평강식물원

Pyunggang Botanical Garden

초여름의 평강식물원

가을 억새밭으로 유명한 평강식물원은 경기도 포천의 명성산 아래 시원하게 펼쳐진 산정호수 가까이에 자리하고 있다. 산정호수로 향하는 길 중간에 우물목 입구라는 표지가 있는 곳에서 자그마한 다리를 건너 산길을 따라 가면 사방이 산으로 둘러싸인 자그마한 분지 지형인 우물목에 식물원이 펼쳐져 있다.

평강식물원은 하나님 사랑, 사람 사랑, 자연 사랑의 정신을 바탕으로 좁게는 사람들에게 넓게는 온 자연에 평안한 마음 건강한 몸, 평강을 주고자 하는 목적으로 설립된 식물원이다. 이를 위해서 위기에 처한 생태 복원, 생물 다양성 확보를 위한 식물종 수집과 증식, 멸종위기식물의 번식 · 재배 · 보존 및 관리, 자생식물과 약용식물을 기초로 한 유용자원 개발 등에 힘을 쏟고 있다. 이러한 연구와 개발을 통해 얻어진 정보와 기술을 바탕으로 생태, 원예, 조경 등 관련 학문과 산업발전에 기여하는 것을 목표로 하여 지속적인 노력을 기울이고 있다.

식물원의 역사

평강식물원은 한의학 박사인 이환용 원장이 1997년 포천시 산정리 우물목 일대 부지를 매입하고, 1999년 식물원 조성작업을 시작하면서 그 역사가 시작되었다. 2000년 묘포장을 만들고 뒤이어 암석원, 음지식물원, 만병초원, 습지원, 고층습원 등을 차례로 조성하면서 2005년에는 산림청에 수목원으로 등록하고, 2006년 5월에 일반에 공개하였다. 동시에 레스토랑과 체험학습관을 개설하고 방문객 안내프로그램 및 교육프로그램을 운영하면서 방문객들로부터 좋은 반응을 얻고 있다.

식물원의 구성

평강식물원은 고층습지, 고산습원, 암석원, 연못정원, 습지원, 자생식물원, 이끼원, 만병초원, 화이트 가든, 고사리원, 잔디광장 등 12개의 독특한 테마정원으로 조성되어 있다. 특히 식물원이 위치한 지역의 기후와 지리적인 특징을 이용하여 백두산, 한라산, 히말라야와 로키 산맥 등 세계의 고산지역에서만 찾아 볼 수 있는 고산식물과 습지식물에 적합한 환경을 특화하여 조성 초기부터 전문기관과 관련업계로부터 좋은 평가를 받고 있다.

백두산에서 온 귀한 손님 월귤

수생식물로 가득한 연못정원

마음의 평화를 주는 잔디광장

현재 보유식물은 총 7,124종류 350만여 본으로 주요 보유종은 암석원식물(900여 종류), 만병초(150품종), 수련(50품종), 붓꽃류(50여 종류), 노루오줌류(50여 종류), 비비추류(100종류), 단풍나무(150품종) 등이다.

입구를 지나 오른쪽으로 들어서면 작은 규모의 사각형 연못정원이 여러 개 펼쳐지는데, 각각의 연못에서 50여 종류의 수련과 숙근초들이 어우러져 자라고 있다. 연못의 오른쪽에는 넓은 잔디광장이 있고, 왼쪽에는 습지원이 시작된다. 습지원은 산기슭의 경사면을 따라 층층이 조성되어 있는데 나무데크로 연결되어 있어 편안한 마음으로 돌아볼 수 있다. 습지원은 부채붓꽃, 제비붓꽃, 태백산 조릅나물, 순채(환경부지정 멸종위기식물), 삼백초, 털부처꽃, 느리미고사리 등의 식물과 곤충, 조류가 어우러져 생태학습장으로도 활용되고 있다. 가장 높은 곳에 올라가 내려다보면 노란색, 흰색, 보라색 붓꽃이 어우러진 습지의 풍경

고산식물 생육에 적합하도록 조성된 암석원

이 평화롭다.

습지원을 지나 위쪽으로 가면 흰색 꽃을 피우는 식물로 화단을 만든 화이트 가든이 있다. 6월 초에는 마가렛, 흰붓꽃, 흰용머리, 백당나무 등이 순백의 꽃을 피운다. 화이트 가든 위쪽으로는 지구상에서 가장 오래 살아남은 식물이라는 양치식물을 다양하게 전시한 고사리원이 있다. 고사리원에서 다시 아래쪽으로 내려오면 만병초원이 있다. 여기에서는 고산성 진달래과 식물로 만 가지 병에 쓰인다는 의미의 만병초萬病草: *Rhododendron* 의 여러 종류를 볼 수 있다. 영하 30도 이하에서도 푸르게 생육할 수 있는 만병초는 외국에서는 오래전부터 수집대상이 되어 왔으나, 더위를 견디는 성질이 약해서 국내에서는 증식이 어렵다고 알려져 왔다. 평강식물원에서는 10여 년 전부터 국내외 만병초류를 수집해 왔으며 백두산에서 들여온 노랑만병초를 포함해 현재 400여 종류의 만병초를 증식시켜 나가고 있다.

만병초원을 지나 산 위쪽으로 길을 따라가면 큰 소나무 밑 그늘진 곳에 이끼원이 나타난다. 이곳은 열대우림이나 깊은 계곡 주변과 같이 이끼가 자랄 수 있는 환경을 조성하여 골짜기로 물이 흐를 뿐만 아니라 시시각각 분무를 하여 녹색의 이끼와 양치식물들이 잘 자라고 있다.

이끼원을 지나 산 윗자락을 돌면 고층습지High Moor가 나타난다. 이곳은 사라져 가는 고층습지를 생태적으로 복원한 곳으로 두만강에서나 볼 수 있는 희귀종인 산부채와 대암산에 분포하는 해오라비난초가 자라고 있다. 큰방울새란, 황새풀, 기장대풀, 끈끈이주걱,

물박달나무, 호랑버들, 꼬리조팝나무 등도 볼 수 있다. 고산습원Alpine Bog Garden에는 산지 계곡의 시원하고 습한 곳에서 자라는 세계 각지의 습지식물들이 자라고 있다.

고산습원을 따라 내려오면 풀밭과 평원에서 자라나는 야생화들이 피고 지는 들꽃동산을 만나게 된다. 6월 초에는 자주색 매발톱과 금낭화가 지천으로 피고, 7월 중순에는 새로운 식물들이 꽃을 피운다. 아시아 최대 규모라고 하는 암석원(6,000m²)에는 전 세계 고산식물의 서식지외 보전이 이루어지고 있다. 고산식물은 저지대에서 발육 상태가 좋지 않기 때문에 이들이 잘 자랄 수 있게 하기 위해서 밀양의 얼음골이나 돌산의 풍혈지대를 과학적으로 분석, 응용한 특수한 조성 기법을 통해 지하부에 시원한 공기가 순환되도록 하였다.

온실

노란꽃창포가 핀 연못

위쪽에서 내려다본 고산습지

현재 이곳에는 우리나라 백두산과 한라산 지역에서만 자생하는 고산식물들을 비롯하여 미국 로키 산맥, 네팔의 히말라야, 알프스 등지에서 온 외국 고산식물 등 총 1,000여 종류의 식물들이 식재되어 있다. 한라산에서 채집한 시로미와 알프스 산맥의 에델바이스, 백두산의 담자리꽃나무, 월귤, 흰두메양귀비, 설악산의 바람꽃, 한라산진달래, 달구지풀 같은 희귀식물들을 관찰할 수 있다. 5, 6월에는 암석원의 많은 식물들이 한꺼번에 꽃을 피워 두메양귀비, 알프스민들레, 바위채송화, 고산 아스터 *Aster*, 월귤 외에도 여러 가지 키 작은 꽃들이 바위틈에서 피어나

우거진 숲속이나 깊은 계곡의 느낌을 잘 나타내주는 이끼원

아기자기한 아름다움으로 감동을 준다.

식물원의 운영 특성

평강식물원은 새로운 식물원 문화를 만들어 가기 위해 연중 다양한 전시회와 식물관련 행사를 유치할 뿐만 아니라 식물 · 생태 체험학습 프로그램을 운영하고 있다. 유치원 · 초등학생을 대상으로 오감체험, 놀이체험, 만들기체험 등을 진행하며 평일에 사전예약하는 관람객을 대상으로 식물원 가이드 투어도 실시한다.

원내에는 한방을 응용한 약선藥膳 레스토랑 '엘름Elm: 느릅나무'이 있으며 허브를 비롯한 다양한 원예 상품도 구입할 수 있다.

Travel tip

주소 경기도 포천시 영북면 우물목길 203
홈페이지 www.peacelandkorea.com
전화 +82 31 531 7751
개원시기 및 시간 연중무휴로 개원하며 4월~10월까지는 08:30~18:00, 11월~3월까지는 09:00~17:00까지 운영하며 폐장 한 시간 전까지 입장이 가능하다.
면적 32.5ha

09 한반도 희귀식물의 안식처
한국자생식물원
Korea Botanic Garden

산자락 능선이 보이는 벌개미취 군락

오대산 국립공원 일대의 아름다운 자연경관은 어느 계절에 방문해도 잊을 수 없는 기억을 갖게 해 준다. 월정사 입구의 전나무 숲길, 상원사에서 보는 신록, 북대사 앞에 펼쳐지는 가을 단풍 등은 어느 것 하나 빼놓을 수 없는 아름다운 자연 풍광이다.

한국자생식물원은 이렇듯 아름다운 오대산 노인봉 남쪽 기슭 해발 700m의 비안골에 자리 잡고 있는데, 오대산이라는 천혜의 자연경관에 둘러싸여 있어 월정사, 상원사와 연계한 관광코스로 일반에게 널리 알려지고 있다.

원추리

하늘나리

식물원의 역사

한국자생식물원은 우리 고유의 식물자원 보전과 새로운 소득화를 목적으로 원예적 가치가 있는 식물종을 대량재배하면서 시작되었다. 그 출발은 1983년 경기도 마석의 에델바이스(솜다리) 재배농장이었다. 1984년에 이 농장을 강원도 평창군 진부면으로 이전하여 솜다리, 섬백리향 등 우리나라 희귀식물들의 대량 증식에 성공하였다. 1987년에는 현재 식물원 부지로 이전하여 희귀식물, 특산식물 등의 대량 증식을 계속하면서 한편으로는 한국의 자생식물을 계속 수집하여 1999년 6월에 일반인에게 공개하는 식물원을 개원하였다. 2002년에는 산림청에 수목원으로 등록하여 사립수목원 1호로 공식 지정받게 되었다. 2004년에는 환경부로부터 멸종위기야생동식물 서식지외 보전기관으로 지정되어 이들에 대한 보전 및 증식연구를 수행하고 있다.

소나무 숲속의 산수국 군락

분홍바늘꽃 군락

식물원의 구성

총 면적 18ha에 우리나라의 고유한 꽃과 나무들로만 조성하여 개불알꽃속 25종 외 자생식물 2,300종류를 보유하고 있다. 이른 봄과 늦가을 등 우리 꽃을 볼 수 없을 때를 고려하여, 분재·분경 등의 볼거리를 전시하고, 전시기간 확보를 위해 식물이 생육할 수 있는 조건을 조절하여 실내전시장을 조성하였다. 관람동선을 따라 주제원, 향식물원, 습지원, 재배단지, 생태식물원, 독성식물원, 신갈나무숲길, 카페 비안Bian의 공간으로 구성되어 있다.

이 식물원의 특이한 정원 중 하나는 사람명칭식물원인데 할미꽃, 애기나리, 각시취, 각시붓꽃, 난장이붓꽃, 소경불알 등 사람과 관련이 있는 이름을 가진 식물을 한데 모아 전시하고 있어 자생식물을 보다 친근하게 접할 수 있도록 하고 있다. 또 매발톱꽃, 금꿩의다리, 곰취, 뻐꾹채, 산토끼꽃, 노루오줌, 범부채, 개불알꽃 등 동물과 관련이 있는 이름을 가진 식물을 모은 동물명칭식물원이란 정원도 조성되어 있다. 아울러 산국, 구절초, 백리향, 꽃향

숲과 어울리는 새집

여유롭게 자연을 즐기며 정담을 나누는 사람들

유, 박하 등 향기 있는 고유의 식물들을 볼 수 있는 향식물원과 천남성, 젓가락나물, 미치광이풀, 박새 등 몸체에 독을 품고 사는 독성식물을 만날 수 있는 주제원이 흥미를 더한다.

한국자생식물원의 백미는 단연코 재배단지이다. 숲으로 둘러싸인 넓은 산기슭에 5월부터 9월까지 아름다운 우리 꽃이 연달아 피어나는 모습은 꽃의 호수라고 해도 과언이 아니다. 5월에 부채붓꽃을 시작으로 6월에 꽃창포와 분홍바늘꽃, 8월에 벌개미취와 털부처꽃이 절정을 이루고 9월에 산구절초가 마지막을 장식하는 재배단지는 철마다 다른 모습으

다양한 주제로 전시가 이루어지는 솔바람 갤러리

멸종위기 2급식물로 지정된 솔나리

우리나라 식물의 자연스러운 모습을 볼 수 있는 생태식물원

로 관람객들의 마음을 흔들어 놓는다.

최근에는 멸종위기식물원을 조성하고 희귀멸종위기식물연구센터를 설립하여 한반도에 자생하는 한국특산식물 및 희귀자생식물을 증식 · 보전하기 위해 노력하고 있다.

식물원의 운영 특성

한국자생식물원은 4월 1일부터 10월 31일까지만 일반 관람객에게 공개하고 겨울 동안에는 휴원하고 있다. 그 이유는 식물원에 수집, 전시되어 있는 식물 대부분이 우리나라 온대 중부 및 중부이북에 자생하는 식물이기 때문에 겨울 동안에는 휴면에 들어가 관람객의 볼거리가 줄어들기 때문이다. 또한 겨울에 눈이 많이 오는 지역이기 때문에 접근이 어려운 점도 그 이유 중 하나다.

Travel tip

주소 강원도 평창군 대관령면 병내리 405-2번지
홈페이지 www.kbotanic.co.kr
전화 +82 33 332 7069
개원시기 및 시간 4월~10월까지 개원하며 관람시간은 09:00~18:00까지이다.
면적 18ha

10

한국의 식물원을 선도하는

한택식물원

Hantaek Botanical Garden

봄을 알리는 수선화

경기도 용인시와 안성시의 경계지역인 용인시 백암면에 자리 잡고 있는 한택식물원은 식물원의 배경이 되고 있는 비봉산의 날아오르는 봉황처럼 세계적인 식물원으로 발전하고 있다. 식물원 문화의 최고 선진국이라 할 수 있는 영국의 엘리자베스 2세가 한국을 방문했을 때 꼭 들러보겠다고 하여 머물다 갈 정도로 이미 세계 속의 식물원으로 발전하고 있다.

식물원의 역사

현재 서식지외 보전지역 및 연구 재배지역으로 일반인은 관람할 수 없는 서원지역을 1979년에 조성하기 시작한 것이 한택식물원의 시작이다. 1981년에는 한택식물원이 정식으로 설립되었으며 1983년에 식물원 조성을 위한 마스터플랜을 수립하였다. 1993년부터 서원을 모체로 동원을 조성하기 시작하였으며 식물원의 국제적 성장을 위하여 1995년에는 중국의 베이징식물원과 상호 교류협약을 체결하였다. 일련의 과정을 거쳐 식물원 조성의 기초를 확립하고 1998년부터 본격적으로 식물원 전체를 조성하기 시작하였다. 2000년에는 한택식물원을 재단법인화하여 사회에 환원할 것을 대내외에 천명하기도 하였다. 2001년에는 환경부로부터 희귀멸종위기식물 서식지외 보전기관으로 지정되었으며 2002년에는 산림청에 수목원으로 등록하여 사립식물원 4호로 지정받았다. 2002년 중심단지 및 가든센터를 완공하여 2003년 5월 2일 정식으로 일반인에게 개방하였다. 식물연구를 본격적으로 수행하기 위하여 2005년에는 식물연구소 건물을 건설하기에 이르렀다. 지금도 한택식물원은 전 세계 식물을 대상으로 수집과 보전을 수

행하는 종합식물원으로 발전을 거듭하고 있다.

식물원의 구성

식물원은 크게 서원과 동원으로 나뉘어지는데 먼저 조성된 서원은 현재 희귀 및 멸종 위기식물의 보전 연구를 위하여 일반인의 출입이 제한되고 있으며 동원이 주 관람지가 되고 있다.

한택식물원 입구에 도착하면 먼저 가든센터에서 식물원 조성 과정과 9,000여 종류의 식물이 만들어내는 사계절의 모습을 영상으로 볼 수 있다. 식물원은 유리온실 3동을 포함하여 35개 테마정원으로 조성되었는데 그중 가장 두드러진 자연생태원은 5ha 규모의 완만한 계곡을 중심으로 1,000여 종류의 자생식물을 각각의 생태 환경을 고려하여 식재하였다. 동원계곡을 중심으로 기존 자연림을 최대한 살리고 광도, 습도, 통풍관계 등을 고려하고 식물의 특성에 따라 단일종 식재와 여러 종을 혼식하는 방법을 모두 쓰고 있는데 이는 자연생태가 어떻게 상호 보완관계를 갖는지를 잘 보여주는 걸작이다.

암석원에서도 식물을 위한 한택식물원의 노력을 확인할 수 있다. 이곳은 국내에서 처음으로 시공되었을 뿐만 아니라 불리한 환경을 잘 극복한 점에서도 관심을 가질 만하다. 암석원이 위치한 곳은 하루 종일 강한 빛이 내리쬐는 전형적인 서향인 탓에 지열이 높고 식물 종 선택에 문제가 많았다. 이 문제를 해결하기 위해 표토층 밑으로 배수로를 만들어 항

동원 입구의 연못

호주온실의 바오밥나무

봄을 화려하게 장식하는 목련군락

상 물이 흐르게 만들었다. 이렇게 함으로써 지열을 내리는 동시에 필요한 습도가 유지될 수 있도록 하여 불리한 환경을 극복하였다. 그 결과 다양한 종류의 식물 식재가 가능해져 현재 약 300여 종류의 고산 및 고산성 식물들이 수집되어 있다. 고산식물의 특징인 왜성과 화려한 꽃 등 그 멋을 알프스의 고산을 가지 않고도 이곳에서 볼 수 있다.

한편, 식물원 중심부에 위치한 1,000㎡ 규모의 호주온실에서는 호주 및 뉴질랜드 자생식물을 전시하고 있다. 특히 어린왕자로 유명해진 바오밥나무의 우람한 모습도 직접 볼 수 있다. 수생식물원은 7,000㎡ 규모로 각종 연과 수련, 꽃창포 등의 수생식물이 전시되고 있고, 약용식물원에서는 전통적으로 실생활과 한의학에서 이용되어 온 약용식물들을 직접 확인하는 재미가 있다.

식물원 입구에서부터 화려한 자태로 방문객을 맞아주는 아이리스원, 특별한 보존이 필요한 음지식물을 전시하는 음지식물원, 절벽에 돌을 쌓아 올리면서 돌틈 사이에 식물을 식재하는 방법으로 조성된 월가든, 자생 비비추와 유럽 교배종 120품종이 전시된 비비추원, 남해안과 울릉도에 자생하는 고사리류와 수목이 식재된 침상원, 자생 원추리 등 120여 품종의 원예종을 볼 수 있는 원추리원 등 자세히 보기에는 하루해가 부족하다.

최근에는 남미온실을 완공하고 칠레 등을 포함하는 안데스 산맥 지역의 식물을 수집하여 전시하고 있다.

시원하게 펼쳐진 잔디화단

남아프리카의 희귀식물 나무알로에 *Aloe dichotoma* Masson

색다른 관람을 즐길 수 있는 조랑말 마차

이 밖에도 관목원, 숙근초원, 잔디화단, 구근원 등이 있어 다양한 식물을 만나 볼 수 있으며 억새원의 가을 풍경, 전망대에서 간단한 음료와 함께 자연경관을 벗 삼아 휴식을 취하는 시간도 빼놓을 수 없는 즐거움이다. 또한, 재배온실 8개동 및 연구소 1동 등의 재배 · 연구시설과 야외공연장, 쉼터, 식당, 카페, 기념품점 등의 편의시설을 갖추어 종합식물원으로서의 면모를 확고히 하고 있다.

식물원의 운영 특성

식물원 전역이 금연지역이며 촬영은 가능하지만 상업용으로 사용하는 것을 막기 위해 카

전망대에서 바라본 식물원 전경

메라 삼각대는 가지고 들어갈 수 없다. 일반 입장 관람 외에 회원으로 가입할 수도 있는데, 회원은 동반자 1인까지 무료로 관람할 수 있고 매년 15종류의 식물 종자를 분양받고 관리 방법도 상담 받을 수 있다.

한택식물원에서는 다양한 교육프로그램이 운영되고 있는데, 대표적으로 학교 등 단체를 대상으로 하는 자연생태학교가 초등학생부터 고등학생까지를 대상으로 연중 계속(11월~2월은 온실교육)되고 있다. 교육은 생태교육과 자연물체험을 복합적으로 구성하여 재미있게 학습할 수 있도록 되어 있다. 그 외에도 원예조경학교와 같이 전문가가 되고자 하는 사람들을 대상으로 한 심화교육과정 및 일반 가족단위의 자연체험을 위한 가족 생태체험 여행을 주말과 방학 기간에 개설하기도 하는 등 체험을 통한 교육을 진행하고 있다.

Travel tip

주소 경기도 용인시 처인구 백암면 한택로 2
홈페이지 www.hantaek.co.kr
전화 +82 31 333 3558
개원시기 및 시간 연중무휴로 개방하며 관람시간은 오전 9시부터 일몰 시각까지이다. 단 매표는 오후 4시에 마감한다.
면적 67ha 규모로 조성되어 있고 확장예정지역을 합치면 약 100ha 정도이다.

11 일본 최초의 식물원

교토식물원

Kyoto Botanical Gardens

일본 최대의 관람온실

헤이안 시대平安時代, 794~1185부터 19세기 중반까지 일본의 수도였던 교토는 일본 문화의 중심지로서 세계문화유산에 등재된 역사문화재가 17개나 되는 유서 깊은 고도이다. 특히 크고 작은 정원들이 산재해 있는 교토는 일본식 정원 조형의 본산으로서 19세기 이후 세계의 정원 조형에 많은 영향을 끼쳤다.

교토식물원京都府立植物園은 일본 최초의 식물원이자 일본을 대표하는 식물원이다. 교토의 북부 평지에 자리 잡고 있는 교토식물원은 북쪽으로는 기타야마 산맥이 병풍처럼 둘러 있고, 동쪽으로는 히가시야마 산이, 서쪽으로는 카모 강이 흐르는 훌륭한 입지로 경관이 뛰어나다. JR교토 역이나 한큐 가라스마 역에서 지하철을 타고 기타야마 역에서 하차하여 3번 출구로 나오면 바로 식물원의 출입구가 보인다. 또 지하철 기타오지교 역에서 하차하여 느티나무 가로수 길을 10분 정도 걸어가면 정문 출입구가 나온다.

식물원의 역사

교토식물원은 교토지역의 풍부한 화훼 및 수목자원을 보전하여 시민들에게 식물 감상 기회와 휴식을 제공하고 식물학을 발전시키기 위한 목적으로 설립되었다. 1917년에 식물원 조성을 시작하여 1924년 1월에 대전기념 교토식물원이란 명칭으로 개원하였다. 제2차 세계대전 중에는 식물원이 식량증산을 위한 장소로 사용되기도 하였다. 전후 1946년부터 12년간은 연합군에 의해 징발되어 많은 수목이 벌채되는 어려움을 겪기도 하였으나 1961년에 재개원하여 오늘에 이르고 있다. 재개원한 이후에는 식물원 내의 정비사업을 대대적으로 추진하여 1970년에는 일본 자생식물을 전시하는 식물생태원을 조성하였고, 1981년에는 서양정원을 조성하기도 했다. 1992년에는 온실과 방문객센터를 증설했다.

식물원 개원 80주년을 맞은 2004년을 고비로 시민의 교양을 높이고 휴식할 수 있는 장소 제공이라는 초기 목적에 더하여 자연에 대한 친밀감과 경외심을 고취하기 위한 생태학습과 교육의 장이라는 사회적 역할을 한층 더 강화하고 있다. 현재도 이러한 목적에 부합하도록 세계 곳곳의 여러 가지 식물들을 수집하고 식물에 관한 연구도 꾸준히 수행하고 있다. 또한 점차 다양화될 것으로 예상되는 이용자의 요구에 부응하기 위해 다양한 정보를 제공하고 새로운 프로그램을 지속적으로 개발하고 있다.

식물원의 구성

교토식물원은 12,000여 종류에 달하는 많은 식물을 보유하고 있다. 교토식물원이 보유하고 있는 대표적인 식물은 전통원예식물인 국화, 앵초, 꽃창포, 작약, 벚나무, 매화, 단풍나무, 동백나무 등이며 장미원, 수국원, 대나무원, 숙근초원, 약초원 등의 주제정원에도 다양한 식물들이 식재되어 있다.

주차장에서 느티나무 길을 따라 정문에 다다르면 먼저 넓은 잔디밭과 아름다운 화단이 어우러진 정문화단을 볼 수 있다. 1년생 화초를 중심으로 사계절 형형색색의 아름다운 꽃들이 피어나지만 그중에서도 관람객에게 가장 인기가 높은 것은 봄에 만개하는 튤립꽃이다. 정문에서 동쪽으로 녹나무 가로수길을 천천히 걸어가면 개원초기부터 심어 수령이 90년이 넘는 울창한 녹나무의 시원한 그늘과 상쾌한 나무향이 풍긴다. 녹나무 가로수길이 끝나면 오른쪽으로 장미를 위주로 조성된 조형화단과 침상화단, 다양한 분수와 폭포로 이어지는 서양정원이 나타난다. 서양정원에는 사계절의 화초와 약 300품종 2,000주의 장미, 좌우 대칭의 기하학적 모양으로 배치된 개잎갈나무 등의 침엽수가 유럽식 정원 분위기를 연출하고 있다.

개울이 흐르는 야생정원

서양정원을 지나 수국과 제비붓꽃, 작약, 꽃창포가 무리지어 피어 있는 모습을 감상하면서 걷다 보면 대나무 숲이 나온다. 여기에는 정원용, 식용 대나무류 100여 종이 울창하게 자라고 있다. 대나무 숲 왼편으로

하늘이 비치는 거울연못

일본 각지의 산과 들에서 자생하고 있는 식물이나 오래전부터 재배되어 온 원예식물을 가능한 한 자연 상태 그대로 식재한 일본식물생태원이 나타난다. 교토 개청 100년 기념으로 조성된 일본식물생태원은 식물원의 중앙부분에 위치하는데 총 면적이 1.5ha이고 8개 구역으로 나뉘어 조성되어 있다. 큐슈와 시코쿠 지방의 난지성 식물군, 관서 및 관동지방의 대표 식물군, 교토와 교토 주변에서 볼 수 있는 식물군, 동북지방과 북해도지방의 한지성 식물군, 해변에서 생육하는 식물군, 여러 종류의 습지 식물군의 식재지가 그것이다.

식물생태원에서 북쪽으로 더 가면 지하철 기타야마 역 출입구 가까이에 야생정원이 있다. 수목과 석물이 어우러지고 개울이 흐르는 야생정원에는 다양한 종류의 1, 2년생 화초를 중심으로 숙근초와 구근류 등이 식재되어 있는데 인공화단에서는 맛볼 수 없는 자연스러운 분위기를 느낄 수 있다.

맑은 물소리를 들을 수 있는 수금굴

야생정원 옆에는 오래전부터 일본의 풍토에 적응하여 재배되어 온 벚꽃, 매화, 동백나무 등의 다양한 품종을 감상할 수 있다. 넓은 벚나무 숲은 70품종, 500본의 벚나무가 식재되어 있는데 포토맥 벚꽃이 주종을 이루고 있어서 4월 상순에 그 아름다움이 절정에 이른다. 동백나무는 일본의 풍토에서 육성된 대표적인 꽃나무로서 16세기 후반부터 19세기 후반에 걸쳐 많은 품종이 개량되었다. 동백원에는 일본 고대의 품종을 중심으로 약 250품종, 600본의 동백나무가 0.4ha의 면적에 식재되어 있다.

식물원의 북쪽에는 크고 작은 4개의 연못으로 둘러싸인 숲이 있는데 이곳은 식물원 내의 유일한 자연림으로 산성분지의 식생을 볼 수 있는 귀중한 곳이다. 낙엽수와 상록수가 혼재된 나카라나무 숲은 봄에 새잎이 돋을 때의 아름다움, 녹음의 청량감, 가을의 단풍, 겨울의 침착한 분위기를 연출하고 있어 관람객의 휴식과 사색의 장소로 사랑받고 있다. 숲의 면적은 약 0.6ha인데, 가운데에는 이 지역을 수호하는 숲의 신과 교토의 전통산업을 보호하는 신을 기리는 신사가 있다. 연못 주위에는 단풍나무가 많이 자라고 있어 특히 색색의 단풍이 장관인 가을의 연못 풍치는 아름다움의 극치라 할 수 있다.

식물원의 서쪽에는 연못에 비치는 금각사의 이미지와 야마산 봉우리를 연상케 하는 관람온실이 있다. 관람온실은 면적이 0.5ha이고 높이는 최고 14.8m로 일본 최대를 자랑한다. 온실 내부는 난실, 아나나스실, 화분전시실, 사막 사바나식물실, 냉방실, 열대유용작물실, 정글존, 수생식물과 식충식물구역, 거울연못 등 9개 구역으로 나뉘어지는데 관람객들은 총 460m에 이르는 길을 따라 차례차례 아열대와 열대의 다양한 식물을 감상할 수 있다. 전시된 식물은 약 4,500종류, 25,000본으로 일본에서 최초로 소개되는 식물이 많아서 식물의 종수로 볼 때 일본 최대의 온실이라 할 수 있다. 또한 특별전시실에서는 베고니아전, 식충식물전, 양란전 등의 전시회를 수시로 개최하여 보존된 식물을 공개하고 있다.

식물원의 운영 특성

교토식물원은 연평균 70만 명이 방문하는데 이들을 위한 다양한 전시회와 교육이 이루어지고 있다. 식물원회관은 평생학습의 거점으로 활용되는데 상설로 운영하는 교육실, 전시실 및 원예 살롱이 있고, 각종 도서와 시청각 기기 등도 갖춰져 있다. 여기에서는 1년 내내 각종 전시회와 원예교실 또는 관찰회 등을 개최하고 있

숙근초원

침상화단의 분수

다. 2층의 원예 살롱에서는 일요일 오전 9시~12시, 오후 1시~4시에 정원가꾸기와 식물원예에 관한 상담을 지속적으로 하고 있다.

식물회관과 관람온실에서는 계절마다 꽃을 피우는 다양한 식물 전시회를 연중 내내 개최하고 있는데 3월에는 봄에 피는 난초와 야생화, 그리고 동백꽃나무 전시회가 열리며 4월에는 분재전시회와 철쭉전시회, 4월과 5월에 걸쳐 후쿠시아전을 개최하며 크리스마스가 다가오는 11월 말부터 12월 24일까지 포인세티아 전시회 등이 열린다. 노인 인구가 많은 탓인지 식물원 곳곳에서 사진을 찍고 있는 노인들을 많이 볼 수 있고, 식물회관에서도 노인 회원들이 압화를 만들거나 전시회를 관리하는 모습을 흔하게 볼 수 있다. 교토식물원은 이처럼 노인들의 여가와 휴식을 위한 장소로서의 역할도 중요한 몫을 차지한다.

Travel tip

주소 日本 京都市 左京區 下鴨 半木町 606-0823

홈페이지 www.pref.kyoto.jp/plant 또는 kyoto-garden.seesaa.net

전화 +81 75 701 0141

개원시기 및 시간 12월 28일~1월 4일까지 휴원하는 것 외에는 매일 09:00~17:00까지 열며, 온실은 10:00~16:00까지 관람할 수 있으며 별도의 입장료를 내야 한다.

면적 24ha

12 이탈리아 정원양식을 도입한

나가사키아열대식물원

Nagasaki Subtropical Botanical Garden

나가사키아열대식물원 長崎縣亞熱帶植物園 은 나가사키 반도 최서남단의 노모자키 野母崎 에 있는 온난한 기후를 이용하여 조성된 아열대식물원이다. 식물원에는 대략 1,200종류, 45,000본의 아열대식물이 자라고 있어 사계절 감상할 수 있다. 지형을 이용한 이탈리아 노단식 정원양식과 캐스케이드, 온실 등이 뛰어난 주변 바다의 경관과 어우러져 조화를 이루는 식물원이다. 특히 어린이모험광장은 어린이들에게 인기가 좋다.

나가사키 시 중심부로부터 자가용으로 약 40분(25km), JR 나가사키 역 남쪽 출입구에서 버스로 약 80분(나가사키 버스)이 소요된다.

식물원의 역사

1963년에 현 농림부가 산업 진흥의 일환으로 열대 · 아열대 산 관상식물의 산지 형성 및 종묘 공급 계획의 일환으로 나가사키 시의 아열대식물 모종으로 정원을 조성하였고, 야자 · 화목 관엽 식물 등의 육성을 시작하였다.

따뜻하고 풍요로운 기상 조건과 아름다운 해안선을 가진 노모자키 마을은 관광지로서의 충분한 여건을 고려하여 반도지역 관광 진흥의 거점으로 식물원 조성 계획을 수립하였다. 5년 동안 식물원 정원 및 본관, 캐스케이드(계단 모양의 폭포), 휴게소, 전망대, 주차장 등을 정비하고, 1969년 6월에 나가사키아열대식물원으로 개원하였다.

1973년에는 농림부에서 경제부로 소관이 옮겨졌고, 같은 해 12월에 재단법인 노모자키진흥공사에 관리가 위탁되었다. 2004년 11월 1일부터 지정 관리자제도가 도입되었는데, 2005년 1월 4일 나가사키 시와의 합병으로 나가사키 노모자키진흥공사가 되어 현재에 이르고 있다.

나가사키아열대식물원은 나가사키 반도의 불거져 나온 끝부분에 위치한다. 지형이 가

바다와 어우러진 식물원 전경

식물원의 관람열차

파른 곳에 위치하는데, 해안선의 대부분은 절벽을 이루고 있어 바다가 눈앞에 펼쳐진다. 이 일대 기후는 해안 근처를 흐르는 쓰시마 난류의 영향과 북서쪽 산이 겨울철 북서풍을 막아주기 때문에 나가사키 반도에서 가장 따뜻한 곳이다. 이 지역은 아열대 식물의 육성에 적합한 조건을 갖추고 있어 따뜻한 곳에서 잘자라는 난지성暖地性 상록수가 많다.

식물원의 구성

나가사키는 아열대 기후는 아니지만 아열대 지역에 못지않은 많은 식물들이 아열대식물관에 전시되어 있다. 중앙돔(대온실)은 항상 25도 이상의 온도를 유지하고 있어 난종류들이 특히 많은데, 몇백 년 만에 처음 꽃을 피웠다는 난도 있다.

나가사키아열대식물원은 전망 레스토랑이 있는 본관, 이탈리아풍의 테라스 정원과 계단형 폭포, 대온실, 난과 베고니아 등을 전시하는 플라워 가든 온실, 파파이야 등 세계 최대급의 과실을 전시하는 과수온실, 20cm 이상의 큰 꽃이 피는 히비스커스 온실 등이 있어 사계절 내내 감상할 수 있다. 어린이들이 놀 수 있는 모험동굴, 현수교, 모노레일 등이 있는 어린이모험광장과 잔디광장 등도 있다.

지형을 이용한 미끄럼놀이 시설

이탈리아 정원양식으로 조성된 곳이 특색이 있는데, 한가운데에는 캐스케이드 형식의 물이 흘러 시원함을 더해 준다. 장거리는 무료 기차를 타고 이동하며, 아이들을 위한 어린이모험 시설도 있다. 공룡뼈 모양으로 만든 미끄럼틀, 미로처럼 연결되거나 흔들거리는 다리를 지나 마음껏 뛰어 놀 수 있는 어린이모험광장이 있고 온실 안에는 망고, 파파이야, 바나나 등 밀림의 열매들이 가득하고 아열대의 꽃들이 온실 가득 피어 있다.

식물원은 중앙 원지를 사이에 두고 서쪽을 호주 지역, 동남아시아 지역, 동쪽 중남미 지역 등 3개 지역으로 구분하고 있다. 호주 지역은 뱅크시아 인테그리폴리아, 아카시아, 카리스테몬, 스테노카

대온실 내부

루푸스 등 호주 특유의 다양한 꽃나무와 초화류로 조성되어 있다. 또한 아카시아 숲은 대형 미끄럼틀, 향기광장 옆을 지나 어린이모험광장까지 계속된다. 동남아시아 지역은 열대과수원과 동백정원이 어린이모험광장과 연결되어 있다. 어린이모험광장에는 고대나무古代樹, 미끄럼틀, 공룡 모형의 놀이기구, 도섭지와 같이 물놀이 할 수 있는 연못이나 흔들다리 등이 있는데 어린이들이 신나게 놀 수 있는 모험놀이 공간이다.

특히 길이 400m를 천천히 달리는 모노레일은 야자와 상록 교목이 혼합된 숲을 누비며 이동한다. 이렇게 기복이 심하고 복잡한 지형을 살리면서 지형별로 수목을 식재하여 특이한 경관을 창조하는 것이 나가사키아열대식물원의 특징이다.

나가사키아열대식물원에는 야외식물원 외에도 여러 온실과 함께 주요 시설들이 배치되어 있다. 방문객센터에는 에덴동산에 있었다고 전해지는 환상의 거목 고대나무가 연구에 생애를 바친 주인공 백 스타 박사 연구실이 재현되고 있다. 수령이 수만 년이나 되는 고대나무를 탐구하고 온 세상의 유적을 발굴해 고대 문자의 판독이나 식물의 연구를 진행하였다는 이야기를 보여주고 있다.

연수실에는 80명을 수용할 수 있는 다목적 홀이 있고, 홀에는 대형 영상 기기로 '고산식물기행', '꽃의 혹성, '사막의 식물들' 을 각 15분 정도씩 상영하고 있다. 또한 식물원 내에 식물의 패널을 전시하고 있는데, 체험교실이나 교양강좌에 이용하고 있다. 전망 레스토랑에서는 바다를 바라볼 수 있는 테라스석에서 바닷바람을 느끼면서 식사를 즐길 수 있다. 히비스커스온실에는 꽃의 직경이 20cm 정도되는 히비스커스나 산호초 타입, 올드 타입, 하와이안 타입 등 총 40종류, 100본의 식물을 감상할 수 있다.

이탈리아정원과 캐스케이드에는 지중해 정원풍 이미지의 분수와 계단상에 물이 흘러 계절의 꽃으로 물들여진 대화단을 바라보면서 산책을 즐길 수 있다. 대온실에는 식물원이 자랑하는 길이가 8m나 되는 일본 제이드 바인Jade Vine, *Strongylodon macrobotrys*(일명 비취덩굴: 히스이카즈라), 일본 최대 선인장인 킨샤치, 아열대 · 열대의 야자 바오바브, 타코노키 등 150종류, 2,000본의 식물을 즐길 수 있다.

플라워가든온실은 경사면을 이용한 유람형의 온실로 꽃 중에서도 특히 아름답고 매력적인 난종류와 베고니아를 일 년 내내 감상할 수 있다. 과수온실에는 망고, 파파야, 파인애플, 바나나, 트로피컬 등을 감상할 수 있다.

식물원의 운영 특성

식물원에서 이루어지는 주요 연구에는 열대 · 아열대의 노지 재배가 있으며, 주로 난과 식물의 재배 및 수집, 아열대 수목 · 화목 등의 수집, 열대 과수의 수집에 주력하고 있다.

식물원 방문객들을 대상으로 상세하고 즐거운 식물원 탐방을 위해 자원봉사자에 의해 가이드가 운영되고 있다. 또한 나가사키아열대식물원 홈페이지에는 아열대식물에 대한 데이터베이스 사이트인 'Tropical Research' 가 개설되어 있어 식물원에서 볼 수 있는 식물을 사진과 함께 소개하고 있다. 식물원이 매월 발행하고 있는 '꽃 정보' 와 식물원의 최신 정보도 동시에 제공한다. 또한 꽃과 식물에 대한 질문을 접수하는 코너도 있어 학생, 시민들의 교육의 장으로도 활용되고 있다.

시민을 위한 다양한 프로그램과 이벤트가 운영되고 있는데, 일요일(첫째, 셋째) 오후 2시부터 진행되는 원예교실, 넷째 일요일에 압화교실 등 시민대상 식물원 원예프로그램이 운영되며 야생화탐사 프로그램도 진행된다. 특히 홈페이지에 어린이들이 좋아하는 장수

식물원 입구의 방문객센터

개화를 준비하는 알로에 꽃

이탈리아 노단식 정원

하늘소, 사슴벌레 도감을 도입하여 곤충의 사육방법 안내와 경진대회를 개최하는 등 곤충에 대한 관심을 높이는데도 기여하고 있다. 여름에는 여름휴가 축제로 여러 가지 이벤트 · 공작 교실이 개최되고 가을에는 코스모스 대축제가 진행된다.

나가사키아열대식물원은 2013년 2월 9일부터 새로운 상설 전시로 "세계의 희귀 열매전"을 개최하였다. 나가사키대학의 나카니시 히로키 교수가 모은 다양한 희귀 열매를 전시하고 있는데, 세계에서 가장 큰 솔방울, 가장 긴 솔방울, 가장 작은 솔방울, 콩과 열매에서 세계에서 가장 큰 강남콩, 가장 긴 강남콩 등 43종을 전시하고 있다. 또한 울트라 맨과 똑같은 열매, 악마의 발톱이라는 열매와 최대의 코코야자 등 희귀 열매만을 모아 전시하여 방문객들을 즐겁게 하고 있다.

Travel tip

주소 日本 長崎縣 長崎市 脇岬町 833
홈페이지 www.anettai.org
전화 +81 95 894 2050
개원시기 및 시간 09:00~17:00(입장은 16:00)까지 관람할 수 있으며, 휴원일은 매월 셋째주 수요일(경축일의 경우는 다음날) 및 12월 30일~31일, 1월 1일이다.
면적 32.5ha

13

도심의 녹색 오아시스

나가이식물원

Nagai Botanical Garden

색과 향의 축제가 한창인 오월의 장미원

나가이 시는 야마가타 현의 남부에 위치한다. 봄부터 여름까지 벚꽃, 철쭉, 붓꽃이 거리를 장식한다. 시의 동쪽에서 흐르는 모가미 강으로 이데 산지에서 북상하는 시라카와 강과 아사히 산지에서 동진하는 노가와 강이 합류해 시가지 북쪽으로 흐른다. 분지이기 때문에 한난의 차이가 심하고 강설량이 많다. 1954년 여러 마을을 합병하여 나가이 시가 탄생하였다. 나가이 시민의 휴식과 문화의 공간으로 자리 잡은 나가이식물원은 다양한 이벤트로 편안함을 제공하고 있다.

식물원의 역사

나가이식물원長居植物園은 나가이공원의 동남쪽에 위치한다. 면적은 공원 면적의 약 3분의 1(총 면적 24.2ha)로 '자연에서 배우는 풍부한 정서'를 목표로 1974년 4월에 개원했다. 1981년 10월에는 도시녹화식물원으로 정비하고 녹색 상담소를 설치하였다. 2001년에는 '꽃과 녹색과 자연의 정보센터'를 식물원 내에 설립하여 환경과 자연의 중요성을 널리 알리고 있다. 또한 원내에는 자연사박물관이 있어 전시물을 통하여 자연과 인간관계의 중요성을 알기 쉽게 설명하고 있다.

식물원의 구성

나가이식물원에는 약 1,000종류, 61,000본의 식물이 자라고 있다. 오사카지방의 태고부터 현재에 이르기까지 삼림을 재현한 역사의 숲과, 장미원 · 모란원 등의 관상원, 생활과 관련된 허브와 과일나무 등의 식물을 모은 교재원, 각종 견본원 등이 있다.

정문을 들어서면 '꽃과 녹색과 자연의 정보센터'를 만난다. 붉은 벽돌로 야트막하게 지어진 건물은 꽃과 녹색이라는 말과 잘 어울린다. 이곳에서는 이벤트와 강습, 체험, 전시 등이 수시로 열리며 관련 도서를 열람할 수 있는 자료실이 있고, 녹색 상담 코너도 마련되어 있다. 시민들이 즐기면서 배울 수 있는 시설이다. 식물원 경관을 내다보며 여유롭게 차를 마실 수 있는 카페도 있다.

이 정보센터를 나와 걷다 보면 조엽수림照葉樹林을 만난다. 이 숲에는 60품종 약 1,200주의 동백나무를 심었다. 금붕어 모양의 잎을 가진 동백나무도 여기서 볼 수 있다. 이 숲을 지나면 식물원이 자랑하는 장미원이 있다. 약 0.7ha의 넓은 공간에 장미의 화려함이 연출되는 유럽풍의 장미원이다. 오사카를 비롯해 140종류 약 2,600그루의 장미가 꽃을 피운다. 무리지어 피었을 때 색채의 조화를 고려하고 꽃이 화려한 품종을 중심으로 식재하였다. 봄에는 장미꽃 만발한 장미원에서 로즈 투어를 여는데, 전문 직원이 알기 쉽게 설명도 해준다.

장미원 뒤쪽으로는 라이트가든, 허브원, 작약원, 아이리스원 등이 있어 계절마다 꽃을 피운다. 허브원에서는 로즈마리, 세이지, 민트 등 100여 종류의 식물을 즐길 수 있고 작약원에는 약 30종류, 약 1,600그루의 작약이 있다. 이 작약원에는 나무 사이에 길을 내어 꽃이 필 때는 천천히 걸으면서 형형색색의 화려한 꽃을 만끽할 수 있다. 원추리원에는 약 50종류의 원추리가 초여름부터 여름까지 꽃을 피운다. 원추리가 큰 연못에 비친 모습은 이 식물원의 볼거리 중 하나이다.

진달래동산도 이 식물원에서 널리 알려진 볼거리다. 약 3m 높이의 야트막한 언덕을

야외무대가 있는 잔디광장

식물정보센터

중심으로 동쪽 사면에는 주로 철쭉 종류, 서쪽 사면에는 진달래를 심었는데, 봄철 개화기에는 언덕이 꽃으로 뒤덮여 가는 이의 발길을 멈추게 한다.

오사카의 숲을 재현한 상록활엽수의 조엽수림과 2차림(주로 낙엽수)을 잔디광장 동쪽에 재현하고 있다. 살아있는 화석이라고 하는 메타세쿼이아와 거목으로 알려진 세쿼이아, 제3기 식물군, 대형 화석 코끼리 스테고돈이 살아있던 때의 식물군, 1만 년~200만 년 전의 오사카 원시림(빙기, 간빙기 식물군), 조엽수림 등 오사카의 수목을 시대별 대표 종으로 재현하고 있다.

원내 북쪽에는 간빙기 식물군, 빙하기 식물군에 둘러싸인 조용한 연못이 있다. 침엽수림이 연못에 실루엣을 드리우고 차분한 분위기를 연출한다. 이 연못의 물은 남쪽 입구의 큰 연못으로 흘러 계곡 느낌의 분위기를 고조시킨다.

작은 연못을 끼고 돌아 나오면 큰 연못을 만난다. 4.7ha 넓이의 이 연못에는 50m의 레인보우 브리지가 있고, 높은 분수가 물을 뿜어낸다. 연못이라기보다는 큰 호수다. 여름에는 연꽃과 수련이 수면을 뒤덮는다. 지나는 바람이 연꽃을 흔들고, 물에 비친 정원 그림자는 실물보다 더 아름답다. 연못에 조성된 일본정원풍의 작은 섬에는 초봄에 긴 요드 아카시아가 노란꽃을 피운다. 해송 또한 다양한 얼굴로 내방객을 맞는다. 전망 광장이나 다리에서 바라보는 연못은 절경이다. 연꽃이 필 때는 새벽부터 개원하며 연꽃 술 마시기, 기념촬영 등의 이벤트가 이곳에서 개최된다.

식물원의 운영 특성

나가이육상경기장 등 체육시설이 바로 옆에 있어 연계된 행사를 많이 개최한다. 봄에는 스프링 페어와 로즈 투어가 열리는데 스프링 페어는 꽃이 아름답게 피는 골든 위크에 봄 이벤트로 개최되고, 로즈 투어는 장미꽃이 화려한 장미원에서 열린다. 여름에는 칠월칠석 축제, 연꽃 축제 등이 열리고, 가을에는 오텀 페어, 코스모스 꽃 만지기 체험, 도토리 수공예체험 등이 열린다. 겨울에는 일루미네이션, 신춘 떡방아찧기, 해피 발렌타인데이 등이 열린다.

자연사박물관 앞뜰

나가이식물원의 이국적 풍경

원형의 소철 화단

꽃이 가득한 봄의 공원을 로드 트레인으로 돌아보는 프로그램을 나가이공원 스포츠 녹색 진흥그룹이 주최하고 기획 운영은 (재)오사카 스포츠 녹색 진흥협회가 맡고 있다. ‘Let's 상쾌 산책’이란 이름으로 건강 증진을 위한 걷기 행사도 갖는다. 허브원 옆에 있는 통나무집에서는 매주 토요일 허브차를 무료로 서비스하고 있다.

2010년에는 식물원이 공식 트위터를 시작하여 블로그와는 또 다른 느낌으로 실시간 식물원 정보를 전달하고 있다. 같은 해 나가이식물원 공식 모바일 홈페이지를 오픈하고 QR 코드로 간단히 접속하여 언제 어디서나 식물원 정보를 확인할 수 있게 했다. 휴대용 오디오 기기로 꽃과 식물에 얽힌 역사와 이야기를 들으면서 원내를 걷는 것은 나가이식물원의 매력을 한층 더해준다. 매월 1회, 식물원에서 볼 수 있는 새, 곤충 등의 동물에 대한 관찰과 해설도 있는데, 이 이벤트는 자연사박물관이 주관한다.

큰 연못에 조성된 바람의 섬

주민을 대상으로 다양한 강습회도 열린다. 7월 강습으로 즐겁게 그리는 수채화 등이 있고, 8월 강습으로 압화 액세서리 만들기, 가을 장미를 피우는 방법 및 재배관리 등이 있다. 9월 강습으로 다육식물을 즐기자, 천연식물 염색, 생활 속의 아로마 테라피 등이 있다. 10월 강습으로는 덩굴로 바구니를 만들자, 알뿌리 식물 심는 법, 가을 분재교실 등이 열리고, 11월 강습으로는 나가이식물원을 그리자, 이삭을 이용한 크리스마스 장식, 엽서 그림 연하장을 그리자 등이 진행된다.

전시회도 계절에 맞게 열리고 있다. 7월 전시회로 디지털 사진, 우리 정원 나가이공원 사계절과 점토로 만드는 장난꾸러기 고양이 세계 등이 있고, 9월 전시회로 플라워 작품전, 들꽃 수채화전, 들새 사진전 등이 열린다. 10월 전시회로 가을 분재전, 수묵교실전, 일필화전一筆畵展 등이 있다. 11월에는 국화전, 분재전, 책과 분재전, 주민 꽃꽂이전 등이 열린다.

Travel tip

주소 日本 大阪市 東住吉區 長居公園 1-23
홈페이지 www.nagai-park.jp
전화 +81 6 6696 7117
개원시기 및 시간 3월~10월은 09:30~17:00(입장은 16:30)까지, 11월~2월은 09:00~16:30(입장은 16:00)까지이다. 매주 월요일은 휴원이며(축일인 경우는 그 다음날) 연말연시 기간인 12월 28일~1월 4일까지는 휴원이다.
면적 24.2ha

14

도쿄 시민의 편안한 휴식처

도쿄진다이식물공원

Tokyo Metropolitan Jindai Botanical Park

분수 너머로 보이는 대온실

도쿄진다이식물공원東京神代植物公園은 탈아시아를 외치며 서구문명을 일찍 받아들인 일본식 현대문화의 일면을 보는 듯한 식물원이다. 넓은 부지에 조성된 분수와 잘 다듬어진 철쭉군락, 그리스 신전 모양의 건물이 어우러진 장미원이 특히 그러하다. 학문적 냄새를 풍기지 않으면서도 다양한 식물의 세계를 느낄 수 있고, 운동과 휴식의 공간을 제공하고 있다. 이 식물공원에서는 연중 다양한 식물관련 전시회가 개최되고 있어 어느 때라도 시간을 내어 느긋한 마음으로 방문하여도 좋은 곳이다.

식물원의 역사

도쿄진다이식물공원은 원래 도쿄의 가로수 등을 기르기 위한 묘포장으로 출발했지만, 전후 진다이 녹지로 개방된 뒤 1961년에 명칭을 진다이식물원으로 고쳐 도내에서는 처음으로 식물원으로 개원하였으며, 일본에서 두 번째로 오래된 식물원이다. 1984년에는 대온실이 완성되어 열대식물들을 겨울에도 감상할 수 있게 되었다.

식물원의 구성

46.7ha의 면적에 약 4,500종류가 넘는 식물을 보유하고 있으며 식물원 내에는 10만 주의 수목이 심어져 있어 일본 국민의 사랑을 많이 받고 있는 공원개념의 식물원이다. 매화, 철쭉, 산딸나무, 작약, 장미, 등나무 등이 30곳의 주제원에서 계절별로 아름다운 꽃을 피운다.

철쭉원에는 약 300여 품종, 12,000주가 심겨져 있어 개화기인 봄에는 장관을 연출하는데 이는 이 식물원의 자랑거리이자 상징으로 여겨지고 있다. 철쭉원 주변의 봄 화단에는 수십만 송이의 튤립, 꽃양귀비, 팬지, 무스카리 등이 재배되고 있

화려한 베고니아온실

습지원

가을 장미 축제

다. 유럽의 식물원에 와 있다는 느낌을 주는 장미원에는 시원한 분수, 넓은 잔디밭, 서양식 건축물 등이 잘 다듬어진 생울타리와 함께 대칭으로 조성되어 있다. 총 274품종 5,100그루의 장미가 심겨진 이곳에서는 봄철(5월)과 가을철(10월)에 장미축제(전시회)가 개최되는데, 관람객들로 인산인해를 이루기도 한다. 이 장미원은 제15회 세계장미협회의 밴쿠버대회에서 '세계장미연합회 우수정원상WFRS Award of Garden Excellence'을 수상하였다.

1984년에 완성된 대온실에는 주로 열대 관엽식물을 비롯하여 카틀레야, 덴드로비움, 파피오페딜럼과 같은 열대란들이 사시사철 꽃을 피우고 있으며, 식충식물과 화려한 베고니아 전시실이 별도로 조성되어 있어 관람객들을 붙잡는다. 독특한 외관으로 눈길을 끄는 온실 내에는 총 650여 종류의 식물들이 자라고 있다. 온실 앞에는 꽃잎 모양을 한 철제 조형물이 있는데 바람이 불면 꽃잎 부분이 움직이도록 되어 있고 정해진 시간이 되면 음악이 흘러나온다.

식물원의 넓은 잔디밭에는 이 식물원의 명물 중 하나인 거대한 팜파스그라스Pampas Grass 군락이 있다. 2007년 기준으로 키 4m, 폭 7m에 40년이나 되었다고 한다. 또 숙근초원, 일년초원, 벚꽃원, 복숭아원, 목련원, 매화원, 자두원, 대나무원, 동백원, 다알리아원, 모란원, 장미원, 침엽수원, 만병초원 등이 특별 식물 수집군으로 조성되어 있다.

1985년에 조성된 습지원에는 붓꽃류, 갈대류, 인디카 계통의 벼 품종 등과 같은 수생식물들이 주로 식재되어 있어 어린이들의 환경생태 교육프로그램에 자주 이용되고 있다. 또 주택정원, 정원석, 울타리 등을 배치하여 시민들이 정원조성에 관한 아이디어와 정보

연못정원

를 얻어갈 수 있도록 한 견본정원과 유용식물, 방향식물, 야생화, 채소 등을 심어 놓은 교재원도 조성되어 있다.

식물원의 운영 특성

입장료는 어른, 65세 이상, 중학생 등으로 구분되며 초등학생 이하 및 도내 거주하거나 재학 중인 학생은 무료이다. 계절별 또는 월별로 식물과 원예에 관한 행사와 전시회, 외부 전문 강사에 의한 강연회, 체험 교실 등을 개최하여 녹색문화 전파에 노력하고 있다.

녹색상담소에는 전시실, 상담코너, 강습실을 갖추고 있으며 식물회관에는 회의실이 있어 연수회나 강습회, 취미 모임 등에 이용할 수 있다.

Travel tip

주소 日本 東京都 調布市 深大寺 元町 5-31-10
홈페이지 www.kensetsu.metro.tokyo.jp/kouen/kouenannai/park/jindai_shoku.html
전화 +81 424 83 2300
개원시기 및 시간 09:30~17:00(입장은 16:00)까지 관람할 수 있으며, 온실은 09:30~16:00까지 관람이 가능하다. 휴원일은 매주 월요일과 12월 29일~1월 1일까지이다. 식목일인 5월 4일과 도민의 날인 10월 1일에는 무료입장이 가능하다.
면적 46.7ha

15

일본에서 가장 오래된 고산식물원

로코고산식물원

Rokko Alpine Botanical Garden

안개낀 암석원

로코고산식물원六甲高山植物園은 고베 동쪽에 위치한 로코 산의 기슭 해발 825m에 조성되어 있는 식물원이다. 연평균 기온이 9℃인 고산지대의 특성을 활용하여 다양한 고산식물과 한랭지 식물을 수집하여 전시하고 있다. 도쿄에서 신칸센으로 3시간이 걸리는 고베는 일본의 중앙에 위치해 있고 오사카와 함께 일본의 대표적인 항구도시로 꼽힌다. 특히 고베는 각종 외항선이 드나드는 유서 깊은 국제항으로 외국의 문물을 받아들이는 창구 역할을 해왔다. 해발 931m의 로코 산은 고베는 물론 인근의 오사카와 간사이 공항도 한눈에 내려다보이는 조망 포인트를 제공하며 이곳 야경은 일본 3대 야경의 하나로 꼽힐 정도이다.

1932년에 설치된 복고풍의 케이블카를 타면 로코 산 정상까지 약 20분이 걸리는데 주변 경치가 아름다워 추천할 만하다. 로코고산식물원은 로코 산 케이블카 종점에서 순환버스로 갈아타고 내려오면 바로 입장할 수 있다. 로코고산식물원을 관람하고 부근의 오르골박물관을 보고 아울러 저녁 야경을 구경한 후, 로코 산 정상에서 출발하는 로프웨이로 12분 소요되는 인근의 아리마 온천에서 여정을 마무리한다면 멋진 하루 코스가 될 것이다. 아리마 온천은 천하통일을 달성한 도요토미 히데요시가 지친 심신을 치유한 온천으로 널리 알려져 있다. 6월에 로코고산식물원에 가게 된다면 5만 그루의 수국이 피는 인근의 고베삼림식물원도 함께 보는 것이 좋다.

식물원의 역사

로코고산식물원의 연평균 기온은 홋카이도 남부의 기온과 비슷하다. 남쪽이면서 이렇게 기온이 낮기 때문에 약 1,500종류의 각종 고산식물과 한랭지 식물이 수집 · 전시되어 있다. 1933년에 식물학자인 마키노 도미타로牧野富太郎의 주도로 설립된 로코고산식물원은 고산식물원으로서는 일본에서 가장 오랜 역사를 자랑한다. 천황가가 지속적으로 깊은 관심을 가지고 방문하고 있는 로코고산식물원은 2008년 6월에 스위스 시니게플라테고산식물원Alpengarten Schynige Platte과 자매결연을 맺는 등 고산식물원으로서의 기능을 강화하고 있다.

잎보다 꽃이 먼저 피는 앉은부채

암석원에 예쁘게 핀 세덤류

식물원의 구성

식물원은 경사진 기슭에 크게 습생식물구역과 수림구역, 그리고 암석원으로 구성되어 있다. 습생식물구역의 습지에는 발을 적시지 않고 습지식물을 관찰할 수 있도록 나무 데크를 설치하였다. 암석원은 식물원 서쪽 지역에 조성되어 있는데 높은 산 바위를 재현한 이곳에서는 자연에 가까운 생태에서 우리나라의 높은 산에서도 볼 수 있는 각종 고산식물은 물론, 알프스에서 자라는 희귀한 고산식물도 볼 수 있다.

고산식물은 생육기간이 짧기 때문에 개화시기가 비슷해서 거의 동시에 꽃이 만발하여 꽃밭을 이루는 특성이 있다. 로코고산식물원은 이런 고산식물의 특성을 고려하여 매달 새로운 꽃을 볼 수 있도록 계절의 꽃을 적절히 배치하고, 꽃달력을 만들어 소개함으로써 관람객의 흥미와 지속적인 방문을 유도하고 있다.

월별로 피는 꽃을 보면, 3월에는 복수초, 앉은부채, 풍년화, 얼레지꽃을 볼 수 있고, 4월에는 습지식물인 수파초와 삼지구엽초를 볼 수 있으며, 5월에는 석남, 6월에는 연꽃, 백합, 성주풀, 수국이 꽃을 피우며, 알프스의 별이라는 애칭을 가지고 있는 에델바이스도 볼 수 있다. 7월에는 원추리와 수국류, 8월에는 해오라비난초, 도라지, 나도승마가 꽃을 피우는 모습을 볼 수 있으며, 9월에는 투구꽃, 솔체꽃, 승마를 볼 수 있다. 10월과 11월에는 용담, 오이풀, 들국화류가 피며 단풍이 물드는 아름다운 가을 풍경을 즐길 수 있다.

9월의 고산식물원 풍경

식물원의 운영 특성

식물원 내에는 계절

암석원과 연못

에 따라 피는 꽃을 DVD를 통해 알기 쉽고 재미있게 소개하는 영상관이 있고, 강의를 하거나 세미나를 할 수 있는 강의실도 있다. 여기에서는 식물원에서 채취한 자연소재를 이용하여 장난감을 만드는 자연공예체험이나 식물원에 피는 꽃을 사용하여 드라이플라워를 만드는 체험 기회도 제공한다.

로코고산식물원은 로코 산에 있는 스키장, 호텔, 체험장, 쇼핑가 등 여러 종류의 레저시설을 경영하고 있는 종합레저주식회사에서 운영하고 있어 이들 시설과 연계된 프로그램도 다양하게 운영하고 있다. 로코 오르골박물관에서는 수동식 오르간을 연주하거나 오르골 조립 체험을 할 수 있는데, 오르골박물관과 자연체감전망대, 로코고산식물원 세 곳의 공통이용권을 구입하면 저렴하게 관람할 수 있다.

Travel tip

주소 日本 神戸市 灘區 六甲山町 北六甲 4512-150
홈페이지 www.rokkosan.com
전화 +81 78 891 1247
개원시기 및 시간 3월 중순부터 11월 중순까지 개원하며, 개원시간은 10:00~17:00까지이다.
연중무휴로 운영되나 2012년의 경우 9월 6일과 9월 13일에는 휴원하였다.
면적 5ha

16

생물다양성 보존 연구의 중심

츠쿠바식물원

Tsukuba Botanical Garden

다양한 희귀습지식물들을 볼 수 있는 수생식물구

츠쿠바식물원 筑波實驗植物園 은 국립과학박물관이 식물 연구를 추진하기 위해 츠쿠바 연구단지 내에 설치한 연구 기관이다. 이곳에는 일본에 자생하는 대표적인 식물을 비롯해 세계의 열대 및 건조 지역에서 자라는 식물, 우리의 생명을 지탱해주는 식물, 츠쿠바 산에서 볼 수 있는 식물 등의 주제 아래 7,000종류 이상의 식물이 수집되어 있다.

츠쿠바연구단지 내에는 일반에 공개되는 츠쿠바실험식물원과 일반에 공개되지 않는 표본관이 있다. 츠쿠바실험식물원은 살아있는 다양한 식물을 수집 · 보존하고, 멸종위기종을 중심으로 한 식물다양성 보전 연구를 추진하고 있다.

수집 · 보존하고 있는 식물을 바탕으로 일본 및 세계의 다양한 식생 환경을 재현하고 식물의 형태와 생태의 다양성을 체험을 통하여 학습할 수 있도록 전시 및 재배하고 있다.

식물원의 역사

츠쿠바실험식물원은 1976년 5월에 츠쿠바연구단지에 설치되었으며 같은 해 12월에 츠쿠바실험식물원 연구관리동이 완성되면서 초기 면모를 갖추게 되었다. 1981년 열대자원식물 온실이 완성되었으며, 1983년에 교육동이 완성되면서 식물원을 일반에 개방하게 되었다.

1985년 사바나온실, 1990년 교육전시관, 1995년 열대우림온실 등을 완성하면서 1995년에는 국립과학박물관 신주쿠 분관에 있던 식물연구부가 츠쿠바연구단지로 이전하였다.

2004년에는 식물원을 통칭하는 이름을 츠쿠바식물원으로 결정하였으며, 여러 조직에 나뉘어져 있던 연구 조직을 2007년에 식물연구부로 일원화하여 연구의 효율성을 높였다. 2008년에 개원 25주년을 기념하고 '생명을 지탱해주는 생물다양성의 구역'을 새로이 조성, 개방하였다.

식물원의 구성

식물원은 자연 경관과 식물 다양성을 응축하여 재현하고 있는데, 일본 중부 및 비슷한 기후대에 분포하는 식물이 야외에서 재배되고, 세계의 열대 및 건조 지역, 열대우림 등을 대표하는 식물은 온실 내에 수집되어 있다. 특히 일본을 중심으로 한 아시아 지역의 식물 수집이 충실하고 식물학 전반에 관한 고급 학습 및 연구의 장으로서 적합한 환경을 제공하고 있다. 뿐만 아니라 일반 대중들에게 심신의 휴식을 주는 장소로도 기여하고 있다.

츠쿠바식물원은 '세계 생태 구역', '생명을 지탱해주는 생물다양성의 구역', '산책로 및 중앙 광장 구역' 등 크게 세 구역으로 나뉘어져 있다.

먼저 '세계 생태 구역'에서는 야외와 온실로 나뉘어 냉온대에서 열대까지의 식물을 볼 수 있다. 야외에서는 일본의 온대에서 냉온대까지 식물로 이루어진 상록활엽수림, 온대침엽수림, 온대낙엽활엽수림, 냉온대낙엽활엽수림 등 4개의 숲 구역과 관목 숲, 산지초원, 사력砂礫: 모래자갈 지 식물, 암석식물, 수생식물 등 9개의 구역이 있으며 온실로는 열대우림, 사바나, 수생식물 등 3개의 온실이 있고 그 주변에 관련된 외국의 온대식물을 볼 수 있다.

'생명을 지탱해주는 생물다양성의 구역'은 식물들이 직간접적으로 인류의 생활에 관련되어 있음을 보여주어 생물다양성의 중요성을 알리는 것을 목적으로 조성된 구역이다. 즉, 오늘날 지구상에 알려진 약 27만 종의 식물 중 의식주에 이용되는 식물, 허브와 약으로 이용되는 식물, 문화와 과학 사상에 등장하는 식물 등 수만 종의 식물이 우리 인류의 생활

지독한 냄새로 유명한 시체꽃 *Amorphophalu titanum*

꽃색이 특이한 제이드 바인 Jade Vine

멸종위기종(CR) 족도리풀 종류

반건조기후대의 식물을 보여주는 사바나온실

에 직접적으로 이용되는 사례를 보여준다. 또한 모든 식물종이 생태계와 광합성에 의한 공기 정화 등 간접적으로 우리의 삶에 관여하고 있음을 보여준다. 이 구역에서 관람객들은 우리 인류의 생활이 생물다양성에 의해 지원되고 있음을 깨닫고 생물다양성의 중요성과 보존의 필요성을 이해하게 된다.

'생명을 지탱해주는 생물다양성의 구역' 을 구체적으로 보면, 야외로는 온대자원식물, 멸종위기식물, 츠쿠바산 식물, 고사리 숲, 으아리원 등이 있으며 열대자원식물온실이 이 구역에 해당된다.

'산책로 및 중앙 광장 구역' 은 식물원에 들어섰을 때 가장 먼저 맞아주는 커다란 나무들로부터 시작된다. 미국의 세쿼이아와 살아있는 화석으로 불리는 메타세쿼이아가 줄지어 교대로 심겨져 있다. 또 미국, 유럽, 아시아 지역의 칠엽수를 서로 교배하거나 접목해서 만들어낸 특이한 모양의 칠엽수도 시원한 느낌을 준다. 이 산책로는 사계절 다른 색으로 방문객들을 맞이한다.

특이한 꽃을 피우는 타카류 식물
Tacca chatrieri var. maurancha

산책로의 끝에서 연결되는 중앙 광장에는 새빨간 꽃을 가진 진달래 품종 세이 진달래와 수생식물, 식충식물, 멘델의 포도 등 다양한 의미를 가진 국내외의 식물들을 볼 수 있다.

위 3개의 구역 외에 교육동과 그 주변도 중요한 관람구역이다. 교육동은 식물원 입구에 있는 건물로 식물원의 방문객센터 역할을 겸한다. 여기에서 식물의 다양성이란 무엇이며, 이것이 얼마나 중요한지를 패널로 설명하고 식물원의 역할과 기능에 대해서도 설명하고 있다.

열대우림온실 동쪽 건너편에 있는 연구전시관도 중요한 식물원의 요소인데, 여기에는 수생식물온실이 같이 있다. 각종 실험실습실과 다양한 이벤트와 강의가 열리는 세미나실이 이 건물에 있으며, 옥상에는 천체 관찰실이 있어 월 1회 열리는 천체 관찰 행사 때 일반인도 별을 관찰할 수 있다.

식물연구 기관답게 츠쿠바식물원 식물표본관에는 150만 점 이상의 표본을 소장하고 국내외 연구자들의 연구에 활용할 수 있도록 하고 있다. 종자식물과 양치식물 표본이 90만 점 정도이며 전 세계적으로도 연구가 잘 되어 있지 않은 이끼류의 표본만도 약 20만 점 이상을 소장하고 있다. 이들 표본을 적절히 관리하고 연구에 활용하기 위해 데이터베이스를 구축하고 있다. 식물표본관 관리를 포함한 식물연구를 식물연구부에서 담당하고 있는데, 분자 계통 · 형태 · 유전자 분석을 통해 식물, 조류, 균류 등 동물을 제외한 모든 생물의 다양성, 계통 및 진화를 밝히는 연구를 수행하고 있다.

식물원의 운영 특성

츠쿠바식물원은 국립과학박물관에 소속되어 있어 식물과학연구가 주된 기능이라고 할 수 있다. 그러나 연구 과정과 결과를 일반 대중에게 효과적으로 알려 과학의 대중화와 생물다양성보존 교육에 기여하고 있다.

산간계류를 재현한 습지

특히 자원봉사활동이 활성화되어 있는데, 식물원 해설 안내, 식물원 관리, 교육활동 지원 등 식물원의 다양한 활동에서 자원봉사자가 활약하고 있다. 기획전의 일부와 교육동에서 개최되는 전시는 자원봉사자가 촬영한 사

웅장한 규모를 자랑하는 사바나온실과 열대자원식물온실

진이나 작성한 자료를 사용하여 자원봉사자가 주체가 되어 실시하는 경우가 많다.

식물원 해설 안내도 자원봉사자들에 의해서 운영되는데 매주 토요일과 일요일 오후 1시 반에 정기적인 식물원 해설 안내를 실시한다. 해설 안내 자원봉사자들은 교육동에 상주하면서 정기적인 해설 안내 외에도 관람객의 요청이 있을 경우에 수시로 해설 안내를 실시하기도 한다.

한 달에 한번 열리는 식물원 숲 전체 정비와 고사리 온실이나 연못의 식물 관리도 일부는 자원봉사자가 참여한다. 그 외에 이벤트나 교육활동에서도 자원봉사자의 역할이 매우 크다.

Travel tip

주소 日本 茨城縣 つくば市 天久保 4-1-1
홈페이지 www.tbg.kahaku.go.jp
전화 +81 29 853 8475
개원시기 및 시간 매주 월요일 및 공휴일의 다음날, 연말연시(12월 28일~1월 4일)를 제외하고 연중 09:00~16:00까지 개방한다. 단 입장은 오후 4시에 종료된다. 기획전 등이 있는 경우 위의 휴원일에도 개장하거나 입장시간을 연장하기도 한다.
면적 14ha

17 논을 습지로 복원한 하코네습생화원
Hakone Botanical Garden of Wetlands

하코네습생화원 箱根混生花園 은 습지를 비롯해 강이나 호수 등의 물이 많은 환경에서 생육하고 있는 식물을 중심으로 한 식물원이다. 하코네습생화원 내는 저지대에서 고산까지 일본 각지에 산재해 있는 습지식물 200종류 외에, 초원과 숲, 고산식물 1,100종류를 모으고 기타 희귀 외국산 식물을 포함 약 1,700종류의 식물이 계절마다 꽃을 피우고 있다. 식물원에서는 저층습지부터 초기고층습지까지 각 발달 단계의 습지를 차례로 돌아볼 수 있게 되어 있다. 일본에서 가장 인기있는 관광지인 하코네국립공원 근처인 나가가와현 하코네마치에 위치하며 해발 650m에 자리 잡고 있다. 동경에서 남서쪽으로 약 100km 떨어져 있고, 승용차로 2시간이 소요된다.

하코네습생화원 풍경

식물원의 역사

하코네는 일본에서 가장 유명한 관광지의 하나로 알려져 있다. 하코네 바로 뒤에는 후지 산이 있으며 중심에는 아시노코 호수가 있다. 하코네는 역사적으로 뜻깊은 곳들이 많이 자리 잡은 국립공원구역이며, 근대적인 관광시설들이 자연과 잘 어우러져 있다. 하코네습생화원은 1976년 방치된 논을 습지로 복원한 것으로 식생 기초조사 등 철저한 준비과정을 거쳐 생태공원으로 조성됐다. 이곳은 현재 화원 관리를 위해 휴장하는 기간을 제외하고도 연간 32만 명이 넘는 관광객이 찾는 유명 관광명소로 자리 잡고 있다. 선석원 습지의 보전과 관광객 유치를 목적으로 출발한 하코네습생화원은 선석원초원, 고층습원, 저층습원 등이 복원됐다. 이곳에는 또 전시관과 관리시설 등이 있으며 목재 데크와 흙길 등 산책로 이외의 인공시설은 거의 없다.

하코네습생화원은 비록 논을 습지로 복원한 식물원이지만 경관적 · 생태적 가치뿐만 아니라 관광객을 유치하는 차원에서도 일본에서는 매우 중요한 역할을 담당하고 있다.

식물원의 구성

국가 천연기념물로 지정되어 있는 센고쿠하라습원을 비롯하여 일본의 대표적인 습지식물을 전부 볼 수 있다. 하코네습생화원은 다습초원을 시작으로 강이나 호수와 늪 등의 물

이 많은 환경에서 생육하고 있는 식물을 중심으로 한 식물원이다.

원내에는 저지에서 고산까지 일본의 각지에서 서식하고 있는 습지대의 식물 200종류 외, 초원이나 숲, 고산식물 1,100종류가 식재되어 있고, 보기 드문 외국의 야생화를 포함해 약 1,700종류의 식물이 사계절마다 꽃을 피우고 있다. 탐방로는 저지에서 고산으로, 초기의 다습초원으로부터 발달한 다습초원의 순서에 따라 식물을 보면서 돌게 되어 있다.

주로 습지와 호수에 생육하는 식물을 중심으로 한 식물원으로 원내의 넓은 면적이 연못, 습지와 실개천으로 구성되어 있다. 방문자들은 주로 목재 데크로 만들어진 관람동선을 따라 수면에 근접하여서 관람할 수 있으며 견학시간은 40분 정도가 소요된다. 천연의 늪지를 이용하여 자연식물 군집처럼 배치하여 습지식물의 식별뿐만 아니라 자연의 식물 사회를 인식할 수 있도록 식재 설계하였다.

이탄습지원

식물원의 주요 수집종의 하나인 개불알꽃류

습지원의 봄 풍경

방문자가 연중 개화하는 경관을 즐길 수 있도록 3~4월 90종류, 5월 120종류, 6월 150종류, 7월 120종류, 8월 100종류, 9월 100종류, 10~11월 50종류 등 개화시기를 고려하여 식재하였다.

식물원의 운영 특성

12월 1일부터 3월 19일까지의 겨울 기간에는 휴원이지만 내외부적으로 여러 가지 일들을 진행한다. 실내에서는 식물원 개원과 기획전을 준비하는데, 포스터, 책자 개발 등에 집중한다. 특히 하코네습생화원 바깥쪽에 위치한 식생 복원구의 현지 센고쿠하라 다습초원의 식물군락을 유지하기 위해서 매년 6월에 풀베기를 실시하고, 겨울철에는 불을 내어

침엽수정원

다른 풀들을 제거하는 작업을 한다.

또한 식물 방한 작업을 위해 낙엽을 원내 전면에 깔고 동해피해를 줄이는데, 이 작업은 개원 중인 11월부터 낙엽을 수집하여 제초가 끝난 지역부터 차례차례 시작한다. 이렇게 하지 않으면 다음해 봄에 식물이 아름답게 꽃을 피울 수 없기 때문에 월동준비를 철저히 하고 있다.

그 외에도 시설물의 보수도 함께 실시하는데, 흙포장길의 경우 불량포장을 개선하고, 목재 데크길의 경우에는 썩은 곳을 보수하고, 나무울타리, 벤치 등도 수선할 뿐만 아니라 연못청소도 정기적으로 하고 있다. 이러한 보수공사와 유지관리는 개원 전까지 계속된다.

전시실에서는 센고쿠하라 다습초원의 동식물을 사진이나 패널, 대형 수조로 소개하고 있다. 또한 80인치의 모니터를 사용한 영상 '하코네습생화원 사계의 꽃'을 약 15분간 상영하며, 봄에는 '봄의 꽃', 여름에는 '여름의 꽃'을 상영한다.

매점에서는 엽서나 사진집 등 기념품부터 야마노풀, 식충식물(여름철 한정) 등을 구입할 수 있으며, 하코네습생화원의 공식가이드 북 '하코네습생화원 사계의 꽃'이나, 포토 가이드 북 '하코네습생화원' 등도 구입할 수 있다.

Travel tip

주소 日本 神奈川縣 足柄下郡 箱根町 仙石原 817

홈페이지 www.hakone.or.jp/shissei

전화 +81 460 84 7293

개원시기 및 시간 2월 1일~3월 19일은 동기휴무이며, 3월 20일~11월 30일 기간 중에는 무휴이다. 개원시간은 09:00~16:30까지이다.

면적 3ha

18 일본의 전통과 현대가 어우러진 히가시야마식물원

Higashiama Botanical Gardens

식물원 입구에 있는 온실과 연못 그리고 스카이 타워

히가시야마식물원 東山植物園 은 일본의 3대 도시 가운데 하나로 꼽히는 나고야에 자리 잡고 있다. 나고야는 근대 일본의 문을 연 오다 노부나가, 도쿠가와 이에야스, 도요토미 히데요시를 배출한 곳으로 도요토미 히데요시가 축성한 나고야 성은 유명 관광지이다. 70년이 넘는 히가시야마식물원은 역사만큼이나 내용 면에서 알차고 볼거리가 많다. 히가시야마식물원 언덕에 세워져 있는 134m의 히가시야마 스카이 타워에서는 히가시야마동물원은 물론 나고야 시내와 중부 산악지대까지 한눈에 볼 수 있다.

히가시야마공원 역에서 하차하면 동물원을 통과해서 식물원에 갈 수 있고, 호시가오카 역에서 내리면 식물원의 북동쪽 문이 가깝다.

식물원의 역사

히가시야마식물원은 1937년에 개원하였다. 개원 당시 식물원은 난초과식물, 양치식물, 나자식물, 향토식물 등 500종류의 식물과 교육용 희귀식물 820종류의 식물을 보유하고 있었다. 유리온실은 약 1,400㎡였는데 여기에는 야자실, 난초실, 양치수생식중식물실 羊歯水生食中植物室, 과수재배실 등이 있었다. 또한 그 무렵 점령지 동남아시아로부터 당시로서는 드문 바나나, 파인애플, 파파야, 카사바 등을 들여와 전시하였고, 화초재배실에서는 시네라리아, 시클라멘, 사쿠라풀 등이 꽃을 피웠다.

그러나 제2차 세계대전으로 연료사정이 악화되면서 온실용 연료가 떨어지고, 식량 조달을 위해 식물원 부지마저 보리밭이나 고구마밭으로 전용되어 식물원 유지가 어려워지자 1944년 10월에는 일반인의 관람이 중지되었다. 1945년 3월에는 공습으로 온실도 피해를 입게 되었다. 패전 후 침체에 빠져 있던 일본경제가 부활하면서 히가시야마식물원은 다시 정비되어 나고야 시민들의 휴식 공간으로 유지되다가, 1967년 히가시야마 종합공원 재개발 계획이 수립되면서 각각 운영되던 동물원과 식물원이 히가시야마동식물원으로 합쳐지고 식물원도 재정비되어 오늘에 이르게 되었다.

식물원의 구성

히가시야마동식물원은 총 면적이 59.6ha인데 이 중 식물원은 27.4ha이다. 식물원에는 모두 230과 7,000여 종류의 식물이 있으며 여기에는 세계 각지의 열대 및 아열대식물도 포함되어 있다.

히가시야마식물원에는 온실과 서양정원, 죽림원, 약초원, 사계절화단, 장미원, 습지원 등이 있고, 중국 원산의 식물을 모아 놓은 중국식물원림과 미국 식물을 모아 놓은 미국식물원림도 있다. 또 숲에 둘러싸인 조용한 연못가에는 전통 일본정원인 야유원이 조성되어 있다. 야유원은 하이쿠 작가인 요코이 야유를 기념하기 위한 시설로 정원에는 그의 문학 작품에 등장하는 식물을 심었다. 이 밖에도 매화나무숲, 목련정원, 동해의 숲 東海の森 등이 있으며, 자연림을 살린 만요 산책로, 약초의 길, 도키아 산책로 등의 테마 산책로가 숲속으로 연결되어 있다.

빅토리아수련

서양정원의 분수와 주변 풍경

연못에 비치는 좌우 대칭의 모습이 인상적인 온실은 1937년에 지어진 후 증축을 거듭하여 현재 2,403㎡의 규모로 관상온실과 재배온실을 합해서 16실로 이루어져 있

사계절 초화류 화단과 분수

다. 이 온실은 건축기술상의 가치를 인정받아 2006년 국가 중요 문화재로 지정되었다. 관상온실에는 주제에 따라 야자나 양치식물, 중남미 원산식물, 수생식물 등이 전시되어 있다. 온실에 아름답게 핀 꽃 중에서도 30여 종류에 이르는 화려한 부겐빌레아와 직경이 20cm가 넘는 여러 가지 색의 무궁화*Hibiscus*, 또 서부극의 무대에 등장하는 6m가 넘는 기둥선인장이 특히 볼만하다.

온실 앞에서부터 동쪽으로 느슨한 경사면에 꾸며진 서양정원에는 수련이 피어 있는 수련연못, 서양식화단, 숙근초화단, 향기가 나는 허브가든 등이 조성되어 있고, 경사면을 흐르는 분수가 정원을 더욱 아름답게 한다.

서양정원을 지나 오르막길 오른편에는 활에 이용하는 대나무, 대만의 왕죽, 중국 관동지방의 죽순 등 90여 종류의 대나무를 모아 놓은 죽림원이 있다. 식물원 곳곳에는 대나무를 이용하여 울타리를 치거나 경계를 표시

식물로 장식한 식물원 표지판

습지원 가는 길

한 것을 볼 수 있다.

좀 더 위쪽으로 올라가면 약 0.4ha의 넓은 화단이 펼쳐져 있고, 화단 사이에 물길을 내어 아래쪽으로 떨어지는 폭포를 만들어 운치를 더하고 있다. 이 화단에는 사계절 초화류를 심어 연중 아름다운 꽃들이 개화하면서 화사한 풍경을 연출한다.

약초의 길을 따라가는 길목에는 친밀한 약초, 만엽의 약초万葉の薬草, 중국의 약초 등 약 300종류의 약용식물이 그 약효와 이용법 등을 소개하는 팻말과 함께 전시되어 있다.

장미원과 미국식물원림은 식물원 남쪽 방향에 있는 동물원 쪽으로 다리를 건너가야 관람할 수 있다. 장미원에는 약 230종류, 930여 본의 장미가 5월 하순부터 피기 시작하여 10월 하순까지 피어난다. 미국식물원림에는 산딸나무, 플록스, 루드베키아, 칼미아 등 주로 북미 원산의 초화와 관목이 수집되어 있다.

식물원 서쪽의 약초의 길과 만요 산책로가 만나는 지점에는 기후현 시라카와 촌岐阜縣白川村으로부터 옮겨 보존하고 있는 1842년에 지어진 전통가옥이 있다. 내부에 들어가 가옥 실내 구조와 살림살이, 실내 장식까지 자세히 볼 수 있도록 개방되어 있어 일본의 전통 생활상을 엿볼 수 있다. 가옥은 10m 높이에 24㎡ 넓이로 물매가 가파른 지붕을 가진 특징이 있는데 40명의 대가족이 사용하던 집이라 한다. 1층은 주로 거실로 사용되며 가운데 난방과 조리에 사용하는 화로인 이로리가 있다. 위층은 겨울철에는 음식물도 보관하고 사람과 가축이 함께 생활하며, 여름철에는 누에를 치는 곳으로 사용되었다. 전통가옥의 마당 앞쪽으로는 큰 연못과 물레방아가 있어 옛 정취를 느끼게 한다.

전통가옥에서 내다 본 풍경

기후현에서 옮겨온 전통가옥과 물레방아

식물원의 운영 특성

식물원 정문을 지나 왼쪽에 위치한 식물회관에는 전시실과 상담실, 기념실 등이 있고 여기에서 다양한 활동이 이루어진다. 전시실에서는 야생란 전시회, 열매 · 풀의 전시 등 연간 약 40회의 전시회가 열리고, 전시식물에 관한 강습회가 열린다. 상담실에는 전문상담원이 상주하며 식물과 원예에 대한 상담을 해주고 있다. 에도 말기부터 메이지시대에 활약한 일본의 대표적인 식물학자인 이토 케이스 기념실에는 그가 사용하던 식물학, 의학, 광물학 등에 관한 장서와 유품이 전시되어 있다. 가이드 스테이션에서는 자원봉사자의 식물원 가이드도 제공한다.

Travel tip

주소 日本 愛知縣 名古屋市 千種區 東山元町 3-70
홈페이지 www.higashiyama.city.nagoya.jp 또는 www5.ocn.ne.jp/~nhbg
전화 +81 52 782 2111
개원시기 및 시간 매일 09:00~16:50까지 관람이 가능하며(입장은 16:30까지), 매주 월요일(공휴일 또는 대체 휴일인 경우 그 다음날)과 12월 29일~1월 1일까지는 휴원한다.
면적 27.4ha

19 치유의 맑은 공간
히로시마식물원
The Hiroshima Botanical Garden

식물원의 상징인 대온실과 조각상

열대온실 내부

16세기 조카마치城下町로 건립된 히로시마는 1868년 이후 군사 중심지가 되었다. 1945년 8월 6일 원자폭탄이 이 도시에 투하되어 2km 이내는 전면 파괴되었고, 사망자수도 20만 명 이상이 되었다. 1950년경부터 도시계획 아래 복구가 시작되었으며, 그 후 나카지마구는 평화기념공원이 되었다. 핵무기 금지를 위한 평화운동의 정신적 중심지로서, 1947년 원자폭탄희생자협회가 창설되어 방사선의 영향에 대한 의학적 · 생물학적 연구를 주도하고 있다. 히로시마식물원廣島植物公園은 히로시마 시 중심부와 미야지마의 중간, 고지대에 위치한다.

식물원의 역사

히로시마식물원은 국내외 식물을 수집, 식재하여 식물에 관한 지식 보급과 자연 보호, 휴식의 공간 마련 등을 추진하는 사회교육의 장으로 1976년 11월 3일에 개원했다. 식물원을 설계하고 건설한 사람은 카라사와 박사이다. 그는 도쿄교육대학 식물학과를 졸업하고 고등학교와 대학에서 교사생활을 하면서 세계 각국의 난과 식물을 조사 · 연구하였다. 1976년 초대원장으로 부임하여 1989년까지 원장으로 일했다.

1980년에 총 입장객수 100만 명을 돌파했으며, 1992년 3월에는 '세계 난초 회의 히로시마 대회'를 개최하였다. 1997년 11월에는 히로시마식물원 개원 20주년을 맞아 히로시마-충칭 우호도시 제휴 10주년 기념 '일본과 중국의 국화 전시회'를 개최하였다. 2000년 4월에 히로시마공원협회와 히로시마동물원협회를 통합하여 히로시마시 동식물원 · 공원협회를 설립하고 이 협회에 식물원과 공원 관리 · 운영을 위탁하였다. 2012년 총 관람객 800만 명을 달성하여 히로시마의 대표적 식물원으로 성장하고 있다.

식물원의 구성

히로시마식물원의 면적은 그리 넓지 않은 18.3ha이다. 식물원의 심벌인 대온실을 비롯하여 선인장온실과 열대수련온실, 베고니아온실 등의 온실 외에 전시자료관과 잔디광장 등의 시설을 갖추고 있다. 식물원에는 약 10,220종류 203,760(2011년 말 현재)그루의 식물을 재배하고 있다.

식물원 입구에 들어서면 시야가 확 트일 만큼 넓은 화단에 여러 종의 계절초가 찾는 이를 맞는다. 대온실로 향하는 계단을 따라 조성된 계단식 폭포는 맑은 소리를 내며 흐른다. 향기에 취해 얼마만큼 걸어 올라가면 먼저 반기는 것이 베고니아온실이다. 일반인이 키우기 힘들다고 하는 구근베고니아를 비롯하여 많은 종류의 베고니아를 1년 내내 볼 수 있다. 천정에 매다는 품종도 다수 전시하고 있는데, 베고니아 수와 면적은 서일본 최대를 자랑한다.

베고니아를 뒤로 하고 위로 향하면 열대수련온실이 있다. 꽃이 아름답고 종류도 풍부한 열대성 수련을 1년 내내 즐길 수 있다. 온실 북쪽에는 식충식물 코너가 있다.

열대온실과 접하여 이 식물원의 심벌인 대온실이 있다. 넓이 2,186㎡, 높이 21m의 거대한 온실이다. 1975년에 완공된 이 온실에는 열대지방의 경관을 재현하고 있어 1년 내내 열대 · 아열대의 분위기를 즐길 수 있다. 바나나와 카카오, 커피 등의 친숙한 식물을 볼 수 있는데, 열대 · 아열대의 식물 약 620종류, 10,960본(2011년 말 현재)이 자라고 있다.

시내가 내려다보이는 언덕 높은 곳에는 장미원이 있다. 5, 6월이 되면 진한 장미 향기가 언덕을 뒤덮는다. 일본 재래종 장미에서부터 개량 장미까지 여러 종류를 만날 수 있다.

장미원을 내려오면 사계절 식물의 특징을 비교하면서 즐길 수 있는 꽃의 진화원, 야생의 분위기가 풍부한 암석원이 있다.

계곡의 숲을 재현한 수림관찰원이 있고 동백꽃, 싸리원, 침엽수원 등이 이어 나타난다. 일본정원에서는 분홍색 꽃이 여덟 겹으로 피는 8겹매화를 감상할 수 있다.

식물원의 운영 특성

전시자료실, 온실, 야외전시장 등에서 다양한 전시와 이벤트가 연중 개최된다. 히로시마 시에서 자라고 있는 야생버섯전, 초목을 이용한 염색과 염색에 이용되는 식물을 소개하는 초목의 세계전, 세밀화로 그리는 보태니컬 아트전 등이 열린다.

여러 종류의 화려한 베고니아

도시를 조망할 수 있는 장미원의 관람로

다실이 있는 습지원

계절의 꽃 산책, 양란 재배 강습회, 분재 시연, 동물 공원 · 식물원 · 곤충관 연구 활동 발표, 초목 강습회, 으아리 재배 시연, 장미 강습회 등 유용한 프로그램이 자원봉사자 주도로 열린다. 옥외전시장에서는 가드닝 콘테스트 작품전, 국화전 등이 열린다.

이 식물원은 자연체험 프로그램 활동도 다양하다. 초 · 중학교 및 지역 단체 등에서 행하는 자연체험 활동 등에 사용할 수 있도록 몇 가지 메뉴얼을 준비하고 있다. 프로그램 활동 중에 식물원을 다니면서 문제를 풀어보는 오리엔티어링Orienteering, 자원봉사 스텝 등에 의한 온실 내 식물가이드, 풀피리 체험, 식물 크래프트, 식물 빙고나 카무플라주Camouflage 등의 활동을 실시하는 주니어 프로젝트 등의 체험이 인기 있다.

식물원 식물동호회도 운영하고 있는데, 식물애호가들이 모여 원예 지식과 기술의 향상을 도모하고 자연보호 정신을 기르는 것을 목적으로 하고 있다. 동호회에 가입하면 식물원에서 개최된 식물이야기나 슬라이드 상영 등에 참여할 수 있으며 학회지를 받아볼 수 있다.

식물원은 2000년 3월부터 자원봉사자가 실내외 식물의 안내를 하고 연간 약 15,000명에게 식물의 매력과 특징 등을 소개하고 있다. 큐레이터 자격 취득을 위한 박물관 실습도 진행하고 있다.

Travel tip

주소 日本 廣島市 佐伯區 倉重 3-495
홈페이지 www.hiroshima-bot.jp
전화 +81 82 922 3600
개원시기 및 시간 09:00~16:30(입장은 16:00)까지이며, 휴원일은 12월 29일~1월 3일, 매주 금요일, 단, 이벤트시에는 금요일이라도 임시개원할 수 있다(금요일이 8월 6일 또는 국경일에는 그 직전 평일).
면적 18.3ha

20 중국 최초의 국립식물원
난징식물원
Nanjing Botanical Garden Mem. Sun Yat-Sen

건조지대식물이 수집된 온실

난징식물원南京中山植物園은 중국 장수성江蘇省 난징시南京市 외곽 쯔진산紫金山 남쪽에서부터 치엔후前胡 주변까지 넓게 펼쳐져 있다. 난징시 주변에서 자연생태계가 가장 잘 보존되어 있는 쯔진산의 사계절 변화하는 아름다움과 넓은 치엔후의 수면이 식물원과 잘 어우러져 있다.

난징식물원은 중국 최초의 국립식물원으로 건립되었는데 현재는 장수성과 중국과학원의 공동 관리를 받는 식물연구소이다. 식물연구소 기능이 강하지만 일반인들을 위한 관람 및 휴양의 기능도 크다. 특히 최근에 치엔후 주변에 새로 조성된 열대온실은 난징시의 새로운 관광 명소로 자리 잡고 있다. 난징식물원의 공식 명칭은 장수성 · 중국과학원식물연구소 난징쭝산식물원江蘇省 · 中國科學院植物研究所 南京中山植物園이다.

식물원의 역사

중국 최초의 국립식물원 난징식물원의 전신은 1929년에 건립된 손중산孫中山 기념식물원이다. 1954년 재건시에 남경중산식물원으로 명칭을 변경하고 중국과학원에 소속되게 하였다. 1970년 이후에는 분할 귀속하여 장수성이 관리를 맡았으며, 1993년부터는 중국과학원과 공동 관리하고 있다.

식물원의 구성

난징식물원은 원림식물구, 식물분류체계원, 수목원, 송백원, 약용식물원, 희귀 및 멸종위기식물원, 전람온실 등의 전문 관찰원을 두고 있으며, 맹인식물원과 분재원도 조성되어 있다. 식물원의 보유식물은 약 5,000종류, 약 10만 주에 달한다.

연구소에는 식물분류연구실, 순화육종연구실, 약용식물연구실, 식물생태연구실, 식물화학연구실, 식물 현지외보전실험실 등의 연구실이 설치되어 있다. 식물표본관에는 60만 여 점의 식물표본이 수집되어 있으며, 도서관 장서는 45,000권에 이른다.

난징식물원은 메이화산梅花山에서 타이핑먼太平門에 이르는 도로를 경계로 크게 두 구역으로 나누어진다. 북쪽이 쯔진산 방향이고 남쪽이 치엔후 주변이다. 북쪽 구역이 오래된 정원들이며 남쪽 구역은 최근에 새로 조성된 구역이다.

특히 남쪽 치엔후 주변에 2009년 건설된 온실은 새로운 관람 명소로 자리 잡고 있다. '열대식물궁'으로 명명된 이 온실은 10,000㎡

이시진의 동상이 있는 약초원

의 면적을 자랑하며 '불가사의한 식물'과 '식물과 인간' 이란 전시 주제 아래 2,000여 종류 이상의 식물이 3개 구역으로 나뉘어 식재되어 있다.

첫 번째 구역은 열대 꽃과 과일의 영역이다. 열대 과일 나무, 열대 식물과 열대 꽃이 밀접하게 인간의 생활에 관련되어 있음을 보여준다. 두 번째 구역은 열대우림 영역으로 열대우림에서 볼 수 있는 다양한 식물의 생태를 보여준다. 세 번째 구역은 남아프리카공화국, 오스트레일리아 등지의 건조 및 반건조지역에서 자라는 희귀한 식물들을 보여주고 있다.

난징식물원은 이 '열대식물궁'을 전 세계의 서로 다른 기후 지역과 식물의 보호를 위한 식물 자원 연구 및 실험 센터로 뿐만 아니라 청소년을 포함한 일반인들에 대한 과학 교육과 새로운 관광 명소로 발전시키고 있다.

식물원의 운영 특성

난징식물원은 중국 4대 중요 식물원 중 하나이며 중국 중 · 북아열대식물 연구의 중심으로 직원 320여 명이 운영하고 있는데, 그중 연구기술인원은 200여 명에 이른다. 식물원과 식물연구소의 공존을 통해 상호 발전하는 형태를 잘 보여주는 현대적 식물원이다. 이 식물원은 식물자원과 환경보전을 연구 방향으로 삼고 있으며, 주요 연구 관심 분야는 중 · 북아열대 식물자원의 발굴, 이용, 개량 및 현지외 보전이다.

80년대 이래 국제교류와 과학기술협력 방면에서 큰 진전을 보여 현재 60여 개국 600여

열대온실의 내부

'불가사의한 식물' 이란 주제로 수집한 식물

치엔후와 어우러진 열대온실

기관과 종자 및 식물 묘, 표본, 도서자료의 교환을 진행하고 있다. 1980년에는 미국 미주리식물원과 자매결연하였으며 이후에도 캐나다 콜롬비아대학식물원, 일본 동경대학식물원과 협력관계를 맺었다. 1992년에는 캐나다 기업과 '강소비파원예유한공사'를 합작 설립하여 식물자원의 개발이용에 기여하기도 하였다. 최근 30여 국가 및 지역과 학술교류 및 협력연구를 전개하여 '동아시아 및 북미 대응수종유전변이 연구', '약용식물자원연구', '운대산자연보호구 비교생태연구', '대기오염생태영향연구', '나무딸기속 식물자원연구' 등의 연구 과제를 수행하고 있다. 또한 난징식물원은 미국과 중국이 1988년부터 25년간의 계획으로 공동으로 진행 중인 '중국식물지 영문판' 출판의 4개 센터 중의 하나로 활발히 활동 중이기도 하다.

한편 난징식물원은 식물 연구의 중심지로서의 역할뿐만 아니라 관광과 휴양의 명소로도 자리 잡고 있어 매년 30만 명 이상의 방문객이 찾아오고 있다.

Travel tip

주소 中國 江蘇省 南京市 210014
홈페이지 www.cnbg.net
전화 +86 25 8434 7110
개원시기 및 시간 연중 개방하며 09:00~17:00까지 관람이 가능하다.
면적 186ha

21

중국의 빠른 변화를 보여주는

베이징식물원

Beijing Botanical Garden

많은 관람객이 모여드는 장미원과 분수

중국의 수도인 베이징시에서 자연경관을 감상하기에 가장 좋은 지역은 시 중심지역으로부터 서북쪽으로 약 18km 떨어진 시앙산香山 지역이다. 이 시앙산의 동남쪽에 자리하고 있는 베이징식물원北京植物園은 과거에 베이징식물원 북원北園이라고도 불렸다. 남원南園이라고도 불렸던 중국과학원 식물연구소 베이징식물원과는 시앙산에 이르는 도로를 경계로 남북으로 마주보고 있다.

식물원의 역사

베이징식물원은 1956년 중국과학원과 베이징시정부와의 협력으로 건설이 시작된 후, 1976년부터 1979년에 부분적인 전문 관찰원이 조성되었고 1980년 이후 대규모 건설이 진행되었다. 당초 이 식물원의 부지는 중국과학원 식물연구소 북경식물원에 포함되어 있던 곳이었으나, 1996년에 베이징 시의회 비준에 의해서 별도의 식물원으로 분리하게 되었다. 이후 1999년에 대규모의 열대식물전람온실이 6,500㎡의 면적으로 건립되어 현재의 모습을 갖추게 되었다.

식물원의 구성

식물원은 총 면적 157ha의 부지 위에 온실화훼구역, 식물전시구역, 수목원구역, 자연보호구역 등으로 나뉘어 조성되어 있다.

먼저 온실화훼구역에는 열대식물전람온실, 저온온실, 분경원 등이 조성되어 있다. 열대식물전람온실에는 관엽식물, 초화 화단, 야자수원, 선인장 및 다육식물, 식충식물 등 3,000여 종류가 전시되고 있다. 저온온실에서는 별도의 난방시설 없이 온실 유리의 경사를 적절히 활용하여 태양열로만 가온이 되도록 하고 있다. 이렇게 특별한 가온시설이 없이도 겨울 실내기온이 5도 이하로 내려가지 않으며 주로 아열대식물을 수집, 연구하고 있다. 분경원에서는 분재, 분경, 수석 등이 전시되어 있으며, 분경원 옆에는 수령이 1,300년이나 되어 '은행왕' 이라고 불리는 은행나무가 자리하고 있다.

식물전시구역에는 장미원, 모란원, 작약원, 라일락원, 해당화원, 숙근화훼원, 대나무원, 매화원 등이 조성되어 있는데, 특히 장미원은 1,000여 품종이 2ha의 면적에 원형 모양으로 심겨져 있으며 중앙에는 분수대를 만들고 주변계단에는 장미원을 만들어 넓은 광장을 한눈에 볼 수 있다.

식물원 입구

열대식물온실 내 다육식물

빅토리아수련이 자라는 열대식물전람온실

수목원구역에는 주로 은행나무 및 침엽수류, 벚나무류, 포플러류, 목련류, 장미 등이 주제별로 수집, 전시되고 있다.

한편, 식물원이 보유하고 있는 식물의 종류는 10,000여 종류, 62만여 주에 달하는 것으로 알려져 있으며 이를 이용하여 과학교육관을 중심으로 교육활동도 진행하고 있다.

식물원의 운영 특성

일반적으로 비교적 규모를 갖추어 운영되고 있는 중국의 식물원이 중국과학원 식물연구소들에 소속되어 있어 식물 연구가 주요 운영 목표인 것과는 달리, 베이징식물원은 시소속으로 운영 목표가 매우 다르다. 즉 연구보다는 일반인들의 관람, 휴양을 주목표로 운영되고 있다. 식물원의 위치 또한 북경의 유명한 관광지인 시앙산 풍경지구에 위치하며 식물원 부지 내에는 워포스臥佛寺라는 유명 사찰이 위치하고 있어 중국 내외의 많은 관람객들이 방문하고 있다.

중국은 최근 무척 빠르게 변화하고

저온온실 전경

있다. 베이징공항에서 베이징식물원이 있는 시앙산 지구까지 가는 도로는 매번 갈 때마다 달라 전혀 새로운 도시에 와 있는 느낌을 갖게 할 정도이다.

베이징식물원의 변화도 놀라울 정도이다. 중국과학원 식물연구소에서 별도의 식물원으로 분리된 1996년에 처음으로 이곳을 방문했을 때는 식물원이라기보다는 농장에 가까웠다. 다만 저온온실의 식물수집 관리모습에서 연구와 기술 능력을 확인할 수 있었다. 이후 10년이 채 지나지 않아 다시 가본 베이징식물원의 변화는 중국의 변화와 맥을 같이한다는 것을 깨닫게 했다. 특히 열대식물전람온실과 장미원의 식물수집 및 관리 상태, 그리고 식물원을 찾는 방문객 수는 이미 선진 식물원의 모습을 보여주기에 충분했다.

Travel tip

주소 中國 北京市 香山 卧佛寺
홈페이지 www.beijingbg.com
전화 +86 10 6259 1283
개원시기 및 시간 식물원은 연중 개원하는데 식물원 내 시설에 따라 입장 가능시간이 다르다. 야외정원은 여름철에는 06:00~18:00까지, 겨울철에는 07:30~17:00까지 관람이 가능하다. 워포스는 08:00(동계에는 08:30)~16:00까지만 관람이 가능하고, 온실은 08:00~16:30(동계에는 08:30~16:00)까지만 관람이 가능하다.
면적 157ha

22 동서양의 문화가 어우러진 상하이식물원

Shanghai Botanical Garden

중국 양식을 잘 보여주는 분경원 입구

상하이의 도시 풍경은 많은 문화와 시대상이 복합적으로 섞여 있는 독특한 모습을 보여준다. 오랜 개항의 역사 기간에 다양한 문화의 영향을 받아 동양과 서양의 모습이 섞여 있고 또 과거와 현재를 한자리에서 볼 수 있다.

상하이식물원上海植物園은 상하이시의 복합적인 역사와 문화요소를 압축적으로 보여주고 있다. 서양식 정원과 동양식 정원, 초현대식 전람온실과 동양적인 분경원 등의 대비는 상하이시가 겪었던 복잡한 변화, 상하이식물원의 발전 과정을 요약해서 보여준다.

상하이시 서남쪽 용화사 부근에 위치하고 있는 상하이식물원은 설립 초기에는 다양한 식물의 자원적 가치를 연구하던 연구 중심의 식물원이었으나 상하이시가 경제적으로 비약적 발전을 이루는 과정에서 식물원도 경제적으로 풍요로워진 도시민의 관광 및 휴양 수요에 맞추어 발전하게 되었다.

식물원의 역사

상하이식물원은 중국에서 성 · 시급의 식물원이 다투어 건립되던 1970년대에 조성된 대표적인 식물원이다. 식물원의 전신은 1954년에 설립된 롱화묘포龍華苗圃로 1974년 3월부터 상하이식물원으로 바뀌어 조성되어 1978년부터 일반에 개방하기 시작했다. 2001년 10월에 현재의 전람온실을 완공하여 북경시식물원의 전람온실에 이어 중국에서 두 번째 규모의 대형 전람온실을 갖게 되었다.

식물원의 구성

상하이식물원은 분경원, 모란원, 목서원, 장미원, 녹나무원, 송백원, 약초원, 대나무원, 난실, 전람온실 등으로 구성되어 있는데 이 중 분경원이 가장 큰 특징이다.

분경원 입구에 서면 가장 중국적인 풍경을 만날 수 있다. 짙은 잿빛의 기와가 덮인 하얀 벽이 이쪽 세상과 저쪽 세상을 구

모델 정원의 한 형태로 조성된 지붕정원

분하고 그 너머로 당당한 풍채의 소나무가 야트막한 분에 앉아 이쪽 세상의 우리를 부른다. 다른 세상으로 안내하는 의미를 가진 원형의 문을 거쳐 안으로 발을 디디면 중국 강남의 전통적인 정원에 들어선다. 분경원은 면적이 4ha에 이르고 2,000여 개 이상의 분경이 전시되어 있으며 세계 최대 규모로 평가되고 있다. 원내에는 중국 분경의 발전사를 보여주는 분경역사전람실이 설치되어 있다.

분경원이 중국적인, 그리고 전통적인 면모를 보여준다면 전람온실은 이국적이며 현대적인 문화의 대표라고 할 수 있다. 2001년에 준공된 온실은 열대우림의 자연식생과 4계화원이라는 두 개의 주제 공간으로 나뉘어 세계 각지에서 수집된 3,500여 종류의 식물이 수집되어 있다. 온실 총 면적이 4,900m²이며 최고 높이가 29.4m에 달한다. 이 전람온실이 건설되기 전에는 1983년에 건설된 온실이 전람온실의 기능을 담당했었는데 이를 폐쇄하지 않고 지금도 여전히 열대, 아열대 및 사막식물 전시구로 특화하여 기능을 유지하고 있다.

경제적으로 풍요로워진 상하이 시민의 요구를 충족하고자 하는 모습도 식물원 곳곳에서 찾아볼 수 있다. 대표적인 것이 식물원 입구에 조성되어 있는 모델 정원인데 이것은 일

전람온실

수생식물원

반 가정에서 도입이 가능한 정원 조성의 여러 가지 사례를 보여주는 것이다.

그 밖에 난실도 상당한 규모로 조성되어 있는데 약 300여 품종의 난초가 수집되어 있다.

식물원의 운영 특성

상하이식물원은 연구, 교육, 관람, 생산의 4가지 목적으로 운영되고 있다. 이 중에서도 특히 관광수요 창출과 식물 관련 상품의 국제무역이 식물원 운영의 큰 비중을 차지하고 있다.

이렇듯 관람에 큰 비중을 두고 있기 때문에 전시회 및 이벤트를 수시로 개최하고 있다. 주요 내용으로는 모란전시회(1월 중순~2월 초), 춘계화훼전시회(3~5월), 풍경화 경진대회(4월 중순), 하계초화전시회(6월 초~7월 초), 수생식물전시회(7~8월), 춘계환경원예전시회(9월 하순~10월), 사진작품 상설전시 등이 있다.

Travel tip

주소 中國 上海市 龍吳路 1111

홈페이지 www.shbg.org

전화 +86 21 5436 3369

개원시기 및 시간 연중무휴로 07:00~17:00까지 개방하며, 전람온실, 분경원 및 난실은 08:30~16:30까지만 개방한다.

면적 81.7ha

23 생물과학을 관광휴양에 접목한 선전쉬엔후식물원

Shenzhen Fairy Lake Botanical Garden

규화목과 나무고사리 등으로 조성된 화석삼림

선전시深圳市는 홍콩에 인접해 있는 지리적 이점으로 중국에서 경제적으로 가장 발전한 도시 중의 하나이다. 경제적 발전과 함께 문화에 대한 수요가 높아짐에 따라 시정부에서는 식물원을 조성하기에 이르렀다. 아름다운 호수를 중심으로 사방에 낮은 산지가 둘러싸고 있는 특수한 자연환경을 이용하여 관광휴양, 과학연구, 교육 및 생산 등의 복합적인 목적을 가지고 식물원을 조성하였다. 이와 같이 다양한 목적이 결합된 이유로 인해 식물원 구역에 들어서도 이곳이 식물원인지 느낄 수 없을 정도다. 어찌 보면 식물원이라는 용어로 한정하기 어려운 복합 자연문화공원이라고 정의하는 것이 좋겠다. 그 이유는 넓은 면적 때문이 아니라 식물원의 구성 요소의 면면과 배치를 살펴보면 이해가 된다.

식물원의 역사

선전쉬엔후식물원深圳仙湖植物園은 선전시 정부의 주도로 식물과학연구, 자연환경보존, 식물문화확산, 휴양공간제공 등의 목적 아래 1983년에 조성을 시작하여 1988년부터 정식

으로 일반에 공개하게 되었다. 식물원은 개원초기부터 식물과학과 관련된 활동을 매우 활발하게 진행하여 1997년에는 '중국생물권보전지역' 에 포함되었으며, 1998년에는 '광동성 환경교육기지' 로 지정되었다. 2002년에는 '전국 청소년 과학기술 교육기지' 로 지정되어

고생물박물관

나무고사리와 규화목

그늘막 밑에서 잘 자라고 있는 난

살아있는 화석식물인 소철류

이 역할은 더욱 발전하였다. 또한 2001년에 선전고생물박물관이 식물원 내에 개관하는 것을 계기로 고생물연구 분야도 발전하게 되었다. 2010년 아시아 양치식물학회, 2011년 국제소철학회 등 고생물연구와 관련된 많은 활동을 수행하고 있다. 이러한 노력들을 통해 선전쉬엔후식물원은 2009년 중국과학원식물원의 대열에 합류하여 중앙정부로부터의 관리와 지원도 받게 되었다.

식물원의 구성

식물원 구역으로 들어가기 위해서는 커다란 대문을 거쳐 만만치 않은 산길을 넘어야 한다. 많은 중국인들이 적지 않은 입장료를 내고 이 길을 따라 걸어가는 것을 볼 수 있다. 그렇지만 걸어서 식물원 전체를 돌아보는 것은 일찍 포기하는 것이 좋을 듯하다. 총 면적이 587ha나 되는데 이 면적은 서울 여의도 면적 848ha의 절반이 훨씬 넘는 넓은 면적이다.

이같이 넓은 면적에 조성되다보니 여러 주제원들이 한곳에 집중하여 배치된 것이 아니라 테마구역별로 나뉘어 서로 떨어져 조성되어 있다. 전체 식물원 구역을 크게 4개의 테마구역으로 나누고 12개의 주제원을 조성하였는데 테마구역은 호수구역, 묘포구역, 사막환경구역 그리고 천상인간구역 등이며 주제원은 종려원, 대나무원, 백과원百果園, 소철원, 수생식물원, 희귀수목원, 암석식물원, 분경원, 송백원, 난원, 나무화석원 등이다. 여러 주제원 중에서 가장 대표적인 것은 고생물박물관이 위치한 나무화석원(화석삼림)과 소철원 그리고 난원이다.

나무화석원 지역에 위치한 고생물박물관에는 8,000여 점 이상의 고생물 표본이 소장되어 있으며 주변에는 규화목(나무화석)을 수집하여 마치 숲을 이루듯 '화석삼림' 을 조성하였다. 이곳에 수집된 규화목은 총 600여 점에 이르며 가장 무거운 것은 10톤이나 나가기도 하고 높이가 가장 높은 것은 11m, 지름이 가장 큰 것은 2m에 이르기도 한다.

고생물박물관과 주위의 '화석삼림' 이 생물들이 그 생명을 다해 만들어진 것들이라면 '소철원' 은 살아있는 화석들로 숲을 이루고 있다. 소철은 공룡이 살던 중생대 이후로 거의 모습을 바꾸지 않은 것으로 알려진 살아있는 화석식물이다. 선전쉬엔후식물원의 소철원에는 전 세계에서 수집된 총 130여 종류의 소철류가 수집되어 있는데 이는 세계적으로 가장 규모가 큰 소철류 수집으로 유명하다. 지구상에 알려진 소철강 식물이 3과 10속 119종이니 이 식물원의 소철류 수집이 어느 정도인지 짐작이 간다. 물론 이 식물원이 보유한 130여 종류의 소철류에는 인위적으로 육성해낸 재배품종이 포함되어 있어 지구상에 존재하는 모든 소철류의 원종을 수집한 것은 아닐 터이지만 수집에 엄청난 노력을 기울였을 것은 분명하다.

연못과 수생식물

선전쉬엔후식물원의 또 다른 볼거리는 난원이다. 연 최저온도 0.2도, 최고온도 38.7도 정도로 더운 아열대기후대에 위치하고 연 강수량이 1,933mm나 되는 기후 조건 덕에 난원에는 그늘막 외에 별다른 보호시설 없이 열대·아열대의 난들이 잘 자라고 있다.

선전쉬엔후와 식물원

식물원의 운영 특성

선전쉬엔후식물원은 당초에 중국과학원에 소속되어 있지 않았음에도 불구하고 생물과학의 연구와 보급에 매우 적극적이었다. 중국에서 지방정부 소속의 식물원들이 관람 및 휴양을 중심으로 하여 입장료 수입을 높이는데 집중하는 것과 비교해 볼 때 이 식물원의 운영 방식은 아주 특이하다. 이러한 노력이 중앙정부의 인정을 받아 2009년부터 중국과학원의 지원도 받게 되었다. 특히 생물과학의 연구와 관광휴양을 잘 접목하여 지속적으로 성과를 얻고 있는 것은 시사하는 바가 크다. 1988년 개원 이래 대만, 홍콩, 마카오 인을 포함하여 2,000만 명 이상의 외국인이 방문하였고 최근에는 매년 평균 내국인 200만 명이 입장하고 있다고 하니 운영 면에서도 대단한 성공이다.

Travel tip

주소 中國 深圳市 羅湖區 仙湖路 160
홈페이지 www.szbg.org
전화 +86 755 2573 8430
개원시기 및 시간 연중무휴로 운영하는데, 식물원은 06:00~19:00까지 개방하며, 고생물박물관, 사막식물구, 분경원 등의 시설은 09:00~17:00까지만 개방한다.
면적 587ha

24

과학 대중화의 중심

우한식물원

Wuhan Botanical Garden, Chinese Academy of Sciences

수생식물원

우한식물원의 공식 명칭은 중국과학원 우한식물원中國科學院武漢植物園으로 중국 우한시武漢市의 당산磨山풍경지구에 위치하고 있다. 다른 중국과학원 산하의 식물원들과 마찬가지로 연구 외에도 일반인들의 관람과 휴양 및 교육에도 많은 노력을 기울이고 있다.

식물원의 역사

중국과학원 우한식물원은 1956년에 설립되었으며 중화인민공화국이 수립된 이후에 설립된 식물원으로는 최초의 국립식물원이다. 그러나 중국의 변화에 따라 식물원도 발전과 쇠퇴를 겪게 되었는데, 1963년에는 중국과학원 중남부식물연구소, 1970년에는 호북湖北 식물원, 1972년에는 호북식물연구소, 1978년에는 우한식물연구소 등으로 개칭되기도 하였다. 현재의 명칭은 2003년부터 사용하게 되었다. 이렇게 여러 차례 이름이 바뀌게 된 역사적 배경 중의 하나는 1966년부터 1977년까지 중국의 소위 문화혁명기간에 식물연구 분야도 쇠퇴하게 되어 국가단위 식물원에서 지방단위로 급이 격하됨으로써 겪게 된 고통이었다. 이후 1978년부터 다시 식물원이 재도약할 수 있었으며 1998년부터 중국과학원의 집중적인 지원을 통해 비약적인 발전을 보이게 되었으며, 현재 중국의 핵심 식물연구소 세 곳 중의 하나로 자리 잡고 있다.

식물원의 구성

식물자원과 식물 서식지의 보전에 관한 종합연구기지로서 우한식물원은 현재 10,000종류 이상의 식물을 보전하고 있다. 전 세계에서 가장 많은 종류의 키위를 수집하고 있는 키위정원, 전 세계 최대 규모의 수생식물자원 전시원, 중국 중부에서 가장 많은 야생 과수 유전자원을 수집하고 있는 과수정원 등을 비롯하여 중국

입체적으로 조성한 온실 내부

중부 민속식물원, 희귀 및 멸종위기식물원, 중약초원 등 15개의 주제원으로 식물원이 구성되어 있다.

가장 인상 깊은 주제원으로 수생식물 자원 전시원을 들 수 있다. 이 전시원은 커다란 어항처럼 만들어져 수생식물이 자라는 모습을 입체적으로 볼 수 있도록 되어 있다. 성인의 키를 훨씬 넘는 높이로 만들어진 수조가 수십 개 이어져 있고 이 커다란 수조 안에는 물이 가득 차 있기 때문에 유리벽이 견뎌야 하는 수압이 매우 크다. 이 수압을 견디기 위해서 두껍고 특수한 유리를 사용하여 수조가 만들어져 있어 수조 자체만으로도 관람객들의 눈길을 끌기에 충분하다.

최근에 설립한 경관온실은 열대지역의 환경을 매우 흡사하게 재현하고 있는데, 특히 식물 식재를 위한 기반을 매우 입체적으로 조성하여 마치 중국 남부의 아열대지역의 깊은 숲속에 들어와 있는 듯한 느낌을 갖게 한다.

전시교육실로 활용하고 있는 식물과학전당 또한 최근에 보수하여 일반에 공개하고 있는데, 최첨단 기술을 활용하여 효과적이면서도 재미있게 식물에 관한 각종 정보를 제공하고 있다.

수생식물을 연구하고 전시하기 위한 인공 수조

그 밖에도 연꽃품종 전시구, 국화원, 동백나무원, 모란원 등 특색 있는 식물들을 집중적으로 수집하여 전시하는 주제원들이 조성되어 있다.

식물원의 운영 특성

우한식물원은 일반인을 위한 관람 기능도 수행하지만 무엇보다도 연구

열대자원식물온실 전경

중심의 식물원이라고 할 수 있다. 전체 직원이 232명인데 그중에서 170명이 연구원이다. 우한식물원의 연구 중에서 강점이 있는 분야는 크게 세 분야인데, 보전유전학 및 유전자원의 지속가능한 이용, 수생식물생태 및 건강한 담수 환경생태, 자원식물학 및 천연물 연구 등의 분야이다. 특히 키위 품종의 개발 및 국제 특허 획득 등에서 매우 앞선 기술력을 보여주고 있다.

연구와 함께 관람을 위한 식물전시도 연중 계속된다. 특히 봄철에 다양한 꽃들을 볼 수 있는 전시회가 개최되는데 네덜란드 튤립꽃 전시회, 중국 복사꽃 및 모란꽃 전시회, 고산 진달래꽃 전시회 등이 대표적이다. 여름에는 수생화훼 전시회, 가을에는 국화 전시회, 겨울에는 열대 난초 전시회 등이 개최되어 관람객들을 즐겁게 해준다.

Travel tip

주소 中國 武漢市 武昌 磨山 中國科學院武漢植物園
홈페이지 www.whiob.ac.cn
전화 +86 27 8751 0126
개원시기 및 시간 연중 개방한다.
면적 7ha

25

호수와 아열대식물이 어우러진 오아시스

화난식물원

South China Botanical Garden

중국 남부, 즉 화남華南의 국제무역 중심지인 광둥성廣東省 광저우시廣州市에 위치한 화난식물원中國科學院華南植物園은 경제 발달에 따른 도시화로 인해 삭막한 풍경을 보이는 광저우시에 마치 오아시스처럼 자리하고 있다. 광저우시 중심지에서 동북쪽으로 약 15km떨어진 시 외곽의 롱안동龍眼洞에 위치하고 있는 화난식물원은 정문을 들어서자마자 커다란 호수와 시원한 열대 · 아열대식물들이 사막의 오아시스처럼 시원함을 준다.

식물원의 역사

1929년 설립된 중산대학 농림식물연구소가 1954년에 화난식물연구소로 변모하면서 중국과학원에 소속되게 되었으며, 화난식물연구소 소속으로 1956년 식물원 조성이 시작되었다. 특히 1986년 홍콩 카두리嘉道里농장식물원과 자매원을 결성하고 남아열대식물 이식 경로를 확장시키는 계기가 되었다. 지금의 명칭은 중국과학원의 발전계획에 따라 2003년부터 변경되어 불리고 있다.

식물원의 구성

화난식물원은 커다란 호수를 중심으로 300ha의 면적에 조성되어 있으며 중국 내외의 열대 · 아열대식물 5,000여 종류를 보유하고 있다. 먼저 정문을 들어서면 펼쳐지는 커다란 호수는 도시인들의 갈증을 풀어주기에 충분하다. 호수의 양쪽으로 이어지는 길에는 각각 다른 종류의 나무가 가로수로 심겨져 있는데 야자나무와 고무나무*Ficus microcarpa* 종류의 가로수 길은 온대지방에 사는 우리에게 아주 색다른 경험을 준다. 또 호수의 가장자리를 따라 물속에서 자라고 있는 낙우송의 숲도 신기함을 더해준다. 낙우송은 습한 토양에서 견디는 힘이 아주 강해서 심한 경우에는 화난식물원에서 볼 수 있듯이 물속에 뿌리를 내리고 살기도 한다. 이 경우에 뿌리의 호흡을 원활하게 하기 위해서 특별한 조직이 물위로 올라오는 것을 볼 수가 있는데 이 또한 아주 신비로운 모습이 된다.

오래전에 보았던 화난식물원의 가로수 길은 여전히 그 시간 속에서도 건장한 모습 그대로이다. 나무의 덕이 바로 이런 게 아닐까 싶다.

화난식물원은 특색을 갖춘 여러 개의 전시구역으로 구성되어 있는데 종려식물구, 약용식물구, 나자식물구, 죽류식물구, 경제식물구, 원림식물구, 열대식물구, 창포언덕자연보호구, 음생식물구, 오염방지녹화식물구, 난초원, 생강원, 소철원 등이 각각의 목적에 맞

오랜 세월에도 건장한 야자 가로수

물속에서도 잘 자라고 있는 낙우송

인간과 자연의 조화를 형상화한 조형물

게 조성되어 있다. 이 밖에 원내에는 작업실험동, 온실과 그늘천막, 직원 사택, 기숙사지역 등의 시설이 있다.

최근에는 7.5ha에 달하는 아시아에서 가장 큰 식물 경관온실군을 새로 조성하였다. 광저우시의 새로운 랜드마크로 자리 잡은 이 경관온실군은 연결되었거나 혹은 독립된 여러 개의 온실이 한 지역에 모여 있는 형태이다. 이 온실군은 열대우림실, 사막식물실, 고산 및 북극식물실, 특이식물실, 식물수족관 등으로 구획되어 있으며 전 세계에서 수집된 3,000여 종류의 식물이 전시되고 있다. 이 경관온실군은 열대우림에서부터 남극과 북극의 식물, 수생식물부터 사막식물과 사바나 초원식물에 이르기까지 지구상의 아주 다양한 환경에서 자라는 식물을 한 장소에서 보여주며 과학 연구, 과학의 대중화 및 여가 활동 등을 위한 중요한 장소가 되고 있다.

식물원의 운영 특성

화난식물원은 중국과학원 소속의 식물원이기 때문에 일반 관람객을 위한 정원 조성뿐만 아니라 식물 연구의 중심지이기도 하다. 운영조직은 직원 총 320여 명으로 그중 교수라

야외에서도 잘 자라고 있는 열대식물 빅토리아수련

다양한 꽃을 피우는 수련

아름다운 장식정원으로 관람객을 맞이하는 정문

고 부르는 고급연구기술인원 30여 명, 부교수라고 부르는 중급연구기술인원 30여 명 등이 포함되어 있다. 주요 연구 분야는 기후변화 및 생태계, 환경 파괴 및 생태 복원, 식물 분류 및 진화생물학, 생물다양성 보전 및 지속적 이용, 농작물 품질 및 안전성과 생화학적 자원, 식물 및 유전자원의 지속적 이용 등이다. 연구를 위해 세계 50여 개 국가 및 지역과 종자 및 식물 교환관계를 맺고 있다.

화난식물원은 일반인들도 매우 좋아하는 공간으로 연간 방문객이 100만 명 이상이며 매년 증가 추세에 있다. 관람객이 많은 이유는 화난식물원이 현지의 문화를 반영하고 관람객들의 요구에 맞춰 식물원 내 정원 및 시설물을 조성하기 때문인 것으로 보인다.

뿐만 아니라 최근에 조성된 아시아에서 가장 큰 식물 경관온실군에서 볼 수 있는 다양한 환경 및 식물들과 이를 통한 과학의 대중화를 위한 활동들이 화난식물원의 발전을 더욱 촉진하고 있다.

Travel tip

주소 中國 广州市 樂意居
홈페이지 www.scib.ac.cn
전화 +86 20 3725 2711 / 8532 2037(관광안내 전화)
개원시기 및 시간 연중 개방하며 07:30~17:30까지 관람이 가능하다.
면적 300ha

26 5,000여 년간 인류 문화 활동이 이어져 온 타이페이식물원

Taipei Botanical Garden

식물원의 역사를 보여주는 온실

타이페이식물원台北植物園은 타이페이시에 있는 타이완의 총통궁에서 0.5km 정도 떨어진 타이페이의 남서쪽에 위치하고 있다. 얼핏 보기에는 대도시에서 흔히 볼 수 있는 공원같은 분위기이지만 조금만 들여다보면 훌륭하게 식물원의 기능을 수행하고 있는 모습을 볼 수 있다. 임업연구소 산하인 타이페이식물원은 연구를 목적으로 설립된 식물원이지만 일반인을 위한 교육과 휴양기능이 잘 조화되어 있다.

한편 타이페이식물원의 주변 지역은 고대 타이페이 호수의 유적으로 4,500년 전 이 주변에서 많은 인류 문화 활동이 있었음을 보여주는 유적이 발견되고 있다. 즉 이 지역은 타이완에서 중요한 고고학적 유적지이기도 한 것이다. 식물원도 역시 인간의 문화 활동 중에 하나라고 본다면, 공교롭게도 타이페이식물원 지역은 5,000년 가까이 서로 다른 시대를 거치면서 인류 문화 활동의 공간이 되고 있는 것이다.

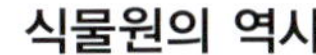

식물원의 역사

일제 강점기인 1895년에 타이페이 지역을 포함한 타이완 섬을 녹화할 식물들을 재배할 목적으로 묘포장(타이페이묘포 台北苗圃)을 설립한 것이 식물원의 시작이다. 일제의 지배 속에서 1921년 공식적으로 타이페이식물원으로 이름을 변경하였다.

설립 초기부터 이미 식물원의 면모를 갖추고 있음을 알 수 있는데, 1900년에 식물원 내에 식물분류정원이 조성된 것이 단적인 예다. 또한 일반 관람객을 위한 배려도 초기부터 있었음을 볼 수 있는데, 1905년의 대만 데일리 뉴스의 기록에 따르면 "대중을 염두에 두고 심은 아름다운 식물의 보고"라는 언급이 실려 있다.

1924년에는 지금도 식물원 내에 남아 있는 타이완 최초의 식물표본관이 완공되었다. 1933년에는 청왕조 황실이 식물원 지역에 지어졌는데, 이곳은 2000년에 행정위원회박물관으로 개조되어 일반에 공개되고 있다.

1930년대에는 세계대전으로 인해 식물원에 대한 인력, 재정 등의 지원이 끊겨 식물원은 많은 퇴보를 겪기도 하였다. 1945년 세계대전이 끝난 후에는 임업연구소에 소속되면서 타이완 최초의 식물원으로 다시 활기를 얻게 되었다. 이후 타이완정부 행정조직 개편에 따라 정부조직상 담당부서는 여러 번 바뀌기는 하였지만 100년 이상의 역사를 거치면서 타이페이식물원은 연구와 교육 등에서 많은 발전을 가져왔다.

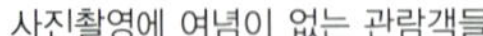
사진촬영에 여념이 없는 관람객들

겨울에 화려한 꽃을 피운 포장화 *Pyrostegia venusta*

식물원의 구성

타이페이식물원을 들어서면 처음에는 공원같은 분위기가 느껴지기도 하며, 군데군데 남아 있는 역사적인 건물들은 유적지 느낌을 주기도 한다. 그러나 면면을 살펴보면 관련 정보를 갖추어 식물을 수집하고 있으며 과학 연구, 보존, 전시 및 교육 등 식물원으로서의 기능을 내실 있게 수행하고 있다.

식물원의 설립 목적에서도 이러한 점을 분명히 하고 있다. 과학 연구 기록을 통해 완벽한 식물 정보의 제공, 다양한 식물의 수집 및 배양, 일반인들의 식물 보존에 대한 인식을 변화시키기 위한 전시와 교육, 국제 식물원들을 포함하는 네트워크에 참여하고 협력하여 전 지구적 식물 다양성 보존에 기여 등을 목적으로 하고 있다. 이러한 노력을 통해 작은 면적임에도 불구하고 다양한 주제로 구역을 나누고 2,000종류 이상의 식물을 수집하여 연구와 교육 및 전시에 활용하고 있다.

식물원의 주제원 구성을 살펴보면 생활 속의 식물, 노래 속의 식물, 문학과 식물, 불교 식물 등 일반인들이 재미있게 접근할 수 있는 주제의 정원들이 조성되어 있다. 또한 다육식물, 나자식물(겉씨식물), 양치식물, 식물분류원, 수생식물 구역, 대나무 구역, 민속식물 구역, 야자 구역 등 전문적인 주제를 가진 정원들이 함께 조성되어 있다. 이렇게 일반인을 위한 재미있고 쉬운 전시와 동시에 학술적인 연구와 교육이 가능한 정원들이 함께 조성되어 있어 다양한 식물원의 기능을 수행할 수 있도록 구성되어 있다.

중국 문학작품에 등장하는 식물을 작품과 함께 전시한 문학식물구

연못 뒤로 보이는 국립역사박물관

식물원의 운영 특성

타이페이는 인구 밀도가 매우 높으며 갈수록 녹지 비율이 감소하고 있다. 따라서 퇴근 후 또는 휴일에 사람들이 편안한 휴식을 가질 수 있는 공원과 같은 공간이 부족하다. 그래서 타이페이식물원은 임업연구소에 소속되어 있는 연구기관으로서의 기능이 큼에도 불구하고 일반 시민들을 위한 휴양의 기능이 매우 강조되고 있다. 또한 교육 기능도 활발히 수행하고 있어 타이페이식물원은 연구, 교육, 보존 및 휴양의 장소 등으로 복합적으로 운영되고 있는 것이다.

시민들을 위한 휴양의 장소로서 기능을 잘 보여주는 예가 식물원의 개방시간이다. 일부 실내 시설물을 제외하고 타이페이식물원은 연중무휴로 새벽 4시부터 밤 10시까지 시민들이 이용할 수 있다. 즉 시민들이 이른 새벽부터 밤늦은 시간까지 자유롭게 다양한 여가 활동을 즐길 수 있는 장소로 제공되고 있는 것이다.

Travel tip

주소 臺灣 10066, 台北市 中正區 南海路 53號
홈페이지 www.tpbg.tfri.gov.tw
전화 +886 2 2303 9978
개원시기 및 시간 연중 개방하며 04:00~22:00까지 관람이 가능하다.
면적 8.2ha

27 타이완의 원시 자연을 경험할 수 있는 푸산식물원 Fushan Botanical Garden

푸산의 자연 식생을 한눈에 볼 수 있는 수생식물원

푸산식물원은 식물원 자체도 의미가 있지만 푸산福山에 대한 이해를 먼저 하는 것이 좋다. 푸산은 식물과 동물 자원들이 잘 보호되고 있는 타이완 자연생태계의 보물이다. 이 푸산에 타이완 행정원 농업위원회 소속 임업시험소의 푸산시험림福山試驗林이 자리 잡고 있다. 이 푸산시험림의 일부로 푸산식물원이 조성되어 있다.

푸산시험림은 해발 400~1,400m에 위치하며 연평균 기온 18.5도, 연간 평균 강수량 4,125mm 등의 환경으로 동식물이 매우 풍부하여 대만의 낙엽활엽수림대의 자연 생태 연구를 위한 최적의 장소로 알려져 있다. 푸산시험림에서는 생물적 요인과 비생물적 요소를 포함하는 산림 생태계의 구성과 기능을 연구하며 지속적이고 장기적인 생태 연구의 장으로 활용되고 있다.

푸산시험림에서 이루어지는 전체적인 연구의 한 방법으로 푸산식물원이 조성되었으

수생식물연못의 관람로

며 동시에 이를 통해 자연생태계에 대한 교육과 일반인들의 휴식 공간으로도 제공되고 있다. 푸산식물원에서는 원시 식물의 아름다움과 함께 야생에 서식하는 동물들을 관찰할 수 있는 기회를 얻기도 한다.

이렇게 원시 자연의 아름다움을 가진 푸산시험림 내에 푸산식물원이 조성되어 있어 접근하기 어려운 산에 위치하고 있음에도 타이완에서 명성이 높다.

식물원의 역사

푸산식물원의 역사를 보기 위해서 먼저 푸산시험림의 역사를 보면, 1982년 국유지 500.7ha를 임업국의 사업용지로 편입한 것으로부터 푸산시험림은 시작된다. 1986년에는 추가로 시험림을 확보하여 총 1,098ha로 시험림이 확장되었다. 1987년에 푸산시험림을 전적으로 관리할 준비 사무실을 설립하고 시험림을 수원보호구역水源保護區, 식물원구역 및 합분자연보류구哈盆自然保留區 등으로 구획하였다. 푸산식물원은 이때부터 시험림의 일부로 시작된 것이다. 1990년에는 운영 조직으로 임업시험소 푸산분소가 설립되었고 1993년부터 식물원구역 30ha를 일반에 공개하기 시작했다. 2002년에는 푸산분소가 푸산연구센터로 확대 개편되었다.

식물원의 구성

전체 푸산시험림은 수원보호구역, 식물원구역 및 합분자연보류구 등으로 크게 3개 구역으로 나뉘어져 있으며 그중에 식물원 구역 30ha가 푸산식물원이다.

먼저 수원보호구역은 고지대쪽으로 355.7ha의 광범위한 면적에 위치하고 있으며 주로 자연성이 높은 수림과 계류 등으로 구성되어 있다. 자연이 철저히 보존되는 이 지역에서는 물 공급, 수질의 유지 등과 관련된 다양한 연구 조사를 시행하고 있으며 일반인들의 출입이 금지되어 있다.

합분자연보류구 또한 수원보호구역과 비슷하게 일반인 출입이 통제되는 보존지역이다. 이 지역에서는 산림유전자원과 자연생태시스템을 그대로 보존하는 것이다. 식물원구역은 푸산시험림 지역 중에서 유일하게 일반인들이 출입할 수 있는 곳으로써 푸산시험림

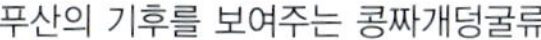
푸산의 기후를 보여주는 콩짜개덩굴류

촉촉한 숲속에 조성된 양치식물원

중 비교적 평평한 지형에 30ha의 면적으로 조성되었다. 식물원에는 총 135과 700여 종류 4,000여 주의 식물이 수집되어 있다. 식물원은 다시 주제별로 자연교실구, 수목전시구, 생활식물구 및 삼림탐색구 등으로 구역이 나뉘어 있다. 식물원 구역은 타이완의 식물을 수집, 연구를 목적으로 조성되어 자원 보존과 학술 연구뿐만 아니라 일반인들의 환경 교육 및 산림 휴양의 요구를 충족시키고 있다.

식물원의 운영 특성

푸산식물원은 좋은 자연환경에서 휴양을 즐기고자 하는 일반인들의 요구를 충족시키는 동시에 자연 보존의 목적도 함께 달성하기 위해 입장객 수를 제한하고 있다. 입장객 수 제한은 생태 용량을 계산하여 설정되어 있는데, 이는 자연환경 보존뿐만 아니라 방문자들이 조용하고 편안하게 고품질의 휴양을 경험할 수 있는 정도를 의미한다.

푸산식물원은 예약 방식을 통해 입장객 수를 제한하고 있는데 인터넷 상에서 식물원의 방문 목적 등을 서술하여야 한다. 방문신청자 별로 심사가 이루어지고 경우에 따라서는 입장이 거부될 수도 있는 특별한 입장 허가 방식을 운영하고 있다. 입장 신청 자체도 자연 보존에 대한 하나의 교육 수단으로 이용하는 것이다.

Travel tip

주소 臺灣 264 宜蘭縣 員山鄉 湖西村雙埤路 福山 1 號

홈페이지 www.fushan.tfri.gov.tw

전화 +886 3 922 8900

개원시기 및 시간 3월을 제외하고 연중무휴로 09:00~16:00까지 개방한다. 단 사전에 예약을 해야 하며, 식물원으로 가는 도중에 있는 신고소에 15시 이전에 도착해야만 입장이 가능하다. 예약을 한 후에 심사를 거쳐 입장이 거부될 수도 있다. 또한 3월에는 동물들의 번식에 방해가 될 수 있기 때문에 전면적으로 폐쇄된다.

면적 30ha

28

인도네시아 최초의 식물원

보고르식물원

Bogor Botanic Gardens

빅토리아수련이 가득한 연못

네덜란드의 오랜 식민지배를 받다가 1956년에 완전 독립하고 인구가 세계에서 네 번째로 많은 나라이면서 세계 최대 이슬람 국가인 인도네시아는 우리나라를 표본으로 삼아 높은 경제성장을 꿈꾸고 있다. 그러나 인도네시아가 우리나라보다 우월하게 여기는 것이 있으니, 바로 보고르식물원이다. 전 세계 식물원 중에서 그 역사와 내용면에서 오래되고 알찬 식물원 중의 한 곳으로 인정받고 있는 식물원이다. 수도인 자카르타에서 남쪽으로 60km 떨어진 보고르 시에 있다.

식물원의 역사

독일 출신 네덜란드 사람인 레인와트Casper Georg Carl Reinwardt가 1817년 그의 나이 44

세에 자바 섬의 농업, 예술 및 과학 담당관으로 임명되어 자바 원주민들이 전통적으로 사용하여 온 약용식물에 관심과 흥미를 갖고서 보고르에 식물원을 만들기 시작하였다. 처음에는 왕궁에 인접한 47ha 땅을 식물원으로 조성하고 레인와트가 1822년까지 원장으로 재직하면서 약 900여 종류의 식물을 수집하였다. 그리고 1823년에 914종류가 수록된 첫 보유식물목록집을 발간하였다. 1830년에 가드너인 테이스만Johannes Elias Teysmann이 큐레이터로 임명되어 50년간 근무하면서 식물분류학 체계에 따라서 식물을 재배치하는 등 식물원 발전에 크게 기여하였다. 1844년도에는 2,800종류가 기록된 두 번째 보유식물목록집을 발간하였다. 그는 재직기간 동안 여러 기념비적인 업적을 남겼다. 그중 화려한 꽃을 9월부터 2월까지 피워 오늘날 관상수목으로 많이 심고 있는 봉황목*Delonix regia*을 처음 도입하고 오일, 식량 및 섬유 등으로 이용되어 중요한 경제식물 중의 하나인 기름야자*Elaeis guineensis*를 서아프리카로부터 도입한 것 등이 손꼽히는 업적으로 여겨진다고 한다. 그리고 카사바를 식용작물로 개발하였다.

이후에 부임한 원장들도 식물원 면적을 확장하고 난온실, 카페 및 연못 등을 조성하였다. 1928년에는 벨기에 왕자가 신혼여행 차 식물원을 방문한 것을 기념하여 현존하는 빅토리아연못을 조성하였다. 1900년대부터 1930년까지는 식물원의 예산이 풍부하여 많은 과학자들을 영입하고 각종 실험실을 운영할 수 있었으나 그 이후부터 식물원 예산이 줄면서 운영에 많은 어려움을 겪게 되었다.

1942년 봄에 일본군이 인도네시아에 진주함에 따라, 우리나라 식물상 연구에도 크게 관여한 나카이T. Nakai 박사가 원장으로 그리고 카네히라Kanehira가 표본실 관장으로 부임하여 식물원을 유지, 관리 및 보전하려고 노력하였다. 그 후 2차 세계대전 중에는 폐원하게 되고 방치, 파괴 및 절도 등으로 식물원은 거의 폐허가 되었다고 한다. 특히 세계에서 가장 큰 꽃으로 알려진 라플레시아*Rafflesia*가 사라진 것은 가슴 아픈 일이었다.

1949년에 인도네시아가 독립국가가 되면서 식물원의 이름을 큰 정원이라는 뜻의 케번

활짝 핀 빅토리아수련 꽃

빅토리아수련 꽃봉오리

식물원의 중앙잔디광장

라야Kebun Raya로 바꾸었지만 예산과 인력 부족으로 매우 어려운 시기를 거치게 된다. 수하르토 대통령이 1967년부터 적극적인 지원을 하면서 식물원은 다시 활기를 되찾고 경제식물, 관상용 식물 및 농업 발전에 도움이 되는 연구를 수행하고 있다. 또한 시민들에게 휴식을 제공하고 교육을 실시하는 식물원 고유 역할도 점차 수행하게 되었다. 1977년에는 난온실을 신축하고 자생란들을 수집하여 전시하고 있으며, 1978년에는 과수육종을 주로 전담하는 세르퐁식물원Kebun Botani Serpong을 개원하였다.

1980년대에 들어서 식물원은 독립기관으로 분리되면서 많은 건물이 들어서고 정원을 정비하여 많은 시민들과 관광객이 방문하는 식물원으로 발전하였다. 그리고 멸종위기식물의 발굴, 연구 및 보전에 노력하고 있다.

식물원의 구성

인도네시아에서 가장 먼저 설립되고(1817년) 현재에도 식물학 연구의 중심적인 역할을 수행하고 있는 식물원이다. 인구 30만 보고르 시내에 87ha 면적에 온갖 꽃과 나무로 장식된 정원, 잔디밭, 연못 등은 시민의 휴식처뿐만 아니라 외지인들의 중요한 관광 요소로 작용하면서 시민들의 일자리 창출에도 크게 기여하고 있다.

식물원 정문을 지나 조금 들어가면 웅장한 석조건물풍의 방문객센터와 삼브라마Sambhrama 건물이 방문객을 맞이한다. 보고르식물원 지역의 연간 강우량은 4,300mm 정도인데 필자들이 방문하였을 때에도 강한 소나기(스콜)가 내리고 있었다. 이 비를 피하기 위하여 학생들을 비롯한 많은 관람객들이 방문객센터에 몰려 있었다. 간단한 안내 팸플릿을 얻어 식물원 관람을 시작하려고 하였지만, 워낙 소나기가 강하게 내리는 바람에 도보 관람을 포기하고 자동차를 이용하여 식물원 전체를 돌면서 주요 포인트만을 관람하였다.

차를 몰고 수다나 카싼Sudjana Kassan 정원을 지나면 난온실이 있다. 인도네시아에 자생하는 500여 종의 난을 수집하여 열대숲 속과 같은 조건을 조성하여 놓았다. 자연 속에서 멸종위기에 처한 난의 증식과 보전에 관한 연구 및 원예품종 개발에 노력하고 있음을 보여주고 있다. 그리고 북한의 김일성 및 김정일 부자와 인도네시아와의 친분을 보여주는 사진이 있어 인상적이었다.

아스트리드 길Astrid Avenue은 1928년에 벨기에 공주인 아스트리드가 방문한 것을 기념하여 조성한 길로 검은색, 붉은색 및 노란색 칸나로 장식하여 벨기에 국기의 삼색을 표현하고 있다고 한다. 껌수지를 생산하는 아가티스 다마라*Agathis dammara* 나무도 같이 식재되어 있다.

보고르식물원에서 빅토리아수련을 볼 수 있는 것도 즐거움 중의 하나이다. 큰 잎은 어린이를 태울 수 있을 정도라고 하는데, 분홍색 꽃이 피어 있는 빅토리아수련이 가득찬 빗속의 연못은 자못 이국적인 풍경이었다. 썩은 생선냄새를 내뿜어 꽃가루받이에 필요한 파리를 유인하는 시체꽃*Amorphophallus titanum*을 볼 수 있는 것도 이 식물원의 큰 자랑거리이다. 시체꽃은 종종 지구상에서 가장 큰 꽃인 라플레시아와 혼동하기도 한다. 라플레시아는 단일꽃으로 세계에서 가장 큰 꽃이고, 시체꽃은 수천 개의 작은 꽃이 모여서 하나의 큰 꽃을 만든 점이 다르다. 보고르식물원에서는 라플레시아의 생리, 해부 및 생태학적인 연구를 체계적으로 수행하고 있다. 주요 식물 수집군에는 종려나무과, 야자나무과, 난과, 바나나과 등과 같은 열대과일 종류

방문객센터

열대식물로 가득찬 관찰원

코르딜리네가 화려한 관람로

가 주종을 차지하고 있다.

식물원 바로 옆에는 인도네시아 대통령의 별궁인 보고르 궁전이 있으며, 인근에는 보고르농과대학과 식물학연구소가 자리 잡고 있어 공동연구를 수행하고 있다.

식물원의 운영 특성

멸종위기에 처한 협죽도Apocynaceae와 용뇌향과Dipterocarps 등의 서식지외 보전프로그램 연구를 수행하고 있으며, 표본실과 다양한 식물재료를 이용한 교육프로그램을 진행하고 있다. 연 강수량이 4,300mm에 이르지만 기후 조건이 자카르타보다 양호하여 연간 2백만 명 이상이 방문하고 있다. 매주 금요일 아침에 전 직원이 모여서 한 시간 반 동안 전정이나 청소와 같은 식물원 관리를 같이하여 협동심을 키우고 있다.

Travel tip

주소 Jalan Ir. H. Juanda No. 13, PO Box 309, Bogor, Java 16003 Indonesia
홈페이지 www.bogor.indo.net.id/kri/a.htm
전화 +62 251 322 187 / 321 657
개원시기 및 시간 식물원 관람시간은 07:30~17:00이다.
면적 87ha

29

열대에서 온대식물을 만날 수 있는

찌보다스식물원

Cibodas Botanic Garden

계곡에 조성한 정원

적도지방에 위치한 인도네시아에는 사시사철 무더운 여름철 기후만 있을 것으로 생각하기 쉽다. 그러나 인도네시아에도 해발 3,000m가 넘는 높은 산들이 많고 이들 지역에는 고산식물이 자라고 있다. 인도네시아 서자바 지역에 있는 그데팡란고 산Mount Gede-Pangrango도 그중의 하나이다. 주말이나 여름철 휴가를 시원하게 즐기기 위하여 자카르타 시민들이 많이 찾는 국립공원으로, 이곳에 찌보다스식물원이 있다.

식물원의 역사

인도네시아 말로 '끄분 라야 찌보다스Kebun Raya Cibodas'로 부르는 찌보다스식물원은

1852년 네덜란드 통치시절에 보고르식물원의 지원 형태로 개원되었다. 당시 보고르식물원 큐레이터인 테이츠만Johannes Ellias Teijsmann이 말라리아 치료제와 심장억제제로 이용되는 친고나*Chincona calisaya*를 현 식물원 부지에 심기 시작하였다. 초기에는 말라리아 치료제 성분인 퀴닌quinine과 경제적으로 가치가 높은 식물을 대량으로 생산하기 위하여 산 정상부근까지 식물원 부지로 활용하였다. 현재는 산기슭의 125ha면적에 식물원이 조성되어 있고 서부 인도네시아 지역의 열대식물 및 고산식물을 중심으로 전시 및 연구를 하고 있다.

식물원의 구성

인도네시아 서자바, 국립공원인 그데팡란고 산 중턱 해발 1,300~1,425m 고지에 자리잡고 있다. 총 면적 125ha 중에서 약 85ha 정도가 식물원으로 조성되어 있다. 넓은 잔디밭, 암석원 분위기의 침엽수 군락, 다양한 양치식물과 시원한 폭포가 있는 계곡 등으로 이루어진 아름다운 경관을 갖고 있어 자카르

양란의 일종인 파피오페딜럼

자귀나무

사괴석으로 포장한 관람로

잔디광장

타 시민들의 휴식지 역할뿐만 아니라 학생들이나 학자들의 열대 몬타나 식생 연구를 위한 공간으로도 활용되고 있다.

찌보다스식물원에는 약 1,200여 종류의 식물이 수집되어 있는데 주요 수집군은 선인장 및 다육식물류, 대나무류, 야자류, 침엽수류, 유포르비아속, 인도네시아 자생란, 고사리류, 참나무 및 만병초류 등이다. 표본실에는 1,500여 종류에 대한 식물표본이 보관되어 있고 649종류의 종자가 수집되어 있는 종자박물관을 갖고 있다. 또한 게스트하우스, 도서관, 양묘장 등을 학생이나 연구자들에게 제공하고 있다.

양치식물원에서는 물에 뜨면서 살아가는 수생 고사리인 아졸라 고사리*Azolla* spp., 최대 24m 높이까지 자라고 잎의 길이가 5m까지 자라는 대형 헤고류*Cyathea*를 만날 수도 있다. 게스트하우스 뒤편에 있는 유리온실에는 전 세계에서 수집한 선인장과 다육식물 350종류와 360종류 이상의 난이 전시되어 있다. 필자들이 방문하였을 때 난의 육종을 담당하고 있는 연구원을 만나 제법 자세한 설명과 식물원 연구소의 안내를 받을 수 있었다. 온대 상록수원에는 호주에서 도입한 63종류의 유칼립투스, 아라우카리아, 일본에서 도입한 참나무 등이 주로 심겨져 있다. 또한 이곳에서 일본에서 도입한 15품종의 동백꽃과 목련도 감상할 수 있다.

다른 식물원들과 마찬가지로 찌보다스식물원에서도 진달래속 식물의 수집에 노력하고 있다고 한다. 찌보다스 지역에 자생하는 자바만병초*Rhododendron javanicum*류와 일본에서 도

빗물이 흘러내리는 계단식 관람로

칸나와 다알리아 화단

입한 눈철쭉*Rhododendron mucronatum* 등이 주로 식재되어 있었다. 그 외에도 전 세계에서 수집한 다양한 야자류와 대나무 수집이 유명하다. 최근에 그데팡란고 산의 지형을 닮은 이끼원을 조성하였다. 3m 높이로 개화하는 시체꽃*Amorphophallus titanum* 또한 이 식물원의 자랑거리 중의 하나이다.

식물원 내에는 넓은 잔디밭과 자연적으로 형성되었거나 인공적으로 만든 폭포가 여럿 있어 방문객들의 휴식처로 마음을 시원하게 식혀 주는 역할을 하고 있다.

식물원 지역은 연간 강우량은 2,380mm이고 18도 정도로 시원하면서 습한 기후를 보이는 곳이다. 보고르로부터 남동쪽으로 45km, 자카르타 시내로부터 남동쪽으로 약 100km 거리에 위치하고 있

이끼원

연못과 선인장 온실

다. 현재는 인도네시아 과학원 소속이며, 연간 약 50만 명 정도가 방문한다.

식물원의 운영 특성

찌보다스식물원은 다양한 관상용 식물을 외국으로부터 도입하여 적응시험을 거친 후 인도네시아 전역에 조경용으로 보급하는 일을 해왔다. 예를 들면 호주로부터 유칼립투스, 유럽이나 미국으로부터 침엽수를, 그 외 지역으로부터 알로에, 용설란, 아카시아, 벚꽃나무, 동백나무 등을 수입하여 인도네시아 기후에 적합한 품종을 선발하여 보급하였다. 식물원으로 들어가는 도로변에 줄지어 있는 종묘상에서 이러한 식물들을 조경용으로 판매하고 있는 모습을 볼 수 있다.

Travel tip

주소 Sindanglaya, Cipanas, Cianjur, west Java 43253 Indonesia
홈페이지 www.bogor.indo.net.id/kri/a.htm
전화 +62 263 512233 / 520448 / 520467
개원시기 및 시간 식물원 관람시간은 07:30~17:00이다.
면적 125ha

30

정원도시 싱가포르의 푸른 아이콘

싱가포르식물원

Singapore Botanic Gardens

다양한 난과 어우러진 수경시설

싱가포르식물원은 '가든 시티'로 불리는 아름다운 도시국가 싱가포르의 도심 가까운 곳에 위치하고 있다. 이곳은 영국 식민지 시절에 개원하여 이미 150여 년의 역사를 가진 유서 깊은 세계적인 식물원이다. 현재 식물과 관련된 각종 전시와 교육, 이벤트와 워크숍, 연구와 간행물 발간 및 도심 내 휴양공간 제공을 통하여 인간과 식물의 연결을 추구하고 있는 이곳은 74ha의 광대한 면적에 호수와 잔디밭 및 수많은 식물들과 각종 시설들로 이루어져 있어, 그 규모는 세계 3대 식물원들과 견주어도 손색이 없을 정도이다. 예컨대 면적은 1841년 정식 개원된 영국 큐왕립식물원(115ha)의 반 정도이며, 베를린-다렘식물원(43ha)보다도 크고, 캐나다 몬트리올식물원(75ha)과 비슷하여, 그 역사나 규모에 있어서 매우 비중이 큰 식물원이라 할 수 있다. 또한 싱가포르식물원은 연중무휴 오전 5시부터 자정까지 무료로 운영되는 세계에서 유일한 식물원으로 알려져 있다. 우리나라 서울시 정도의 크기 68,540ha로서 인구 500만 정도인 작은 나라에서 이 정도 규모의 식물원에 공원 기능까지 부여하여, 시민과 관광객에게 휴양 및 환경 교육의 장소를 제공하고 있는 것은 가히 경이로운 일이라 아니할 수 없다.

또한 이 식물원의 가장 높은 언덕에 세계 최대 규모의 난 전문 식물원인 국립난원이 있다. 이곳은 싱가포르식물원 중 가장 매력적인 공간으로 약 2.9ha의 면적에 전시된 다양하고 진귀한 난 약 3,000종류를 감상할 수 있다. 또한 VIP 가든에서는 이곳을 방문했던 세계 유명 인사들의 이름을 딴 난들을 감상할 수 있고, 다양한 난 관련 투어프로그램과 워크숍 등의 교육프로그램을 운영하고 있다.

난원 입구

화려한 꽃과 어우러진 수경

식물원의 역사

당초 이곳은 싱가포르 건국의 아버지라고 하는 스탬포드 래플즈 경 Sir Stamford Raffles 이 1822년 코코아 같은 경제 작물 등의 실험 농장으로 시작하였으나, 그의 사후 1829년 폐원되었다. 현재의 부지는 1859년 농원예협회에 의해 주로 여가 및 관상을 위한 정원으로 조성 개원되었으나, 1874년 싱가포르 정부로 관리권이 이관된 후, 영국 큐왕립식물원에서 훈련된 식물학자들과 원예전문가들이 관리를 맡으면서 과학연구 기능도 도입되었다. 이후 1888년에 부임하여 23년간 헌신한 초대 식물원장인 헨리 니콜라스 리들리 Henry Nicholas Ridley 에 의해 고무나무 농장으로 집중 육성되었다. 이후 자동차산업의 급성장과 더불어 고무 수요가 폭발적으로 증대하였는데, 이는 이 식물원 수익 증대에 크게 기여하였

미스트 하우스 Mist House 내부

심포니 호수

다. 이후 식물원은 지속적으로 발전하였으며, 1960년대 중반부터 도시 경관 향상과 레크리에이션 수요 충족이라는 도시 공원으로서의 기능이 부여되기 시작하여, 녹지 및 원로변에 다양한 수목이 식재되었다. 한편으로는 열대식물학 연구에도 주력하여 왔다. 1990년 이후 국립공원국 산하에 소속되어 관리되고 있다. 현재 이 식물원은 식물학 연구 거점, 관광 명소, 지역 공원이라는 세 가지 역할을 표방하며, 싱가포르의 가장 중요한 관광자원으로서, 식물과 원예 연구와 교육의 센터로서, 또한 가장 선도적인 공원으로서 자리매김해 가고 있다.

이 식물원 내부에 위치한 국립 오키드식물원은 이광요 수상에 의해 1995년 10월 20일 개원되었다.

식물원의 구성

적도 부근 연평균 기온 23~32도의 온난 다습한 열대지역에 위치한 이 식물원은 탕린 지구Tanglin Core, 센트럴 지구Central Core, 버킷 티마 지구Bukit Timah Core 등 3개 주요 지구로 나뉘어진다.

탕린 지구는 전통적인 정원 요소들을 지니고 있으며, 주요 시설로서는 식물학센터, 백조 호수, 분재원, 싱가포르의 국화인 반다 미스 조아킴Vanda Miss Joaquim 정원, 밴드스탠드Bandstand, 해시계정원 등과 다수의 조각들이 배치되어 있다. 특히 식물학센터에는 관리

사무소, 식물학과 원예학 도서관, 약 65만 점의 표본을 보유하고 있는 식물표본실, 난 조직 배양실, 다목적 홀과 식당 등이 있다.

센트럴 지구는 이 식물원의 주 관람 코스로서, 이곳에는 세계 최대 규모인 국립난원과 다양한 꽃들을 보여주는 생강정원, 심포니 호수, 야자수 계곡, 열대우림지역, 진화정원, 힐링정원, 방문객센터 등이 있다. 방문객센터에는 매점, 식당 등이 있다.

이 지역의 주 관람 지역인 국립난원에는 1,000여 종과 2,000여 교배종이 식재되어 있다. 이 중 600여 종류가 전시되어 있으며, 총 60,000여 주의 난이 식재되어 있다. 전체적인 배치는 난의 잎과 꽃의 색에 따라 4개의 색상 그룹으로 구분하고, 아울러 교목과 관목 및 허브들의 잎과 꽃색과의 조화를 고려하여 서로 잘 어울리도록 전시하고 있는 것이 특징적인 배치 개념이다.

봄 공간Spring Zone은 황금색, 노란색, 크림색 위주로 전시되어 있으며, 여름 공간 Summer Zone은 빨간색, 분홍색 위주로 전시되어 있다. 가을 공간Autumn Zone은 어두운 색 위주이며, 겨울 공간Winter Zone은 흰색, 청색 위주로 전시되어 있다.

버킷 티마 지구는 주로 교육, 휴양시설로 구성되어 있다. 이곳에는 대나무원, 향신료원, 과수원과 에코 호수, 그리고 어린이 교육 및 놀이 시설인 제이콥 발라스 어린이정원 등이 있다. 주요 시설로는 국립 생물다양성 센터, 싱가포르 난 협회, 도시 생태학 센터 등이 있다.

식물원의 운영 특성

싱가포르식물원의 입장은 무료이지만, 국립난원은 유료이며 어른과 학생 및 노인, 그리고 어린이로 구분된다. 다만 학생들은 3월, 6월, 9월, 11월의 매학기 휴가 기간의 첫 주에 한하여 무료로 입장할 수 있다.

난초류 식물로 조성한 아치형 관람로

한편 이 식물원에서는 매월 첫 주 토요일에 힐링가든 투어, 둘째 토요일에는 열대우림 투어, 셋째 토요일에는 국립난원 투어, 넷째 토요일에는 헤리티지heritage 투어, 그리

심포니 호수 안에 조성한 공연 무대

고 진화 정원 투어 등 다양한 투어프로그램을 운영하고 있다. 또한 첫 주 일요일에는 난 판매 행사가 열리며, 이외에도 재즈 공연과 콘서트 등이 개최된다. 또한 성인과 청소년 및 어린이와 전문가들 대상으로 난 재배 기초과정 및 심화과정, 정원 만들기, 각종 식물 재배법, 분재 만들기 등의 각종 워크숍을 개최하고 있다. 아울러 이 식물원에서는 'Gardenwise'와 'The Garden's Bulletin Singapore' 등의 간행물도 발행하고 있다. 이외에 자원봉사 프로그램도 활성화되어 있으며, 자원봉사자들은 투어 안내와 식물 정보 기록 작업, 정원 식물의 유지관리, 식물표본실의 자료화 작업 등에서 중요한 역할을 수행하고 있다.

Travel tip

주소 Singapore Botanic Gardens, 1 Cluny Road, Singapore 259569

홈페이지 싱가포르식물원 www.sbg.org.sg

전화 싱가포르식물원 +65 6471 7138 / 국립난원 +65 6459 7100

개원시기 및 시간 싱가포르식물원은 매일 05:00~24:00까지, 국립난원은 매일 08:30~19:00까지 개원한다.

면적 싱가포르식물원 74ha, 국립난원 3ha

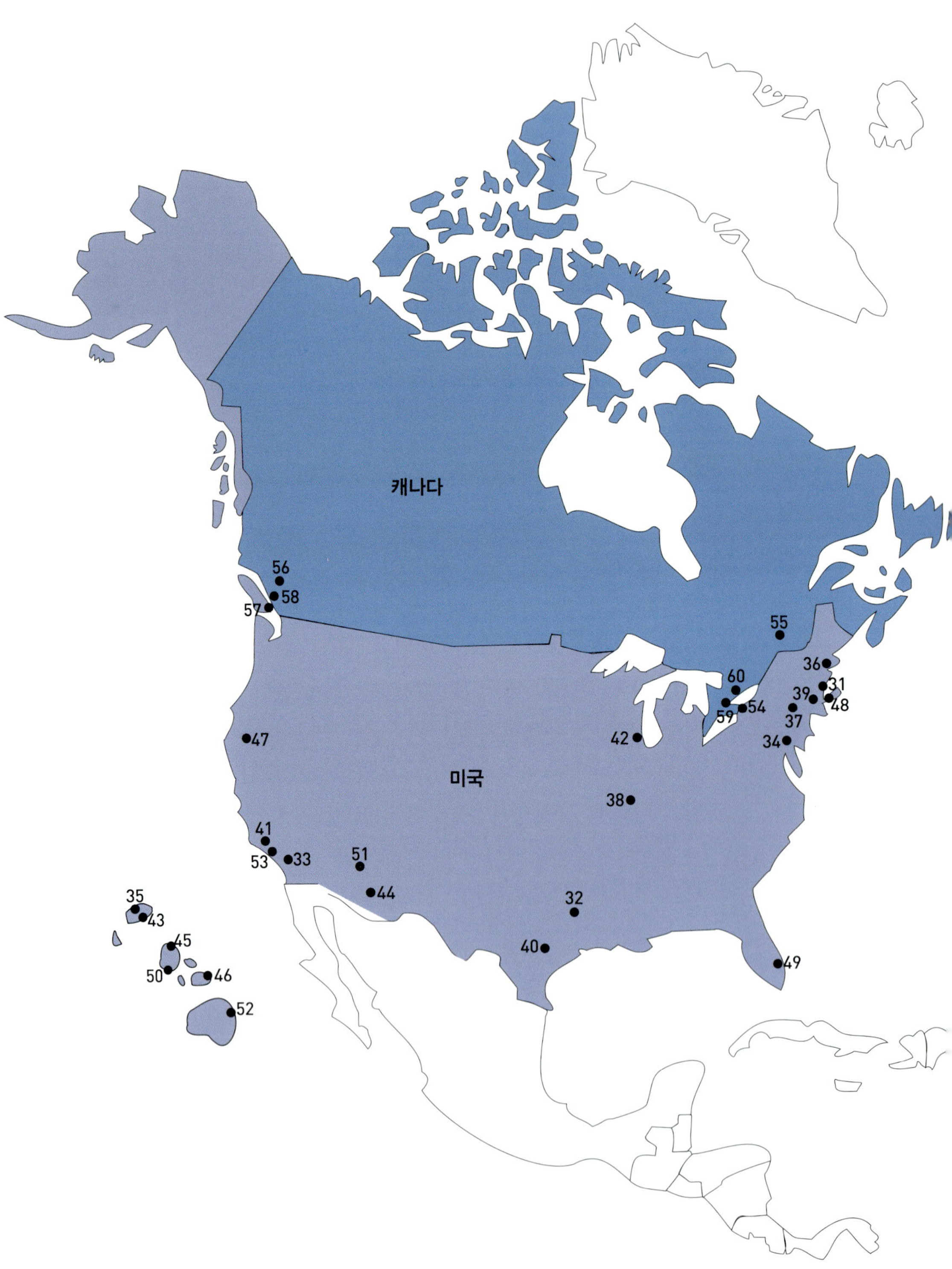

캐나다
미국
56
58
57
55
60
59
54
36
31
39
48
37
34
47
42
38
41
53
33
51
44
32
40
49
35
43
45
50
46
52

북아메리카

미국

31 뉴욕식물원
32 댈러스수목원·식물원
33 로스앤젤레스수목원·식물원
34 롱우드가든
35 리마훌리국립열대식물원
36 메인해안식물원
37 모리스수목원
38 미주리식물원
39 브루클린식물원
40 산안토니오식물원
41 산타바바라식물원
42 시카고식물원
43 알러턴국립열대식물원
44 애리조나소노라사막박물관
45 와이메아식물원
46 카하누국립열대식물원
47 캘리포니아버클리주립대학식물원
48 퀸즈식물원
49 페어차일드열대식물원
50 포스터식물원
51 피닉스사막식물원
52 하와이열대식물원
53 헌팅턴식물원

캐나다

54 나이아가라식물원
55 몬트리올식물원
56 밴듀센식물원
57 부차트가든
58 브리티시콜롬비아대학식물원
59 온타리오왕립식물원
60 토론토식물원

31

뉴욕커들의 휴식과 체험학습의 장

뉴욕식물원

New York Botanical Garden

빅토리아 양식의 에니드 A. 헵트 온실 Enid A. Haupt Conservatory

뉴욕식물원은 뉴욕 시 북부 브롱크스에 있는 식물원, 동물원과 인접하여 공원지역을 이룬다. 약 100ha에 이르는 광대한 면적을 차지하고 있으며 15,000 종류에 이르는 식물이 재배되고 있고, 약 400만 점의 표본이 소장되어 있다. 대규모 전시회나 꽃축제가 열려 연간 80만 명이 방문하고 있다. 식물원을 찾아가기 위해서는 B,D,4번 전철을 타고 베드포드 공원역Bedford Park Blvd. Station에 내리면 되고, LIRR 기차는 뉴욕식물원역에 내리면 된다.

식물원의 역사

뉴욕식물원은 1891년에 설립되었다. 식물원의 필요성을 느낀 컬럼비아대학의 식물학자 브리튼Nathaniel Lord Britton은 뉴욕 주 정부와 뉴욕을 중심으로 활동하던 부호인 카네기Andrew Carnegie, 벤더빌트Cornelius Vanderbilt, 모건J. P. Morgan 등에게 식물원 설립에 필요한 자금의 기부를 설득하여 담배회사의 소유자 로랄드Lorillard의 소유지였던 맨해튼 북쪽의 브롱크스 일대의 부지를 동물원, 식물원 설립을 위해 인수했다. 식물원은 1967년에 국립 역사 건축물로 지정되었다. 뉴욕식물원은 1985년 뉴욕지역의 유지들에 의해 재단법인으로 전환했으며, 주요 임무는 자연, 원예 및 인간 · 식물관계에 대한 대중의 이해 증진과 식물이용 지식 확대를 위하여 다양한 생체수집과 전시원의 기획전시, 대국민 식물교육 및 종합적인 식물연구를 수행하는 데 있다.

식물원 부지와 건물은 뉴욕 시에 속해 있으며, 뉴욕 시 공원 · 휴양청으로부터 조성금을 받아 뉴욕시립대학과 연구 및 교육에 있어 밀접한 관계를 갖고 상호교류하고 있다. 이

아름다운 양귀비 꽃

고유식물정원 안내판

식물원은 민간, 단체, 기업, 독지가의 기부금, 공익재단 및 정부로부터 연구조성금을 받아 운영하고 있다.

식물원의 구성

뉴욕식물원은 수선화원, 수수꽃다리원, 벚나무원, 목련원 등 13개의 주제원이 조성되어 있으며, 록펠러 장미원(1916), 암석원(1930) 등 48개 전시원에 식물 40,000종류가 전시되어 있다. 부설 식물표본관에는 약 700만 점의 표본이 소장되어 있으며 이 중 60만 점이 DB화되어 있다. 도서관은 125만 점의 방대한 자료를 수장하고 있다.

온실 내 분천과 수반

뉴욕식물원은 자연의 기복이 많은 지형을 이용하여 습성 · 건성의 식물 15,000종류가 재배되고 있다. 북아메리카의 자생종 외에 북반구 각지의 침엽수, 석남, 목련, 철쭉류, 장미, 떡갈나무 등이 유명하다.

침엽수원의 면적은 15ha로 뉴욕식물원에서 가장 오래된 전시원이다. 소나무류, 전나무류 및 가문비나무류 등 약 200여 종

방향식물원

류가 식재되어 있다. 언덕 위에 심어진 침엽수 사이사이로 벚나무 종류를 심어 봄철에는 상록의 침엽수와 벚꽃이 조화되어 아름다운 경관을 이루도록 조성되었다.

관상적으로 아름답거나 화려한 형태를 갖는 침엽수만으로 조성된 면적 6ha의 관상침엽수원 Benenson Ornamental Conifers 은 왜소형, 능수형, 포복형, 무늬반입종 등의 침엽수 약 200품종으로 구성되어 있다. 지리적으로 약간 높은 곳에 입지를 선정하여 햇빛을 충분히 받을 수 있도록 하고 주로 양수인 품종을 선발하여 식재하였다. 관상침엽수원이 처음 조성된 시기는 1949년이지만 1990년대 말에는 초창기에 식재된 나무들이 노령화되어 고사하는 등의 문제가 발생하여 2000년도부터 복원사업을 추진 2004년까지 약 200여 품종을 새롭게 교체하였다.

숙근초원 The Jane Watson Irwin Perennial Garden 은 다양한 종류의 다년생 초본식물을 활용하여 식물의 특징(꽃, 잎, 형태 등)을 가장 아름답게 표현할 수 있도록 설계되었다. 크게 세 개의 구역으로 구분되어 있는데 이 중 두 곳은 따뜻한 느낌의 색상과 차가운 느낌의 색상을 서로 대비할 수 있도록 배치하였고 한 곳은 가을을 주제로 하여 다양한 꽃을 관람할 수 있도록 조성되었다.

여인의 화단 Ladies' Border 은 담벽을 경계로 하여 다양하게 식물정원을 조성할 수 있음을 보여주는 정원으로 주로 가정주부들에게 정원가꾸기에 대한 정보를 제공하는데 목적이 있다. 수피, 잎, 꽃 등이 특징적인 교목, 관목, 초본(다년생, 이년생, 일년생 등)을 조화롭게 배치하여 일 년 내내 아름다운 경관을 관람할 수 있도록 설계하였다. 특이할 사항은 담벽의 방향이 남쪽을 향하도록 설계하여 겨울 동안 미기후의 영향을 받아 일반적으로 야외식재가 어려운 식물도 이곳에서는 생육이 가능하게 하여 동백나무 등 상록성의 나무도 상당수 식재되어 있다.

장미원The Peggy Rockefeller Rose Garden은 미국의 각지에서 개최되는 우수 장미품종 선발대회에 입상한 모든 품종을 포함하여 약 2,800여 품종이 식재되어 있다. 장미가 자연적으로 꽃이 만개하는 시기는 봄(5월)이지만 이곳에서는 인공적으로 가을(9월)에 꽃이 만개하도록 조절하고 있다. 9월 개화를 위해 개화 D-day를 중심으로 6주 전에 가지를 모두 절단하여 새로운 프로그램을 유도하고 꽃이 피도록 유도한다.

어드벤처정원Everett Children's Adventure Garden은 어린이들을 위한 곳으로 매주 주말마다 어린이들이 직접 정원을 일구는 체험이나 자연에서 나는 임산물이나 열매로 미술품 만들기 같은 프로그램을 운영하고 있다. 어드벤처정원 내부에 들어가면 서양식의 길쭉한 솔방울들과 나뭇잎으로 꼬물꼬물 움직이는 애벌레가 만들어져 있으며, 옆에 풀들도 자연스럽게 자라게 하는 등 자연과 동화된 모습의 거대 애벌레를 형상화하고 있다. 무당벌레, 두꺼비도 있는데 아이들의 상상력을 자극할만한 재미있는 조형물이다. 자연체험공간(약 40개), 미로, 전시관, 토피어리, 광장, 폭포, 자연습지 등이 재미있게 구성되어 온 가족이 함께 즐길 수 있으며 시기별로 어린이들을 위한 다양한 이벤트행사와 교육프로그램도 운영하고 있다. 어드벤처정원 내 약 3.3m²마다 아이들의 이름이 붙어 있는 텃밭에서는 아이들이 직접 심고 가꾸는 체험을 하는 농사활동을 실습하고 있다.

어드벤처정원 입구

어드벤처정원의 식물해설판

숙근초원

1902년에 개원한 에니드 A. 햅트 온실Enid A. Haupt Conservatory은 세계의 다양한 기후 환경에 자라는 식물을 한곳에 수집하여 전시하고, 연구사업 과정에서 수집되는 식물 보전을 위해 설립되었다. 약 100여 종의 야자식물전시관, 저지대 및 고지대 열대우림전시관, 로마의 정원 형태를 본뜬 수생 및 덩굴식물전시관, 450여 종의 건생사막식물로 구성된 사막식물원, 계절별 특별전시관, 열대고사리원, 식충식물원, 온대수생식물원 등이 있다. 특히 전시온실에서는 2007년부터 시작한 캐리비안 페스티벌 분위기에 맞춰 스페인 스타일로 조성하였으며, 11년째 계속되는 난전시회도 열리고 있다.

식물원의 운영 특성

뉴욕식물원은 2006년 1월, '21세기로의 진입' 이라는 이름하에 2009년~2015년을 위한 새로운 전략계획을 수립하기 시작했다. 6개월간의 전략 경쟁력 분석을 시작으로, 1년 6개월 동안 150명의 프로그램 관리자로 구성된 확대기획그룹을 통해 전략계획이 수립되었다. 전략계획은 아이디어를 논의, 분석, 개선하며 5단계 관리과정을 통해 이루어졌으며, 프로그램 발표에서부터 이사 지원 분야까지 기관 전체가 관여하였다. 협력적 절차를 통해 수립된 계획은 프로그램, 자본, 재정 등 3개 분야로 분류되었는데, 뉴욕식물원의 핵심경쟁력(원예, 학제, 교육)에 초점을 두고 반영되었다.

뉴욕식물원 조직은 8개 부서에 430명으로 구성되어 있으며, 780명의 자원봉사자가 식물원 운영을 돕고 있다. 식물원에서는 700개 이상의 평생교육과정과 아동프로그램을 운영하고 있다. 평생교육과정에는 인증수여 프로그램, 특별프로그램 및 선택과정으로 구성되어 있고 학교교육과정으로는 아동과정, 학년별 및 교사과정 등이 있으며 전문가 교육과정에는 2년 과정의 원예전문학교를 운영하고 있다. 원예전문학교 졸업자 다수가 세계 각처에서 활동 중에 있으며 졸업 이전에 대부분 취업이 되며, 일부는 코넬대 원예학과로 편입하고 있다.

뉴욕식물원 가정정원센터 Home Gardening Center 에서는 일반인들이 가정에서 정원을 설계하고 조성하며 식물을 관리하는데 필요한 풍부한 정보와 기술을 제공하고 있다. 야외교육장, 절화정원Cutting Garden, 채소정원, 향료정원, 한국들국화정원, 향토정원 등으로 구성되어 있다. 이곳을 찾는 이용객들은 정원을 아름답게 가꾸고 관리하는 방법, 새로운 정원 식물 소재에 대한 정보, 정원디자인과 조성방법에 대한 새로운 아이디어 제공, 정원관리상 당면하는 문제에 대한 해결방안 등을 견학과 체험학습으로 습득할 수 있는 기회를 갖게 된다.

방향식물원Helen's Garden of Fragrant Plants은 최근 가장 인기가 높은 정원디자인의 형태를 만들어 보여주는 모델 정원의 하나로, 식재된 식물들은 주로 향기가 있는 향료식물을 중심으로 조성되어 있다. 이용객들은 다양한 형태로 디자인된 정원의 모습을 보고 모방하거나 자신의 아이디어를 덧붙여서 정원을 설계하고 조성하는데 필요한 지식을 얻어

습지식물원

페기와 록펠러기념 장미정원

간다. 가족정원Ruth Rea Howell Family Garden은 가족단위로 직접 씨앗을 심어 보고 식물을 키워 보는 등의 체험을 매일 할 수 있는 공간이다. 수확기에는 직접 채소나 열매 등을 수확하는 경험도 할 수 있다. 특별히 3~12세의 어린이를 위한 어린이 정원가꾸기 프로그램도 봄부터 가을까지 운영되고 있다.

이외에 홈페이지에서 온라인상으로 가드닝에 필요한 기술과 정보를 제공하기 위해 가정에서 계절별 정원가꾸기에 도움이 될 수 있는 소재식물의 종류, 관리방법 등에 대해 가드닝 팁, 가드닝 달력, 동영상 등을 제공하고 전문가 상담을 통한 서비스도 제공하고 있다.

Travel tip

주소 2900 Southern Blvs., Bronx, NY 10458, USA
홈페이지 www.nybg.org
전화 +1 718 817 8700
개원시기 및 시간 4월~10월, 홀리데이 시즌에는 10:00~18:00까지 관람할 수 있으며, 11월~3월에는 10:00~16:00까지 이용이 가능하다. 월요일, 추수감사절과 크리스마스에는 휴원한다.
면적 101ha

32 건조한 환경에서도 물을 잘 이용한 댈러스수목원·식물원 Dallas Arboretum & Botanic Garden

여인의 정원에 서서 식물원을 바라보는 조각상

댈러스에서 가장 아름다운 야외 명소 중 하나인 댈러스수목원은 화이트 락 호수White Rock Lake의 고요한 분위기와 멋진 디스플레이를 특색으로 한다. 댈러스 지역에서 유명한 석유사업가였던 에버레트 드골리어Everette DeGolyer의 사유지와 저택을 기반으로 시작한 댈러스수목원은 계절에 따라 다양한 야외 축제, 콘서트, 예술 공연 등을 개최하여 댈러스 지역 문화의 중심지 역할을 하고 있다.

식물원의 역사

댈러스수목원의 역사는 댈러스 지역에서 유명한 석유사업가였던 에버레트 드골리어가 댈러스에 수목원을 조성하기 위한 부지를 찾기 위해 1930년대 초에 위원회를 결성하고 의장을 맡아서 활동하던 때부터 시작한 것으로 볼 수 있다. 그 후 60년이 지나서 그가 소유했던 토지와 저택을 중심으로 그의 수목원에 대한 개념이 현실화 되었다.

1974년에 '댈러스수목원 · 식물원협회The Dallas Arboretum & Botanical Society, DABS'는 정관을 채택하고 임원을 선출하여 비영리 조직으로 통합되었다. 1977년에 댈러스 시 공원위원회는 남부감리교대학에서 구입한 드골리어의 저택 부지를 수목원의 공식적인 부지로 제안하였다. 또한 초기 건설비용 마련을 위해 기금을 모금할 것을 '댈러스수목원 · 식물원협회'에 제안하였다.

1978년부터 1979년간에 협회의 회원이 현저하게 증가하였고 수목원 프로젝트를 지원할 수 있는 시민 및 기업들로부터 상당한 인지도를 얻게 되었다. 그 결과 1980년에 협회는

서부개척시대의 생활상을 보여주는 텍사스 모험구역

팬지 뒤에 필 꽃들을 알려주는 표찰

100만 달러 이상을 모금하고 드골리어의 저택 부지에 인접해 있는 8.9ha의 캠프 저택 부지를 구입하였다. 두 부지는 모두 화이트 락 호수의 주변에 위치하고 있다. 1982년에 댈러스시와 협회는 드골리어 저택 부지와 캠프 저택 부지를 합한 26.7ha 부지에 수목원 및 식물원을 조성하는 계약을 체결하였다. 이러한 과정을 거쳐 1984년에 처음으로 일반에 공개되었다.

식물원의 구성

댈러스수목원은 26.7ha의 부지에 15개의 화려한 정원이 조성되어 있다. 수목원의 대표적 식물인 피칸(가래나무류), 목련류, 배롱나무, 벚나무, 진달래, 감탕나무 등이 계절마다 서로 다른 모습으로 화려하게 수목원을 장식한다.

배롱나무 터널

수목원은 디자인 측면에서도 아름다울 뿐만 아니라 식물교육의 측면에서도 섬세한 배려를 하고 있다. 대부분의 식물에 이름표가 붙어 있을 뿐만 아니라 이름표의 배치 자체도 디자인을 고려하여 식물과 조화를 이루고 있다.

수목원 내의 대표적인 정원들을 보면, 낸시 루트칙 단풍나무 계류Nancy Rutchik Red Maple Rill Arrives, 여인의 정원A Woman's Garden, 드골리어정원DeGolyer Gardens, 존슨색상정원Jonsson Color Garden, 레이장식정원Lay Ornamental Garden, 보즈웰 가족정원Boswell Family Garden, 꽃길정원Paseo de Flores, 맥카스랜드 침상정원McCasland Sunken Garden, 팔머 양치식물원The Palmer Fern Dell 등이 있다.

모든 정원이 아름답지만 그중에서도 화이트 락 호수의 수면과 잘 어우러지는 '여인의 정원'이 단연 으뜸이다. 이 정원은 '여인의 정원'이라는 이름답게 신비로움을 간직하고 있다. 정원의 입구를 지나면 상록수들을 단정하게 전정해서 전체적으로 깔끔한 이미지를 주는 아주 고요한 정원이 나타난다. 어머니가 아이들 손을 잡고 여유롭게 정원을 거니는 모습이 떠오른다. 정원의 한쪽 끝에는 수면이 깨끗하게 반사되어 화이트 락 호수의 수면과 연결되는 듯한 착시를 보여주는 거울연못이 나타난다. 이 연못의 수면에 반사된 나무와 하늘은 화이트 락 호수의 넓은 수면에 이어지며 가슴을 시원하게 해준다.

화이트 락 호수와 이어지는 여인의 정원

여인의 정원이 특히 아름다워 보이는 것은 정원 옆으로 보이는 화이트 락 호수의 기원을 알게 되었을 때이다. 이 호수는 댈러스에 도시가 형성될 무렵, 건조한 미국 남부의 환경 여건상 부족한 물을 공급하기 위해 인공적으로 만들어진 호수라고 한다. 이렇게 의미 있는 호수 옆에 물을 잘 이용한 아름다운 정원이 조성되어 있는 것이다.

또 수목원 내에는 물을 잘

낸시 루트칙 단풍나무 계류

꽃길정원

이용하여 정원을 만들고 유지하는 방법을 보여주는 모델정원이 조성되어 있는데, 앞서 화이트 락 호수와 여인의 정원과의 관계처럼 물이 부족한 지역의 환경 특성을 식물원과 잘 결합한 사례라고 생각된다.

식물원의 운영 특성

수목원은 계절에 따라 야외 축제, 콘서트, 예술 공연 등 다양한 이벤트를 개최한다. 방문객들은 댈러스수목원의 역사적인 장소인 드골리어 저택의 식당에서 식사를 할 수도 있다.

맥카스랜드 침상정원

물을 뿜는 두꺼비 분수

아름다운 수목원 환경 속에서 다양한 문화 활동을 즐길 수 있도록 서비스를 제공하고 있다.

또한 지역 사회의 젊은 학생들에게 자연환경과 식물에 관한 교육을 제공하고 실험정원Trial Gardens을 통해 미국 남부지역에서 정원을 유지하는 최적의 방법을 연구하여 일반인들에게 교육하기도 한다.

식물원 운영과 관련한 특이한 프로그램 중의 하나로 '친환경 회의 패키지' 가 있다. 이것은 일반 단체나 회사 등에 판매하는 서비스로 회의 장소, 식사 및 부대 이벤트를 제공한다. 식물원의 아름다운 환경을 이용하여 회의 참가자들에게 멋진 휴양 경험을 제공하는 것이다. 댈러스수목원 · 식물원은 회원과 방문객뿐 아니라 지역 사회의 지원으로 운영되는 비영리법인이다. 수목원 내의 여러 정원의 명칭에 과거 주요한 기증자들의 이름이 반영되어 있는 것도 이 때문이다.

Travel tip

주소 8525 Garland Road, Dallas, TX 75218, USA
홈페이지 www.dallasarboretum.org
전화 +1 214 515 6500
개원시기 및 시간 연중 09:00~17:00까지 개방하며, 추수감사절, 크리스마스 및 설날에는 휴원한다.
면적 26.7ha

33 할리우드 영화촬영지로 애용되는 로스앤젤레스수목원·식물원
Los Angeles County Arboretum & Botanic Garden

로스앤젤레스는 태평양의 현관 구실을 하고 있는 뉴욕 다음가는 대도시이다. 한국 교포가 가장 많이 살고 있는 곳이어서 우리에게 친근한 곳이기도 하다. 로스앤젤레스식물원은 온화한 기후로 사시사철 피어나는 꽃과 우거진 숲, 거대한 야자수에 둘러싸인 호수까지 풍경이 빼어난 식물원이다. 1936년 영화 '타잔 Tarzan Escape' 촬영을 시작으로 타잔이 주제인 영화 7편을 비롯하여 수많은 영화와 드라마가 여기서 촬영되었다. 이 식물원에서 차로 10여 분 가면 또 하나의 놓치기 아까운 멋진 식물원, 헌팅턴 식물원이 있다. 이 두 개의 식물원은 미국 서부지역은 물론 세계 아열대지역의 식물상을 중점적으로 살펴볼 수 있는 좋은 기회를 제공한다. 로스앤젤레스식물원은 한인 타운에서 차로 30분 거리에 위치하고 있으므로 이곳의 친지를 방문할 기회가 있다면 꼭 가볼 것을 추천한다.

식물원의 역사

현재 식물원이 들어선 곳은 원래 호수가 있는 광활한 초지였다. 1947년 이곳에 식물원을 조성할 계획으로 캘리포니아 주와 로스앤젤레스 카운티는 란초 산타 아니타Rancho Santa Anita라고 불린 이곳의 개인 소유지 약 45ha를 사들였다. 1949년 인근의 땅 3.6ha를 추가로 구입한 로스앤젤레스 카운티는 식물원 조성의 첫 삽을 뜨고 지역원예협회 회원 사무엘 에이어스Samuel Ayers 박사에게 그 책임을 맡겼다. 에이어스 박사의 주도로 조성되기 시작한 식물원은 1955년에 마침내 개원되었다. 개원 후 계속 확장되어 1960년에 식물표본관이 들어서고, 1969년에 마이어 폭포가 만들어졌으며, 1975년에 열대온실이 신축되었다. 1980년에는 식물원 부지에 있었던 앤왕비 주택Queen Anne Cottage과 마차 차고Coach Barn가 국

사계절정원

병솔나무

코토네아스터 *Cotoneaster*

수선화

가 사적지로 지정되었다. 1994년 식물원명이 The Arboretum of Los Angeles County로 개칭되었고 다시 현재의 명칭으로 바뀌었다. 현재는 로스앤젤레스 카운티와 비영리 단체인 로스앤젤레스수목원 법인이 공동 운영하고 있으며 매년 약 20만 명이 이 식물원을 찾고 있다.

벽난로와 수조가 있는 작은 정원

식물원의 구성

로스앤젤레스수목원·식물원은 남북으로 긴 장방형의 부지에 지역별, 주제별로 식물을 구분하여 정원을 조성하였다. 11,000종류 이상의 식물표본 36,000본을 갖추고 있으며 야생보호구역, 멸종위기식물 보존 및 번식 연구소로서의 활동도 활발하다. 로스앤젤레스수목원·식물원은 특히 열대와 아열대식물, 대나무, 난, 유칼립투스를 수집하고 전시하는 데 중점을 두고 있으며, 아카시아 120종류, 알로에 32종류, 향나무류 *Juniperus* 130종류, 병솔나무류 *Callistemon* 54종류, 목련 76종류를 보유하고 있다.

식물원은 중앙에 넓은 잔디밭과

볼드윈 호수

시원한 분수를 두고 오른쪽(북쪽)에는 입구와 강의실, 연구소 등이 있는 건물과 다양한 주제정원과 온실, 아프리카와 오스트레일리아 숲이 있고, 왼쪽(남쪽)에는 볼드윈 호수, 열대림숲과 역사적 의미가 있는 건물 및 시설, 주제정원, 아시아 및 아메리카 지역 숲이 있다.

식물원에 들어서면 여러 마리의 공작새가 관람객을 반긴다. 이 공작새는 한때 란초 산타 아니타의 소유주였던 엘리어스 볼드윈Elias Baldwin이 인도에서 들여온 후 다른 야생동물과 함께 이곳에 서식하고 있는 것이다. 식물원 입구 주변에는 카페와 강의실, 기념품점, 식물판매소 등이 있고, 그 위쪽으로 작은 규모의 교육용온실, 베고니아온실, 열대온실 등이 있으며 10여 개의 다양한 주제정원이 전개된다. 여러 개의 정원 중 자원봉사자들이 야생화와 허브, 채소를 가꾸어 사계절 내내 야외식물교실로 쓰이는 사계절정원이 특히 눈길을 끈다.

체험학습 프로그램에 참여한 어린이들

이 식물원에는 지역별로 크게 오스트레일리아, 아프리카, 남아메리카, 북아메리카, 아시아 지역에 서식하는 식물과 열대림으로 숲을 만들어 놓았는데 지역마다 큰 안내판을 설치하고 자세한 설명을 담은 한 장짜리 안내지를 관람객들이 꺼내 볼 수 있도록 하여 그 지역의 생태와 식물을 이해하는데 도움을 주고 있다. 여러 지역 숲 중 8.9ha에 달하는 오스트레일리아숲이 가장 크며 여기에는 유칼립투스 250여 종류가 자라고 있다.

시원한 마이버그 폭포

수목원 입구의 분수

나뭇가지로 만든 조형물 카타왐푸스 Catawampus

잔디광장 왼쪽을 넓게 차지하고 있는 볼드윈 호수 주변의 습지대는 물새가 서식하고, 호숫가에는 소철류, 야자류, 양치류 식물로 구성된 열대림이 조성되어 있다. 호숫가에는 국가 사적지로 지정된 유서 깊은 건물들이 함께 있어 식물원에서 가장 아름다운 풍광을 보여준다. 식물원에서 가장 눈에 띄는 건물은 1885년에 건축된 빅토리아 양식의 앤왕비 주택이다. 이 건물은 1885년에 볼드윈이 네 번째 아내를 위해 지은 것이라 하는데 그들이 1년 후 헤어졌다 하니 아름다운 건물이나 많은 재물이 행복한 부부를 만들어 주는 것은 아니라는 것을 새삼 깨닫게 한다.

호숫가에 있는 또 하나의 건물은 란초 산타 아니타의 최초 소유자였던 휴고 리드 Hugo Reid 가 1840년에 흙벽돌로 지은 아도비 벽돌집이다. 이 집은 원래의 건축 재료와 설계를 그대로 살려 다시 지은 집으로 캘리포니아 역사 랜드마크로 지정되었다. 이 집에서 아시아 숲으로 가는 방향으로 조금 떨어진 곳에는 1879년에 지은 마차 차고가 있다. 이 건물 역시 앤왕비 주택을 설계한 건축가 알버트 버네트가 설계한 빅토리아 양식의 건물로 마부들이 쉴 수 있는 공간까지 있다. 이들 건물과 떨어진 주차장 옆에는 1890년에 산타 아니타 철도 역사가 있다. 원래의 역 위치는 현재 위치에서 400m 북쪽에 있었는데 1970년 역이 폐쇄되자 역사를 헐어 건축자재를 그대로 이곳에 옮겨 복원한 것이다.

볼드윈 호수 서남쪽에는 마이버그 Meyberg 폭포가 있고 이와 연결된 수생식물원에서는 붓꽃, 수련 등 각종 수생식물을 볼 수 있다. 또한 잉어가 노니는 거북연못과 주변의 개울가에서는 자작나무, 오동나무를 볼 수 있다. 이외에도 비스타정원처럼 만들어 놓은 장미원과 4.6ha 규모의 허브원이 있다.

그레이스 칼람 숙근초원Grace Kallam Perennil Garden은 로스앤젤레스식물원에서 자원봉사자로 헌신한 그레이스 칼람 여사를 추모하기 위해 1990년에 헌정된 최초의 기부정원이다. 이 정원은 꽃의 색과 일조량 그리고 꽃이 피는 시기를 정원 조성의 기본 요소로 하여 여기에 맞추어 나무, 관목, 잔디와 꽃을 피우는 나무와 다년초 등 450여 종류의 식물들을 0.4ha의 면적에 가꾸고 있다. 이 정원은 그 이름처럼 사시사철 꽃이 피어나는 정원을 가꾸는 방법을 가르쳐 주는 생생한 교육장이다.

아시아 숲 지역에는 한국정원이라는 표지석이 있다. 표지석에서 2005년 5월 4일이라는 글자가 선명하지만 아직 정원이 조성되지는 않았다. 2012년 1월 국립수목원과 로스앤젤레스식물원이 식물 자문, 식재기술 지원, 식물교환 및 공동연구를 하기로 MoU를 체결하였으므로 이곳에서 자연미가 돋보이고 소박하면서도 단아한 우리나라 정원을 볼 수 있는 날도 곧 오리라 기대된다.

식물원의 운영 특성

로스앤젤레스수목원은 다양한 프로그램을 개발하여 관람객의 참여를 유도하고 있다. 요리강좌 · 와인 시음 등의 '정원에서 요리하기', 수채화 워크숍 · 책 만들기 교실 · 일본식 꽃꽂이 등이 포함된 '식물원에서의 예술활동', 요가 · 태극권 · 하이킹 등을 하는 '식물원에서 운동하기', 정원 가꾸는 법을 배울 수 있는 '원예와 정원만들기' 등의 다양한 종류와 시간대의 유료 강좌를 제공한다. 여름에는 식물원 폐장시간 이후 전문 가이드와 식물원을 돌아보는 '여름밤의 산책' 이라는 유료프로그램을 운영하고 있다.

한국정원 표지석

특히 어린이를 위한 프로그램이 주목할 만하다. 어린이와 가족단위 방문객을 위한 '아이들과 가족들' 에는 미술교실, 역사교실, 보물찾기 놀이 등 여러 가지 활동이 포함되어 있으며, '할로윈 호박

태극문양처럼 보이는 휴식공간

조각하기' 나 '크리스마스 화환 만들기' 등 계절에 따른 특별 이벤트를 마련하고 있다. 여름에는 공룡, 로봇, 우주 등 여러 테마로 나누어진 일일 과학캠프를 개최하기도 한다.

지역 주민들은 자원봉사 프로그램을 통해 보다 적극적으로 참여할 수 있는데, 현재 125명의 자원봉사자가 활동하고 있다. 자원봉사 프로그램은 1년에 50시간 봉사하는 것을 원칙으로 하며, 자원봉사자들은 각종 상담 및 안내, 특별프로그램 보조, 기념품 판매, 식물원 내의 카페 · 레스토랑 · 화장실 등에 쓰이는 꽃꽂이 및 공예품 제작, 정원관리 등 다양한 업무를 하고 있다. 특히 앤왕비 저택 앞의 정원과 장미원은 자원봉사자들이 관리하는 것으로 되어 있다.

Travel tip

주소 301 N. Baldwin Avenue, Arcadia, CA 91007, USA

홈페이지 www.arboretum.org

전화 +1 626 821 3222

개원시기 및 시간 크리스마스를 제외하고 연중 09:00~17:00까지 개원하는데 입장은 16:30까지이다. 어린이는 어른을 동반해야만 입장할 수 있으며, 매달 세 번째 화요일에는 입장료가 없다.

면적 51ha

34 전문적인 가드닝교육의 산실
롱우드가든
Longwood Gardens

온실 내 다양한 난꽃의 향연

세계적인 다국적화학기업인 듀퐁 그룹을 설립한 듀퐁가Piree S. du Pont, 1870~1954가 만든 생가 정원으로 "대중을 위한 전시, 훈련 및 교육, 그리고 유쾌함만을 위해 사용"되도록 유언을 남김으로써 세계 제1의 정원으로 발전할 수 있도록 하였다. 전 세계적으로 전시와 교육을 전문으로 하는 롱우드가든은 가든디자인, 원예, 교육 및 예술 분야의 우수성을 사람들에게 알리는 데 많은 노력을 하고 있다.

롱우드가든은 뉴욕과 워싱턴 DC의 중간쯤에 위치하여 두 도시에서 승용차로 각각 2시간 30분 정도 소요된다.

오랜 역사를 가진 브랜디와인 밸리에 보물과도 같은 롱우드가든의 아름다움과 웅장함은 그 어디에도 비할 수 없다. 눈부신 분수와 즐거운 콘서트 및 공연, 그리고 격식을 갖춘 식사에 이르기까지 롱우드가든은 일 년 내내 다양한 종류의 이벤트로 가득하다.

식물원의 역사

다국적 화학기업 듀퐁사 창업주의 증손자 피에르 듀퐁에 의해 지난 1906년부터 조성되기 시작한 롱우드가든은 420ha의 면적에 약 11,000여 종류의 식물을 보유한 세계적 수준의 식물원으로 교육과 전시에 바탕을 둔 우아함과 전통이 있는 식물원으로 유명하다.

롱우드가든은 1700년대 퍼스Peirce 가문의 농장부지를 사들여 자신의 주말정원으로 이용하면서 시작되었다. 1930년까지 다양한 식물을 식재하며 기반을 조성하였는데 사유지가 1946년에 롱우드재단으로 전환되었고, 1976년에 일반인에게 개방되었다.

식물원의 구성

롱우드가든은 입장과 동시에 광활함에 놀라지 않을 수 없다. 롱우드가든은 20개의 실외정원과 20개의 온실에 조성된 실내정원으로 구성되어 있다. 실외정원에는 꽃드라이브정원, 야외극장, 꽃정원, 듀퐁의 저택, 토피어리정원, 분수정원, 아이디어정원, 어린이정원 등 다양한 전시원이 조성되어 있다.

꽃드라이브정원 Folwer Drive Garden은 낙우송과 서양측백나무가 줄지어 심어진 곳으로 생울타리와 함께 계절별로 화려한 꽃들로 장식되어 있다. 중앙에는 5월에 아름다운 장미원이 있다. 1,500명 정도가 함께할 수 있는 잔디광장으로 이루어진 야외극장에는 하루에 4번 음악과 함께 분수쇼가 진행되는데, 롱우드가든을 방문하면 꼭 관람하는 코스 중에 하나다. 가장 많은 사랑을 받고 있는 분수정원은 약 2ha 정도의 면적으로 유럽의 대표적인 정원인 프랑스 평면기하학식과 이탈리아의 노단건축식의 형태를 혼합하여 조성되었다. 분수는 약 40m 높이까지 솟아오르는데 주위에 674개의 다양한 색상의 전구가 설치되어 있다. 야간에 분수와 조명이 음악에 따라 춤을 추는 것은 정말 잊을 수 없는 추억을 만들게 한다.

1907년에 지은 꽃정원은 약 150m의 곧은 길을 따라 꽃과 잎의 다양한 색상 차이를 느낄 수 있도록 자주색의 차가운 색 계열부터 노랑, 빨강의 따뜻한 느낌의 색, 그리고 흰색 계열 식물을 배열하여 전시하고 있다.

빅토리아수련원

정교하게 잘 다듬어진 토피어리정원, 해시계, 우물 등의 다양한 정원 오브제와 첨경물들은 넓은 롱우드가든을 흥미롭게 만드는 요소이기도 하다. 특히 토피어리정원은 롱우드가 자랑하는 명품정원 중의 하나인데, 주목을 이용하여 원뿔, 정육각형, 책상, 토끼, 새 등 다양한 모양으로 구성되어 있다. 하나의 모양을 만들기 위해서 오랜 시간이 걸렸겠다는 생각이 절로 들게 한다.

아이디어정원은 당초에는 듀퐁과 고용된 노동자들의 식량공급을 위한 채소 재배장이었으나 50년대

층꽃나무 산책길(사진제공: 김장훈)

말 가드닝을 위한 교육전시장으로 재설계되었다. 총 11개의 섹터로 구분되며 펜실베이니아 지역에서 심을 수 있는 식물을 소재로 가정에서 다양한 아이디어로 정원을 가꿀 수 있도록 모델정원과 소재식물 등을 전시하고 있다. 또한 정원에서 채소, 과실류 등을 재배하는 방법을 교육하고 체험할 수 있는 공간을 만들어 이용객을 위한 체험교육 프로그램도 함께 운영하고 있다. 꿀벌을 주제로 한 어린이정원은 육각형의 벌집을 전시원으로 표현하여 어린이들이 쉽게 꿀벌의 종류와 기능, 역할 등을 이해할 수 있도록 설계되어 있다. 이외에도 이탈리아 형식의 수재정원Italian Water Garden, 광장분천 등을 만날 수 있다.

롱우드가든의 온실은 세계에서 가장 큰 규모의 유리온실로 1919년 최초로 건축되었으며 6,500여 종류의 식물을 보유하고 있다. 1.6ha 규모의 실내온실에서는 국화축제를 비롯하여 연중 주제를 바꿔 전시를 계속하고 있다. 국화축제의 경우 20,000점이 넘는 국화가 전시되어 있어 종류별, 형태별로 국화를 볼 수 있다. 온실에는 3,200여 종류의 난을 전시한 난초원, 초록색을 띤 아카시아 통로, 은빛 식물로 구성된 실버가든, 고사리 통로, 분재관, 야자식물원, 열대식물원 등의 볼거리가 있다. 야자식물원은 식재위치가 지하부에 있어 방문객들이 야자의 수관 높이에서 잎이나 열매, 꽃 등을 가깝게 관람할 수 있도록 설계되어 있다.

야외수련전시원은 열대수련과 물칸나 등 일반적인 수생식물뿐만 아니라 롱우드가든에서 직접 서로 다른 빅토리아연꽃*Victoria cruziana*와 *Victoria amazonica*을 교잡하여 개발한 롱우드 빅토리아Longwood Hybrid Waterplatter가 전시되어 있다. 연못에 유해한 수생곤충의 발생을 억제하기 위해 농약 대신 특정 물고기를 키워 생태적으로 방제하고 있다.

1976년부터 일반인에게 공개된 듀퐁의 저택에는 롱우드가든과 관련된 역사 자료를 전시하고 있으며, 저택 앞에는 미국에서 가장 오래된 황목련*Magnolia accuminata*과 은행나무가 식재되어 있다. 롱우드가든은 생식질자원 12,770종류, 품종 9,158종류를 보유하고 있는데, 주요 수집종은 전나무속, 아카시아속, 단풍나무속, 안수리움*Anthurium*속, 회양목속, 선인장과, 동백나무속, 파인애플과, 편백나무속, 돌나물과, 소철과, 대극속 등이다.

식물원의 운영 특성

롱우드가든은 식물보전을 위한 보전프로그램, 약용식물자원 프로그램, 서식지외 보전프로그램 및 도입종 프로그램을 실행하고 있으며, 주요 연구는 생물공학, 식물번식, 생태계보전, 원예, 침입종 생물학 및 제어, 복원생태학, 지속가능성, 농학, 토지복원 등을 수행하고 있다.

교육프로그램으로 식물원 내 교육, 강연, 교육책자 출간, 가이드 투어, 전시원, 특별전시원, 어린이 · 대학 교과과정 · 일반대중을 대상으로 한 교육과정 및 교육프로그램을 운영하고 있다. 특히 교육 분야에서 롱우드가든은 미국 원예학 교육의 질을 한 단계 끌어올리는 역할을 하였다. 1967년 이론과 실무를 갖춘 전문가를 배출한다는 목표로 델라웨어대학교University of Delaware와 함께 롱우드대학원 프로그램Longwood Graduate Program을 만들었고 지금까지 발전시켜 오고 있다. 이 프로그램은 이미 원예학 분야에서 실습과 이론을 균형있게 배울 수 있는 최고의 프로그램 중 하나로 인정받고 있다.

청소년 프로그램, 기술연계 프로그램, 인턴십, 국제가드너International Gardener 연수프로그램, 롱우드대학원 프로그램, 평생교육뿐만 아니라 심포지엄과 컨퍼런스, 도서와 정보를 제공하고 있다. 그야말로 생애주기 맞춤형 교육프로그램들이 운영되고 있다. 교육의 보물단지라고 할 수 있는 대단한 프로그램들이다.

파이프오르간 연주를 들을 수 있는 뮤직룸

흰꽃이 만개한 산딸나무

롱우드가든의 자원봉사자들의 활동은 무궁무진하다. 직원은 300명인데 자원봉사자만 1,000명 가량으로 상당히 큰 규모다. 단순히 규모만 큰게 아니다. 자원봉사의 형태도 단순 식물관리에서부터 연구보조와 식물기록 관리, 식물전시와 안내 등 다채롭고 의미있는 활동을 하고 있다. 식물개화시기 조사는 식물원에서 할 수 있는 전문성을 살린 자원봉사의 한 형태라고 할 수 있다. 이는 단순 조사에서 멈추는게 아니라 조사한 내용을 토대로 홈페이지에 시기별로 꽃이 피는 식물에 대한 정보를 제공하고 있다. 또 이렇게 조사된 자료를 기반으로 책을 내기도 해 그 가치를 더한다.

정원에 많은 도움이 되고 있는 자원봉사자들에게는 몇 가지 혜택이 주어지고 있는데, 자원봉사자들은 우선 연중 무료로 정원에 입장을 할 수 있다. 정원 내 레스토랑과 기념품점을 이용할 때 직원 수준의 할인 혜택을 받을 수 있으며, 불꽃놀이 축제와 같은 특별행사에도 할인을 받을 수 있다. 또한 롱우드가든에서 열리는 다양한 교육프로그램들과 강연들을 무료 혹은 저렴한 가격으로 참여할 수 있고, 직원들만 이용이 가능한 정원 내 원예전문도서관을 자유롭게 이용할 수 있을 뿐만 아니라 연중 일정 시간 이상 자원봉사를 한 봉사자들에게는 연말에 감사 이벤트를 열어 초대를 한다.

다양한 혜택들이 마련되어 있지만 이런 혜택들은 자원봉사자들이 하는 활동에 비해 실질적으로 매우 작은 수준이다. 그런 혜택들보다는 자신이 좋아하는 정원의 한 구성원이 되었다는 소속감, 좋은 일을 했을 때는 성취감과 보람, 아름다운 정원에서 일을 하는 기쁨,

직원들과 다른 봉사자들과의 유대감 등이 자원봉사를 꾸준히 하게 되는 더 큰 동기가 된다고 한다. 롱우드가든의 자원봉사 시스템에서 또 하나 높게 평가할 만한 점이 있다면 자원봉사자들의 활동들이 일회성 단순 활동에서 그치지 않도록 보다 의미있는 것으로 가치있게 활용한다는 점이다. 이는 식물과 생태관련 전문기관으로서의 정원의 전문성을 잘 살리는 것과도 연관이 있다. 한 자원봉사자의 15년간의 식물 개화 조사 자료를 토대로 2008년에 출간되었던 책 'When Perennials Bloom' 이 그 좋은 예가 될 수 있다.

롱우드가든은 장애인들 위한 편의시설을 구비하고 있는데, 휠체어와 전동 스쿠터는 선착순으로(제한 사항 적용) 약간의 이용료로 이용이 가능하다. 안내 지도는 중국어, 일본어, 한국어, 러시아어, 프랑스어, 스페인어 등으로 번역되어 있으며, 방문객센터에 비치되어 있다. 아마추어 사진 촬영을 위한 카메라 삼각대 사용은 허가서를 작성한 이후 오전 9시부터 오후 12시 사이에만 이용가능하다.

개인 비영리 형태로 운영하고 있으며, 연간 예산규모는 약 2천4백만 달러로 주요 재원은 가든숍, 레스토랑, 입상료 등이다.

계절을 느낄 수 있는 이벤트로는 1월 중순에서 3월 말까지 겨울의 한기에서 벗어나 푸르름이 가득한 롱우드의 실내정원에서 세계 여러 등지에서 서식하는 수천 종류의 동서양란을 한눈에 관람할 수 있는 '난의 향연', 4월 초부터 5월 말까지 25만개가 넘는 구근식물이 생명을 꽃피워 정원 전체가 눈부신 봄의 색깔로 뒤덮인 봄의 축제인 '꽃피는 봄', 5월 말부터 9월 초까지 매주 목 · 금 · 토요일 저녁에 시작되는 '분수축제', 9월 중순부터 11월 말까지 오곡이 풍성하고 단풍이 자연을 수놓는 가을에 특이한 호박과 조롱박 장식, 아름답게 핀 국화 · 음악, 그리고 맛있는 가을 음식을 즐길 수 있는 '가을의 색', 11월 말부터 1월 초까지 50,000개의 반짝반짝 빛

입구 담장의 이스팰리어

교배종인 롱우드하이브리드수련(사진제공: 김장훈)

초대형 분수쇼를 연출하는 분수정원(사진제공: Longwood Garden)

나는 등불과 멋스럽게 장식된 크리스마스 트리와 활짝 피어난 수천 송이의 포인세티아와 함께 별 아래 펼치는 아이스 스케이팅을 관람할 수 있는 '롱우드의 크리스마스' 등이 연간 100만 명의 방문객을 맞이하고 있다.

식사와 쇼핑도 만족스럽다. 격조 있는 식사 또는 부담없이 즐길 수 있는 편한 식사가 가능한 명성있는 테라스 레스토랑과 카페테리아는 일품이다. 롱우드가든 방문을 기념할 수 있는 특별 기념품 및 식물 등이 진열되어 정원을 가꾸는 이들이라면 누구든 좋아할 만하다.

Travel tip

주소 1001 Longwood Road, Kennett Square, PA 19348, USA
홈페이지 www.longwoodgardens.org
전화 +1 610 388 1000
개원시기 및 시간 연중무휴이며, 09:00~17:00(4월~8월까지는 18:00까지 개장)까지이다. Memorial Day와 Labor Day 사이에는 목, 금, 토요일 저녁에 개장한다. 크리스마스 시즌에는 09:00~21:00까지 개장한다. Thanksgiving Day 3일 전부터 1일 전까지는 실내정원 개장이 제한되어 있음을 염두에 두기 바란다. 야외 분수는 계절에 따라 운영된다.
면적 420ha

35

고대 카우아이로 통하는 창문

리마훌리국립열대식물원

Limahuli National Tropical Botanical Garden

라마훌리국립열대식물원 전경

리마훌리국립열대식물원은 하와이 제도 중의 하나인 카우아이Kauai 섬 북쪽 해변에 있다. 하와이 제도는 수백만 년 동안 계속된 화산 폭발에 의해 분출된 용암이 누적되어 형성된 것인데 여러 개의 섬 중 카우아이 섬이 600만 년 전에 형성된 가장 오래된 섬이다. 하와이 제도에 처음 사람이 살기 시작한 것은 서기 200~300년경인 것으로 추정되고 있다. 하와이 제도의 남쪽 방향의 섬에 살던 폴리네시아 인들이 새로운 섬을 찾아 카누를 타고 먼 바다를 건너 정착한 곳이 바로 리마훌리 계곡이다. 뒤로는 높은 마우카이Maukai 산이 있어 보호벽이 되고, 화산재의 기름진 땅과 잦은 비와 언제나 풍부하게 흘러내리는 계곡 물로 농경에 적합했고 바로 앞에는 바다가 있어 어로에 종사하기도 쉬웠기 때문이다. 지금도 리마훌리국립열대식물원에서는 폴리네시아 인들이 카누에 싣고 온 식물들을 볼 수 있다. 리마훌리국립열대식물원은 자연 상태의 물 관리와 토착식물 보존 방식의 우수성으로 1997년 미국원예협회로부터 미국에서 가장 자연스러운 식물원으로 선정된 바 있다.

식물원의 역사

리마훌리국립열대식물원은 하와이 주에 있는 3개의 국립열대식물원 중의 하나이고 리마훌리 자연보호구역과 함께 있다. 이곳은 희귀한 토착식물뿐만 아니라 하와이 인의 유적이 남아 있어 신성시되는 곳이기도 하다. 폴리네시아에서 건너온 초창기의 이주자들이 이곳에 거주하며 그들의 주식인 타로를 경작하던 곳이기 때문이다. 리마훌리라는 말은 하와이 어로 '변화시키는 손turning hands'이라는 뜻으로 이곳의 주식인 타로를 경작하기 위해 밭을 고르고 축대를 쌓은 고대 하와이 인들을 지칭한다. 리마훌리국립열대식물원에서는 700~1,000년 전 돌로 경계를 쌓아 계단식으로 만든 다락논 형태의 타로 밭을 볼 수 있다. 이를 통해 초기 하와이 인들의 농경방법과 관개방법을 이해할 수 있기 때문에 리마훌리국립열대식물원은 '고대 카우아이로 통하는 창문'이라 할 수 있다.

리마훌리 계곡은 원래 줄리엣 위치만Juliet Rice Wichman의 소유였는데, 그녀는 1960년대에 이곳을 식물원으로 조성할 계획을 세우고 토착식물을 보호하고 가꾸어 나갔다. 그러다가 이곳이 고고학적 가치가 높은 점을 감안하여 후대까지 잘 보존될 수 있도록 1976년에 국립열대식물원에 기증하였다. 줄리엣 위치만은 손자인 찰스 위치만 Charles Chipper Wichman 으로 하여금 하와이대학에서 열대식물을 공부하게 하여 원예전문가로 키우고 리마훌리식물원에 인접한 부지를 물려주었다. 찰스 위치만은 물려받은 부지 396ha를 1994년 국립열대식물원에 기증하였는데 그 땅이 지금의 리마훌리 자연보호구역을 이루고 있다. 찰스 위치만은 이 지역의 특수성을 널리 알리고 국회를 설득하여 마침내 리마훌리 계곡을 특별 지역으로 지정하는 법안이 통과되도록 했다.

리마훌리 자연보호구역에는 연방정부가 멸종된 것으로 여긴 12종의 토착식물과 멸종위기식물로 지정받은 9종의 토착식물, 그리고 리마훌리 계곡에서만 자라는 5종의 식물 등을 포함하여 카우아이에서 사라져 가고 있는 식물의 70%에 육박하는 100여 종류의 토착식물을 보존 관리하며 연구하고 있다. 이를 위해 멸종방지프로그램 PEP: Prevention of Extinction Program 을 운영하고 있다.

식물원의 구성

화려한 꽃과 다채로운 색을 가진 식물로 전시효과를 내는 여느 식물원과 달리, 리마훌리식물원은 자연 그대로의 초록빛의 아름다움을 드러내는 곳이다. 리마훌리식물원은 6,000여 종류의 하와이 토착식물의 보존에 특별한 관심을 기울이는 한편 멸종해가는 희귀식물 수집과 연구를 중시하고 있다.

1995년에 문을 연 방문객센터는 수백 년 전 타로와 사탕수수를 경작하던 시대의 일반 주택처럼 소박한 모습이다. 이곳에서는 식물원에서 자라고 있는 토착식물과 유적지, 조망 지점 등에 대해 자세히 소개하고 있는 안내책자를 제공한다. 모두 35가지의 관람 포인트가

토란 종류에 속하는 타로 Taro, *Colocasia esculenta*

티나무 Ti Tree, *Cordyline terminalis*

상어의 이빨처럼 날카로운 마카나 산 봉우리

설명되어 있는데 리마훌리 계곡의 언덕을 휘감고 올라가는 관람로를 따라가면서 1번부터 35번까지의 관람 포인트에서 서식하고 있는 식물들을 차례로 볼 수 있다.

처음 만나게 되는 것은 폴리네시아 사람들이 마케사스 섬에서 가져온 빵나무 Breadfruit 이다. 빵나무 열매에는 탄수화물이 풍부하고 비타민 B와 칼슘도 다량 포함되어 있어 식품으로 가치가 크기 때문에 국립열대식물원에서는 빵나무를 집중 연구하고 있다.

이곳을 지나 돌계단을 올라가면 경사지에 돌을 쌓아 계단식으로 정돈한 밭에서 자라는 타로를 볼 수 있다. 하와이 인들은 타로의 뿌리로 죽과 같은 포이 Poi를 만들어 주식으로 먹었는데 지금도 하와이에서는 이를 즐겨먹고 있다. 고대 하와이 인들은 300종류가 넘는 타로를 경작한 것으로 알려지고 있는데 현재 식물원에는 8종류의 타로가 자라고 있다.

길을 따라가면 왼쪽에 티 Ti 나무가 보인다. 초기 하와이 인은 티나무가 높은 지위를 상징하고 신묘한 힘을 준다고 여겨 신성시하였다. 그래서 악령을 쫓고자 티나무 잎을 몸에 지니고 다니기도 하고 음식을 싸는데도 사용했다. 지금도 개원식이나 신축건물의 입주식과 같은 행사에서 티나무 잎을 사용한다. 티나무 잎은 오렌지색으로부터 암적색까지 매우 다양하고 화려해서 열대우림의 다채로움에 한몫을 한다.

관람로를 따라가면 4번 포인트에서는 먹을 수 있는 고사리 Feddlehead Fern, 5번 포인트에서는 속껍질로 옷이나 침대보를 만드는 뽕나무, 6번 포인트에서는 바나나, 7번 포인트에서는 귀의 통증과 콧물을 완화시키는 약으로 쓰거나 염색제로 쓰이는 생강과의 심황, 8번 포인트에서는 사탕수수, 9번 포인트에서는 고대 하와이 인들이 샴푸로 썼으며 지금도

멸종위기의 브리가미아 *Brighamia insignis*

쿠쿠이나무 Kukui Nut Tree, *Aleurites moluccana*

샴푸의 향을 내는데 사용하는 샴푸생강을 볼 수 있다.

10번 포인트에는 하와이 주의 나무인 쿠쿠이나무(일명 Candlenut Tree)가 서 있다. 이름에서 보여주듯 쿠쿠이나무 열매는 50%가 기름이므로 이를 말려서 등불을 켜는데 사용하였다. 열매의 기름은 그릇의 윤을 내거나 방수그릇을 만드는데 쓰이기도 하고, 석탄과 섞어서 카누를 검은색으로 칠하는데도 쓰였다. 깍지는 윤을 낸 후 실로 엮어 레이를 만들거나 공예품을 만드는데 쓰이기도 한다.

주목되는 식물로는 토착식물인 브리가미아(하와이말로 Alula)이다. 브리가미아는 야구방망이 위에 양배추를 얹은 것 같은 특이한 형상인데 야생 상태로 남아 있는 것이 거의 없어 특별한 보호를 받고 있는 식물이다. 브리가미아가 여기에 야생 상태로 존재하고 있는 것은 국립열대식물원 식물학자들의 헌신적인 노력의 결과이다. 20년 이상 지속된 이들의 연구 과정이 내셔널지오그래픽 TV에서 '낙원에 선 이방인' 이라는 특별 프로그램으로 방영된 바 있다.

16번 포인트는 고고학적 사적지이다. 나무가 울창하여 어두컴컴한 숲을 이루고 있는데 고대 하와이 인들이 거주한 유적지가 남아 있다. 이곳에 정착한 최초의 이주자는 서기 200년경에 마케사스 섬에서 이곳으로 온 것으로 추정하나 그들에 대한 기록이나 유적은 찾아보기 어려우며 구전으로 내려오는 전설이나 노래에서 그 흔적을 엿볼 수 있을 뿐이다. 지금 우리에게 알려진 것들은 1,200~1,300년경 타히티 섬에서 이곳으로 이주한 두 번째 이주자들에 관한 것이 대부분이다.

19번 포인트는 리마훌리 계곡 내에서도 상어이빨처럼 뾰족하고 가파른 마카나 산의 산봉우리를 가장 잘 볼 수 있는 곳이다. 마카나 산은 일명 발리하이 Bali Hai 라고도 불리는데 우리나라에서도 오래전에 상영되어 인기를 끌었던 영화 '남태평양' 으로 널리 알려진 곳이다. 큰 판다누스(하와이말로 Hara) 나무 밑에 벤치가 놓여 있는 24번 포인트는 잠시 휴식을 취하며 하늘 높이 솟아 있는 시원한 쿡소나무 Cook Pine 와 아름다운 마쿠아 해변과 푸른 바다를 조망할 수 있는 곳이다.

판다누스와 식물원에서 바라 본 해안 풍경

식물원의 운영 특성

1964년 미국 의회는 사라져 가는 희귀한 열대식물을 수집하고 보호하기 위하여 개인 기금으로 조성된 식물원을 묶어 비영리단체인 국립열대식물원National Tropical Botanical Garden을 설립하였다. 이 식물원들은 열대식물들을 보존하는 노아의 방주 역할을 하고 있다. 국립열대식물원에는 4개의 국립열대식물원과 3개의 보호구역이 있다. 하와이에 3개 열대식물원과 3개 보호구역이 있고, 다른 하나는 플로리다에 있는 캄퐁식물원이다. 이 책에는 하와이에 있는 3개의 국립열대식물원이 모두 포함되어 있다. 국립열대식물원 본부는 카우아이 섬 맥브라이드식물원에 있는데 여기에서 국립열대식물원의 운영 프로그램을 관장하며, 홈페이지도 국립열대식물원에서 공동으로 운영한다.

Travel tip

주소 3530 Papalina Road, Kalaheo, HI 96741, USA

홈페이지 www.ntbg.org

전화 +1 808 826 1053

개원시기 및 시간 화요일에서 토요일까지 개원하며, 09:30~16:00까지 문을 연다. 2시간 정도 소요되는 가이드투어는 미리 예약을 해야 하며 가이드없이 관람하는 경우는 예약하지 않아도 된다.

면적 6.9ha

36

주민의 열정으로 조성된

메인해안식물원

Coastal Maine Botanic Garden

메인 주 출신 작가들의 손길이 담긴 식물원

메인 주는 미국 북동부 뉴잉글랜드의 가장 북쪽의 캐나다와 접경을 이루고 있는 주다. 대서양과 면해 있는 남동쪽의 해안은 특히 아름다운 풍광을 자랑하고 신선한 바닷가재 요리로도 유명하다. 자연 풍광이 빼어난 아카디아국립공원도 메인 주에 있다. 그러나 수려한 자연환경의 식생을 보여주는 식물원은 없었다. 이 점을 아쉽게 생각한 주민들이 나서서 식물원 법인을 설립하고 기금을 모아 부지를 매입하여 조성한 식물원이 메인해안식물원이다. 2007년에 개원하여 식물원 역사는 짧지만, 울창한 숲과 멋진 해안 풍경을 배경으로 9개의 다채로운 정원이 만화경을 이루고 있는 아름다운 식물원이다.

식물원의 역사

메인해안식물원은 1991년 메인 중부 해안가 거주민들이 결성한 작은 단체에서 시작되었다. 그들은 메인 주에 식물원이 필요하다는 데 의견을 모으고 1992년 식물원 조성을 위한 비영리법인을 발족시켰다. 1993년부터 식물원 부지를 물색하기 시작하여 1995년 부스베이의 부지 48ha를 매입하였다. 이 부지의 매입을 위해 자신의 집을 담보로 내놓은 회원들도 있을 정도로 이들은 식물원 조성에 열성을 기울였다. 1995년부터 메인해안식물원 회원제를 도입하여 조력자를 구했는데 1년 뒤인 1996년에 회원 수가 550명을 돌파했다.

1998년 식물원 마스터플랜이 만들어졌고 1999년부터 본격적으로 식물원 조성이 시작되었다. 2005년 소나무보호협회로부터 52ha를 기부받아 식물원은 총 100ha로 확대되었다. 해안 산책로와 자작나무 산책로가 차례로 만들어지고, 이어 철쭉원, 방문객센터, 잔디광장정원, 슬레이터 삼림연못 Slater Forest Pond, 헤이니 힐사이드정원 Haney Hillside Garden, 장미원을 조성하고 2007년 6월 13일 문을 열었다.

개원한 이후 지속적으로 정원과 시설을 확장하여 버피키친정원 Burpee Kitchen Garden(2008), 러너오감정원 Lerner Garden of Five Senses(2009), 비비와 해롤드 알폰드 어린이정원 The Bibby and Harold Alfond Children's Garden(2010), 보사지가 교육센터 Bosarge Family Education Center(2011)를 조성하였다. 이 식물원은 유난히 정원이나 건물에 사람들의 이름이 많이 들어가 있는데 이는 지역 주민과 단체에서 그 정원을 조성하는데 필요한 자금을 기부했기 때문이다. 주민의 의지와 열정으로 만들어진 메인해안식물원은 설립 20주년이 된 2012년에 8,000명 이상의 회원과 600여 명의 자원봉사자를 확보하고 연간 10만 명 이상이 방문하는 메인 주의 명소로 자리 잡았다.

식물원의 구성

메인해안식물원은 바다로 이어지는 강을 끼고 있는 지형적 특성을 활용하여 해안 산책로를 만들고 이를 자연 상태의 숲 산책로와 연결하고, 여기에 식물원 중앙을 관통하는 자작나무 산책로와 연결하여 산책 코스를 통해 식물원의 각종 정원을 감상할 수 있도록 했다. 식물원 부지에는 습지보호구역과 울창한 삼림이 넓게 자리를 차지하고 있고, 정원과 연못, 분수, 파빌리온 등은 부지의 중앙 위쪽의 해안가에 가까이 모여 있다.

블루베리 연못 풍경

어린이정원의 미로잔디

메인해안식물원에는 9개의 정원이 있다. 방문객센터 바로 앞에는 잔디광장정원이 있고 오른쪽에는 식당과 연결된 키친정원을 배치하였고, 그 주위로 러너오감정원, 클리버

딸기같은 열매를 맺는 산딸나무 Big Apple Dogwood

식물원에서 볼 수 있는 왕나비 Monarchy Butterfly, *Danus plexippus*

이벤트 잔디정원Cleaver Event Lawn & Garden, 장미원을 배치했다. 키친정원 길 건너에는 어린이정원이 있고, 그곳에서 자작나무 산책로를 따라 동쪽으로 좀 떨어진 곳에 철쭉원이 있다.

9개의 정원 중 가장 인기 있는 곳은 어린이정원과 러너오감정원이다. 해롤드 알폰드 재단이 후원하여 2ha 규모로 조성된 어린이정원은 어린이의 눈높이에 맞추어 다양한 색과 모양의 식물과 시설을 배치해 놓았다. 이 어린이정원이 이채로운 것은 그 조형이 메인 주 출신의 작가들이 지은 유명한 동화에 등장하는 주인공이나 이야기를 주제로 이루어졌다는 점이다. 어린이정원 입구의 물을 뿜는 세 마리의 돌고래나 연못가에 있는 새끼곰, 알록달록한 놀이집, 용모양의 바위, 책을 읽어 주는 의자가 있는 헛간, 요정의 집 등은 모두 스토리가 있는 살아있는 동화인 것이다. 어린이정원에 있는 놀이집과 헛간과 파빌리온의 지붕에는 여러 가지 초본식물이 자라고 있는데 이들이 꽃을 피우면 형형색색의 나비들이 날아들어 그 자체로 지붕정원이 되어 동화 속의 마을 분위기를 연출한다. 다른 식물원에서 볼 수 없는 미로 잔디도 재미있다. 바닥에 잔디를 두텁게 깔고 잔디밭 안에 이리저리 얽힌 나선형의 보도를 통해 잔디밭 귀퉁이에 있는 종점을 찾아가도록 만들어 어린이들의 흥미를 끌고 있다.

조형물 'Wind Orchid'가 돌고 있는 식물원의 가을 풍경

러너오감정원은 구불구불한 산책길이 높이가 서로 다른 다섯 개의 화단 사이를 달리면서 오감체험을 할 수 있도록 구성되어 있다. 출입구의 아치를 통해 오감정원에 들어서면 먼저 백합, 라일락, 히아신스, 라벤더,

비비와 해롤드 알폰드 어린이정원

타임, 민트 등 향기가 좋은 꽃들이 화사하게 피어 있어서 후각적 즐거움을 만끽한다. 그 다음 채소와 과일나무 정원이 이어지면서 미각이 자극된다. 더 아래로 내려가면 눈을 즐겁게 해주는 다채롭고 화려한 꽃들의 파노라마가 펼쳐진다. 정원의 중앙 화단에서 관람객들은 다양한 질감을 가진 식물들을 직접 만져보고 흐르는 물에 발을 담가보기도 하며 맨발로 크고 작은 자갈 위를 걸어볼 수 있다. 이 촉각을 위한 화단에 이어서 청각을 위한 정원이 이어지는데, 이곳에서 연못의 개구리가 우는 소리, 새들이 지저귀는 소리를 들을 수 있다. 이곳의 명물은 한 쌍의 음향석이다. 기둥 모양의 화강암에 뚫려 있는 원통형의 구멍에 대고 허밍을 하면 그것이 크게 울려 퍼져 좀 떨어진 이벤트 잔디공원에서 들릴 정도이다.

수반에 비치는 정오의 햇빛

볼거리가 많은 정원도 좋지만 주변 숲

과 습지로 이어지는 총 연장 4.8km에 이르는 산책로를 걸어보는 것도 좋은 경험이 될 것이다. 거기에는 힐사이드정원, 폭포, 이끼낀 정원 등이 있고, 고요하게 명상도 하며 해안 풍경을 조망할 수 있는 명상정원도 있다. 명상정원에서 좌우로 갈라지는 총 1.6km 가량의 허클베리 만 산책로와 해안 산책로는 숲과 물을 모두 즐길 수 있는 멋진 길이다.

메인해안식물원의 또 하나의 특색은 돌이나 나뭇가지 등 자연재료로 만든 조형물이 정원과 산책로 곳곳에 배치되어 있는 것인데, 대부분 메인 주 출신의 예술가들이 만든 작품이다. 이처럼 메인해안식물원은 주민들의 손으로 조성되어 주민들이 운영하고 있는 주민들의 식물원이다.

식물원의 운영 특성

여느 식물원과 마찬가지로 메인해안식물원도 어린이나 성인을 위한 다양한 교육프로그램이 마련되어 있다. 특별히 관심을 끄는 것은 매년 여름 지역주민 중 다양한 분야의 전문가, 식물학자, 조경가, 회가, 사진작가, 조류학자를 초청하여 강좌를 열거나 워크숍 또는 실습을 하도록 하는 'Expert in Residence' 프로그램이다. 이를 통해 주민들은 메인 수에 대한 애착과 자부심을 갖고 식물원에 대한 사랑을 키워나간다.

식물원은 또한 참여자가 원예활동을 통해 정서적 · 신체적 · 정신적으로 더 건강해질 수 있도록 하는 원예치유 프로그램을 운영하고 있다. 2010년에는 실험적으로 12주 과정으

해안가로 가는 길목에 설치된 'Chilseled Orb'

은빛으로 빛나는 억새

로 운영했고, 2011년부터는 동일한 치유 목적을 가진 사람들을 4명 정도로 그룹을 만들어 5주 또는 12주 동안 그들의 필요에 맞추어 원예활동을 할 수 있는 프로그램으로 운영하고 있다. 이 프로그램은 주로 러너오감정원에서 이루어지는데, 시각장애인이나 지체부자유 장애인도 활동에 참여할 수 있도록 배려하고 있다.

또 하나 특이한 것은 거의 모든 식물원들이 개를 데리고 들어올 수 없도록 하고 있으나 이 식물원은 애견산책로dog walk trail를 만들어 이 트레일에 한해서 개와 함께 산책할 수 있도록 배려하고 있다는 점이다.

Travel tip

주소 132 Botanical Gardens Drive, Boothbay, ME 04537, USA
홈페이지 www.mainegardens.org
전화 +1 207 633 4333
개원시기 및 시간 추수감사절과 크리스마스만 쉬고 매일 09:00~17:00까지 문을 연다. 11월~3월까지 방문객센터와 교육센터는 주중에만 문을 연다. 11월~3월까지 겨울철에는 무료로 개방한다.
면적 100ha

37 시민 기부와 전문가 참여로 완성되는 모리스수목원
Morris Arboretum of the University of Pennsylvania

북미 최초로 보급된 메타세쿼이아가 있는 풍경(사진제공: 김장훈)

미국 펜실베이니아 주의 필라델피아 도심에서 자동차로 30분 남짓 떨어진 북쪽 근교의 체스트너트 힐 Chestnut Hill 에 위치한 펜실베이니아대학교 부속 모리스수목원의 면적은 71ha이다. 서편으로는 'S' 자로 굽이쳐 흐르는 위사비콘 Wissabickon 이라는 내川를 경계로 하고 있고 중앙에는 동서로 뻗은 언덕이 있다. 그 언덕 북쪽에는 대부분 자연 그대로 유지되고 있는 숲과 초원이 있고 남쪽에는 각종 식물들이 식재관리되고 있다. 북쪽 지역과 남쪽 지역 모두 한가운데로 작은 시내가 가로질러 흘러내리고 있어 매우 전원적이고 아름다운 풍경을 보여주고 있다. 자연습지를 잘 보전하고 복원하여 연간 약 10만 명의 관람객을 유치하고 있는 모리스수목원은 미국 국립 사적지에 등록이 되었으며, 대학교를 위한 학제간 자원센터이자 펜실베이니아 주의 공식적인 수목원으로 자리매김하였다.

식물원의 역사

모리스수목원은 처음 콤프턴 Compton 이라는 이름으로, 1887년 존 모리스 John Morris, 1847~1915 와 리디아 모리스 Lydia Morris, 1849~1932 두 남매의 여름 휴양지로 조성되기 시작하였다. 이 지역은 매우 척박하고 배수가 빠른 토양이었으나 모리스 남매는 이 자리에 집을 짓고 열심히 토질을 개량하여 영국의 자연풍경식의 정원으로 꾸며 나갔다. 지역의 지도자이며 식물애호가인 존 모리스는 누이 리디아 모리스와 함께 미국은 물론 아시아와 유럽 여러 나라를 다니며 각종 식물을 수집하여 심고, 새로운 아이디어를 적용하여 정원을 조성하였다. 존 모리스가 죽은 후 1932년 리디아 모리스마저 세상을 떠나자 펜실베이니아대학이 운영을 맡으면서 모리스수목원으로 명명되어 새로운 출발을 하게 되었다. 1933년 일반인에게 공개되기 시작한 이래 계속 발전하여 1989년에는 펜실베이니아 주의 공식 식물원으로 지정받았으며 최근에는 국립 사적지로 지정받았다. 모리스 남매는 미 대륙, 유럽, 아시아 여행을 통해 얻은 예술작품과 공예품 도입의 아이디어로 수목원 내에 조각예술품 전시를 시작하게 되었다. 백 년이나 지난 지금까지 전시는 유지되었으며, 세계에서 가장 유명한 조각을 전시하는 수목원으로 발전하여 방문객들에게 식물과 예술의 조화를 감상하는 즐거움을 주고 있다.

식물원의 구성

교육과 원예 전시, 보전, 연구를 목적으로 하고 있는 모리스수목원은 전체 67ha에 이르는 면적 중 37ha를 대중에게 개방하고 있다. 모리스수목원은 전 세계 27개국으로부터 수집한 식물들을 비롯하여 2,500여 종의 식물들에 대한 기록을 보유하고 있으며, 원내 13,000여 본의 식물들이 라벨을 부착하고 있다. 전문 농장으로부터 원예종을 확보하여 정원을 조성하는 다른 많은 식물원과 달리 식재되어 있는 식물 중 33%는 도입된 자생지에 대한 분명한 기록을 보유하고 있다.

2009년 7월에 개장한 나무모험장Tree Adventure은 수목원 입구 방문객센터 부근의 오래된 큰 나무들을 중심으로, 지상 15m 높이에 총 140m에 이르는 동선이 설치되었다. 거대한 둥지와 다리, 파고라, 해먹 등이 조성되었다. 관람객들은 마치 새나 다람쥐처럼 나무 위 높이에 마련된 공간 속에서 색다른 체험을 할 수 있다.

모리스 남매가 1888년에 조성한 장미원은 모리스수목원의 가장 오래된 볼거리 중 하나다. 일련의 과정을 통해 오늘날 장미원은 여러 숙근초와 일년초, 목본류가 함께 어우러진, 그리고 빅토리아 시대의 풍미를 느끼게 해 주는 정원 장식물들과 함께 수목원의 중심을 이루는 정원으로 복원되었다.

나무모험장(사진제공: 신동아)

양치식물을 위한 전문온실인 퍼너리The Fernery는 존 모리스의 제안으로 석조 기반에 곡면 유리를 사용하는 형태로 1899년에 완공하였다. 1950년 이후 몇 차례의 부분적인 개보수 작업을 거쳐 도런스 해밀턴Dorrance H. Hamilton이라는

장미원

기부자의 도움으로 1994년 마침내 새롭게 단장된 모습으로 재개장하였다. 미 대륙에 유일하게 남아 있는 빅토리아 양식의 퍼너리로 희귀한 열대 및 온대 희귀 고사리 종류를 포함한 200여 종류의 양치식물을 보유하고 있다.

스프링하우스 The Springhouse는 2004년 1억 원이 넘는 액수의 기부금을 포함한 다섯 명의 기부자의 도움으로 건물에 대한 복원사업이 이루어졌다. 지붕 위로 아름드리나무를 감상할 수 있고, 수목원의 다른 정원으로부터 떨어져 잠시 휴식을 취할 수 있는 특별한 곳으로 자리매김하고 있다. 동쪽 시내로부터 자연적으로 흐르는 물길을 이용해 인공적으로 만들어진 백조의 호수는 18세기 영국의 자연풍경식 정원 양식에 영향을 받아 물가에 그림자가 비치는 고전적인 템플을 가지고 있다.

잉글리시 파크 The English Park에는 완만하게 펼쳐진 잔디밭이 단풍나무, 풍년화, 산딸나무, 벚나무, 노각나무 등 중요한 수집종들로 둘러싸여 있다. 이곳의 가장 주목할 만한 볼거리는 계단 분수대이다. 총 0.8km에 이르는 미니 기차철길을 만들어 놓은 기차정원은 여름에만 한시적으로 운영하며 12개의 서로 다른 레일, 2개의 케이블카, 9개의 다리, 7개의 터널 등으로 구성된다. 다양한 색깔과 모양의 기차들이 독립기념관 등 역사적인 건물 모형들 사이로 구불구불 질주하는 풍경은 방문객 모두에게 큰 인기를 끌고 있다.

모리스수목원의 습지는 2002년 정부와 지역 재단, 개인 기부자들의 지원을 받아 조성되었다. 원래 부지 자체가 습지의 조건을 갖추고 있었고, 조성 공사와 식물 식재가 잘 어우러져 생태 복원의 좋은 사례가 되었다. 현재 모리스수목원의 습지에는 110종류 이상의 생물 종이 관찰 기록되고 있다. 모리스수목원 초지에 설치되어 멀리서 보면 실제로 살아있는 것처럼 보이는 양 모양의 조각상은 과거에 목초지였던 목가적 경관을 기억하고자 1980년부터 전시되고 있다.

원예, 교육, 수목관리, 시설관리 등 수목원 직원들이 67ha에 이르는 전체 수목원 영역을 관리하는데 필요한 기반시설과 지원설비를 갖추고 있는 원예센터는 친환경 건물로 2008년에 착공하여 2010년에 완공되었다.

식물원의 운영 특성

북미 수목원 및 식물원들이 정원을 운영하는 데 있어서 자원봉사가 차지하는 비중은 매우 크다고 할 수 있다. 최근 모리스수목원의 경우 400여 명이 넘는 자원봉사자들이 16,500시간이 넘는 자원봉사를 했다고 한다. 모리스수목원은 현재 조경 디자인, 식물 동정, 장미 재배 기초, 꽃꽂이, 사진, 세밀화 등 120여 과정의 교육프로그램을 운영하고 있다. 하지만 비영리기관으로서 방문자안내, 어린이교육, 원예전시, 기차정원, 식물판매 등 식물원의 많은 일들을 수행하는 데 있어 자원봉사자들의 도움에 절대적으로 의존하고 있다. 1979년에 시작된 인턴 프로그램은 현재 교육, 도시숲, 식물학, 원예, 번식, 수목관리, 식물보호, 장미원 등 9개 포지션이 기부금에 의해 운영되고 있는데, 지금까지 해외 인턴을 포함하여 200여 명의 인턴 교육생들이 배출되었다.

방문객센터(사진제공: 김장훈)

설립자 모리스 남매 동상(사진제공: 김장훈)

모리스수목원은 또한 병해충 저항성, 도시 적응성 등 도시 조경에

백조의 연못(사진제공: 김장훈)

필요한 수목의 도입 및 연구를 통해 전문 재배자들과 조경 설계사들, 도시경관 기획자들에게 식물을 보다 효과적으로 이용하는 방법에 대한 유용한 정보를 제공하는 교육기관의 역할을 하고 있다. 이벤트로서는 각종 전시회, 콘서트, 모형기차쇼, 장미축제, 가을가족축제, 식목일행사(4월 24일), 식물판매, 회원의 밤 행사 등이 있다. 교육프로그램으로는 식물 생태관련 학생단체 교육, 일반단체 주제별 교육, 자원봉사자 교육, 각종 심포지엄 및 세미나, 인턴십 프로그램이 운영된다. 여러 종류의 연회원 제도를 운영하며 자원봉사자들이 직원들과 더불어 여러 프로그램 운영에 참여하며 정원의 안내 및 관리를 담당하고 있다.

Travel tip

주소 100 Northwestern Ave., Philadelphia, PA 199118, USA
홈페이지 www.business-services.upenn.edu/arboretum/index.shtml
전화 +1 215 247 5777
개원시기 및 시간 4월~10월, 홀리데이 시즌에는 10:00~18:00까지 관람할 수 있으며, 11월~3월에는 10:00~16:00까지 이용이 가능하다. 월요일, 추수감사절과 크리스마스에는 휴원한다.
면적 약 38ha

38

세계적인 열대식물 보전 연구의 중심지

미주리식물원

Missouri Botanic Garden

돔 형태의 온실 클라이메트론과 수련이 자라고 있는 연못

미주리식물원이 있는 세인트루이스는 미국 서부 개척의 관문으로 성장한 중서부에서 가장 오래된 도시이다. 미시시피 강변에 프랑스 식민자들이 세운 이곳이 서부로 가는 오레곤 트레일, 남부로 가는 산타페 트레일의 출발지이다. 세인트루이스의 랜드마크인 거대한 게이트웨이 아치Gateway Arch는 이를 기념하여 세운 것이다. 미주리식물원은 세인트루이스에서 미국 서부지역과 유럽의 교역을 통해 재산을 모은 헨리 쇼Henry Shaw가 설립한 곳으로 미국 중서부를 대표하는 식물원 중 하나이다. 세인트루이스 시내에 위치하며 주요 고속도로에서 쉽게 연결된다.

식물원의 역사

영국 세필드 출신의 사업가인 헨리 쇼는 1851년 우연히 방문한 채트워스Chatsworth의 데본셔 공작의 정원을 보고 그 아름다운 모습에 반해 식물원을 만들 생각을 했고, 영국의 큐왕립식물원을 본 후에 이를 현실화하였다고 알려져 있다. 1857년 쇼는 세인트루이스 남쪽의 소유지에 식물원을 조성하기로 하고 식물원 부지 삼면에 돌담을 쌓고, 이어서 후에 '플로랄게이트Floral Gate' 라고 명명한 인상적인 주출입구를 만들었다. 1858년에는 대형 온실 1개와 몇 개의 작은 온실, 그리고 장미원을 만들었으며 1859년에 드디어 미주리식물원을 일반에게 공개하였다.

쇼는 1889년 사망하기 전까지 지속적으로 각종 식물을 수집하면서 식물원을 확장하고, 1885년에는 세인트루이스의 워싱턴대학 내에 식물학과의 설립을 주도하기도 했다. 또한 식물원 남쪽에 있는 1,117ha의 타워 그로브 공원Tower Grove Park을 조성하여 세인트루이스 시에 기증하기도 하였다.

대기오염이 심해지자 1925년에는 식물원을 이주할 계획으로 세인트루이스에서 남동쪽으로 약 60여 km 정도 떨어진 곳에 약 1,012ha 규모의 부지를 구입하였으나, 식물원 이주는 포기하고 이곳을 수목원으로 발전시켰다. 1959년 식물원 설립 100주년 기념으로 세계 최초로 반구형 돔 형태의 온실 클라이메트론Climetron을 신축하였다. 이 온실은 1976년 미국의 100대 건축물 중의 하나로 선정된 바 있다.

1971년 식물학자 피터 레이븐Peter Raven 박사가 식물원장으로 부임한 이래 미주리식물원은 괄목할 만한 성장을 하였다. 일본정원, 영국삼림정원, 아이리스정원 등 다양한 정원을 조성하였고 열대식물에 대한 연구와 보존활동을 활발하게 추진하는 연구 중심의 식물원으로 거듭나게 되었다. 식물원에는 50여 명의 박사급 식물학자들이 열대식물에 대해 연구하고 있으며 국립암연구소와 협약을 맺고 항암효과를 가진 식물에 관한 연구도 수행하고 있다. 또한 중국과학원과 공식적인 협정을 맺어 중국 식물들을 대대적으로 식재하면서 중국이 본산인 식물들의 연구에 있어서도 국제적 명성을 쌓고 있다.

1997년에 건립된 몬산토센터Monsanto Center는 연구 본부로 식물표본관과 도서관을 갖추고 있다. 여기에는 220만 종류의 식물에 관한 기록 등 식물에 관한 방대한 자료를 보유하고 있다.

식물원의 구성

미주리식물원에는 총 51,000종류의 각종 식물이 3개의 온실과 수십 개의 특성화된 다양한 정원에서 자라고 있다. 화단의 꽃은 매년 두세 번 갈아주고, 늦가을에는 다음 해 봄에 꽃을 피울 수 있도록 75,000개의 구근을 심는다고 한다.

미주리식물원은 식물원 입구에 자리 잡은 온실과 중심축의 정원구역, 켐퍼센터와 그 주변의 서쪽정원 구역, 일본정원과 남쪽정원 구역, 빅토리아식 건축물과 그 주변의 동쪽정원 구역으로 나뉜다.

식물원의 입구에는 방문객센터 기능을 하는 리지웨이센터Ridgway Center가 있다. 이곳에는 영화관, 극장, 강연장, 연주실이 들어서 있고 난이나 각종 식물 전시회도 개최된다. 리지웨이센터를 통과하면 5.5m 높이까지 다양하게 연출되는 아름다운 분수를 중심으로 여러 가지 행사가 펼쳐지는 작은 광장이 있다.

길을 따라 내려가면 1985년에 조성된 진달래와 만병초정원이 있고 계절 따라 꽃을 피

리지웨이센터와 다양한 높이로 연출되는 분수

린네를 기념하기 위해 지은 온실과 연못

북미에서 가장 큰 규모의 일본정원

우는 다년생 초화류 화단을 지나면 신고전주의 양식의 린네온실 Linnean House에 다다르게 된다. '식물분류학의 아버지' 라 불리는 린네를 기념하기 위하여 1882년에 지은 린네온실은 미시시피 강 서쪽지역에 있는 온실 중 가장 오래된 것이기도 하다. 원래는 감귤류, 야자류, 나무고사리 등 아열대식물들의 월동을 위해 지었으나 여러 번의 보수와 개축을 통해 아예 아열대식물을 위한 온실이 되었다. 온실의 북쪽 부분에는 여러 종류의 아열대식물을 식재하였는데 그중에서 가장 볼 만한 것은 이 식물원의 특별 수집종인 동백나무이다. 현재 린네온실에는 50여 종류의 동백이 12월부터 이듬해 3월까지 화려한 꽃을 피우는데 2월이 절정기이다. 온실의 남쪽 부분은 화분에서 키우는 열대식물과 감귤류가 10월 중순부터 4월까지 월동하는 곳으로 사용되고 있다.

린네온실 앞의 연못에는 아름다운 조각상과 함께 다양한 수생식물과 습지에서 자라는 식물을 볼 수 있다. 린네온실 주변에는 자그마한 정원들이 여러 개 있는데 그중의 하나인 향기정원에 들어서면 각종 식물들이 내뿜는 향기로 머리가 맑아지고 기분이 상쾌해진다.

린네온실 정면 남쪽으로는 장미원이 있다. 여기에는 115종의 하이브리드 티 장미류를 포함해서 1,400여 종류의 장미가 있다. 물줄기가 원형으로 퍼지는 분수에서 들려오는 물소리와 함께 초여름부터 가을까지 만발하는 장미꽃의 향기를 맡을 수 있는 아름다운 곳이다.

미주리식물원의 중앙에 이르면 그 중심축이라 할 수 있는 반구형 유리온실인 클라이메트론과 나리연못, 그리고 1858년 건설되어 1981년까지 식물원의 주출입구로 이용된 스핑크누각 Spink Pavilion이 나타난다. 이 두 가지 건축물과 70여 종류의 열대수련이 자라는 연못, 그리고 연못에 만들어진 조형물이 만들어 내는 아름다움은 미주리식물원의 상징이라고 할 수 있다.

1960년에 준공된 미주리식물원의 대표적 온실 클라이메트론은 미국 최초의 돔형 온실인데 높이가 21m, 폭은 53m의 규모이고, 밤에는 18도, 낮에는 29도를 유지하도록 설계되었고 평균습도는 85%를 유지한다. 온실 내에는 1,400여 종류의 열대식물을 포함하여 약 2,800여 종류의 식물이 식재되어 있는데 그중에서도 열대식물들과 200년이 넘는 것으로 추정되는 소철, 멸종위기식물인 더블코코넛, 희귀 난과 이끼, 선인장을 포함한 착생식물이 대표적인 수집종이다. 클라이메트론 뒤에는 온대식물을 위한 온실 Shoenberg Temperate House이 있고, 서쪽에는 어린이정원이 있다.

미주리식물원에는 어린이정원이 2개 있는데 하나는 켐퍼센터에 있는 소규모의 어린이정원이고 다른 하나가 클라이메트론 서쪽에 있는 체험중심으로 만들어진 8,100㎡ 규모의 도리스 슈눅 어린이정원 Doris I. Schnuck Children's Garden이다. 이 어린이정원은 2006년에 만들어졌는데 미주리탐험이라는 주제를 가지고 어린이들에게 식물과 자연에 연관된 내용을 재미있고 혁신적인 방법으로 전시하여 식물에 대한 흥미와 경이로움을 이끌어내는 한편 19세기 역사도 보여준다. 여기에서는 석회암동굴탐험, 습지탐험, 관목미로탐험, 나무집 올라가기, 중서부 초원마을 방문 등 다양한 체험활동을 할 수 있다. 특이한 것은 정원 내에서 어린이와 동반가족들이 여름에도 시원하게 관람을 즐길 수 있도록 21℃를 유지할 수 있는 장치를 가동하고 있다는 점이다.

구형 조형물에 반사된 빅토리아정원

짐바브웨 소나족 특유의 석상 '추풍구 Chupungu'

켐퍼센터는 가정의 정원관리에 관한 정보를 제공하는 일종의 가정원예센터로 3.2ha의 규모이다. 1991년에 문을 열었는데 미주리대학과 파트너십을 통해 미국중서부지역 주택의 정원관리와 이에 적합한 식물에 관한 정보를 제공하고 전문적 원예지식도 보급하고 있다. 켐퍼센터에서는 23개의 특징 있는 주제의 주택정원을 전시함으로써 가정의 소규모 정원에 대한 다양한 아이디어를 제공하고 있다. 743㎡ 넓이의 파빌

헨리 쇼의 이니셜로 문양을 만든 회양목정원

리온에는 식물도서관, 식물클리닉 교실이 있으며, 매달 계절에 맞게 꾸며 전시하는 실내 정원도 있다.

미주리식물원에는 다양한 정형식 정원이 있지만 그중에서도 회양목정원이 가장 빼어나 이곳에서 자주 결혼식이 거행되곤 한다. 회양목은 고대 페르시아, 그리스, 로마시대부터 수천 년 동안 정원을 가꾸는데 유용한 식물로 활용되었으나 북미지역에는 자생하지 않았고 이주자들이 유럽에서 옮겨왔다. 회양목정원은 자수화단처럼 아름다운 문양으로 구획을 하고 그 가운데를 계절따라 피는 초화류로 채워 아름다움을 더하는데 식물원의 설립자인 헨리 쇼의 이니셜로 문양을 만들어 놓았다.

미주리식물원에는 바바리아정원, 중국정원, 영국삼림정원, 일본정원, 오스만투르크정원, 독일정원 등 여러 나라의 정원이 있다. 이 중에서 일본정원은 가장 아름답기도 하거니와 16.2ha의 규모로 북미지역의 일본정원으로는 가장 큰 규모이다. 가운데에 넓은 호수를 끼고 있는 일본정원은 특유의 고요하고 정적인 아름다움을 느끼게 한다. 3.3ha 규모의 넓은 호수에는 4개의 섬이 있고, 각각의 섬마다 특징 있게 조성되어 있다. 섬을 이어주는 일본식 다리는 섬을 오가는 기능도 있지만 다리 아래의 물과 여기에 비치는 하늘과 나무 그리고 물고기들이 노는 정경을 감상하기에도 적격이다. 연못 주변에는 벚나무, 철쭉류, 모란 등 일본에서 자라는 식물을 식재하여 일본의 분위기를 물씬 풍긴다.

1976년에 조성된 영국식 삼림정원은 자연그대로의 야생화와 나무, 그리고 이들 사이를 흐르는 시냇물과 야생의 숲을 즐길 수 있는 곳이다. 이곳에서는 식물군이 3개 층을 이

캠퍼센터의 원예도구 전시

루며 자라고 있는데, 맨 위쪽에는 키가 큰 나무들이 마치 지붕을 씌운 것처럼 두툼한 층을 만들고 그 아래에는 키 작은 관목들이 자란다. 또 그 밑에는 그늘에서 자라는 옥잠화, 고사리 등이 자라고 있다.

설립자 쇼는 당대의 유명한 건축가인 바네트를 고용하여 여섯 동의 빅토리아 양식의 건축물을 짓도록 하였는데 빅토리아 구역에는 바로 이러한 건축물들이 남아 있다. 빅토리아시대 중기의 주거양식을 보여주는 쇼의 주택 Tower Glove House은 1849년에 세인트루이스 시내에 건축되었는데 그의 뜻에 따라 1891년 식물원 안으로 옮겨졌다. 지금은 그가 사용하던 가재도구도 함께 전시하는 주택박물관으로 활용되며 4월부터 12월까지 오전 10시부터 오후 4시까지만 개방한다. 또한 이곳에는 쇼가 잠들어 있는 영묘가 있으며 동쪽에는 식물원이 개원된 1859년에 건축된 쇼의 도서관과 식물표본실, 그리고 자연사표본실로 사용된 박물관이 있다.

1994년 영국의 왕립원예협회와의 협력하에 쇼의 주택 주변에 빅토리아시대의 특징을 보여주는 빅토리아정원과 미로, 그리고 전망대를 만들었다. 빅토리아정원은 1880년대 영국정원의 특색을 그대로 보여주고 있다. 유리로 장식한 최신식 건물인 존 레먼빌딩도 인상적인데 여기에는 식물표본실, 도서관, 사무실 등이 있다.

식물원의 운영 특성

미주리식물원의 표본실은 하버드대학의 아놀드수목원, 뉴욕식물원과 함께 미국에서 가장 큰 규모를 자랑한다. 18세기 중반에 수집을 시작하여 현재 고사리류, 이끼류, 나자식물 등을 포함하여 450만 점의 표본을 보유하고 있고 현재도 북남미, 아시아, 아프리카 및 유럽 등지에서 지속적으로 수집활동을 벌여 종수를 늘려가고 있다. 현재 전 세계 400여 식물표본실과 매년 30,000여 점 정도의 식물표본을 교환하고 있으며, 500여 명의 식물학자들이 매년 식물원을 방문하여 표본을 이용한 연구활동을 활발하게 진행하고 있다.

뿐만 아니라 이곳에는 IT 기술을 접목하여 마이크로소프트사가 설계한 식물 데이터베이스 시스템이 구축되어 있는데, 이 시스템은 GIS Geographic Information System와 연계되어 식물의 위치는 물론 식물원의 탐방로, 빌딩, 연못까지 확인시켜주는 첨단 기재이다.

전망대에서 본 미로원

미주리식물원은 '지식의 증진' 을 가장 중요한 목표로 삼고 있는 만큼 다양한 교육활동을 전개하고 있다. 특히 어린이를 위한 탐구중심교육이 유명하며 전문 자격을 갖춘 지도자가 질 높은 교육활동을 벌이고 있다. 성인교실, 가족교실 등의 일반인 대상의 교육도 실시하고 있다. 전시회 활동도 또한 활발하여 2월에 열리는 난전시회를 비롯하여 1년 내내 다양한 전시회가 열리고 있다. 또 투어프로그램도 대상과 목적에 따라 다양하게 제공되고 있다.

오늘날 33,000명이 넘는 회원과 12,000명의 자원봉사자들이 미주리식물원을 위해 자발적인 봉사와 후원활동을 펼치고 있다. 매년 15만 명 이상의 학생들이 식물원에서 교육을 받으며, 3,000여 명의 교사들도 선진적인 전문기술을 배워가고 있다.

Travel tip

주소 4344 Shaw Boulevard., St. Louis, MO 63166, USA

홈페이지 www.mobot.org

전화 +1 314 577 9400 / +1 800 642 8842

개원시기 및 시간 연중 09:00~17:00까지 개원하나, 추수감사절, 12월 24일, 12월 31일에는 16:00에 문을 닫고 크리스마스에는 휴원한다. 수요일과 토요일에는 이른 시간인 07:00~09:00까지 정원만 개방한다. 트램 투어는 주중에는 10:00~16:00까지 매 시각 정시에 출발하며, 주말에는 09:30~16:10까지 40분 간격으로 출발한다.

면적 32ha

39 환경교육 프로그램을 선도하는 브루클린식물원 Brooklyn Botanical Garden

미국 제1의 도시 뉴욕에는 크고 작은 정원이 400개 이상 된다. 이에 더하여 각 지역마다 규모가 큰 식물원을 갖추고 있어서 뉴욕은 식물과 원예기술, 그리고 정원조경의 즐거움을 만끽할 수 있는 곳이기도 하다. 맨해튼의 6BC식물원, 브롱스의 뉴욕식물원, 퀸즈의 퀸즈식물원, 스테이튼 아일랜드의 스테이튼 아일랜드식물원과 더불어 뉴욕의 5대 식물원 중의 하나인 브루클린식물원은 규모와 역사 면에서 뉴욕식물원 다음 자리를 차지한다. 쓰레기매립장이라는 열악한 환경에서 출발한 브루클린식물원은 현재 도시 지역의 원예활동과 환경교육에 선도적인 역할을 하는 최고의 식물원으로 자리매김하고 있다.

식물원의 역사

19세기 말 브루클린 지역은 이민자들의 급증으로 도시환경이 급속히 악화되면서 이를 정비하기 위해 대규모의 도시계획을 추진하였다. 그 일환으로 브루클린박물관, 브루클린도서관, 프로스펙트공원과 같은 문화시설이 들어서게 되는데, 브루클린식물원도 그중의 하나이다.

브루클린식물원은 1897년 자선가 알프레드 화이트 Alfred T. White 의 도움을 받아 쓰레기 매립장 위에 조성되어 1910년에 공식적으로 개원하였다. 브루클린식물원은 미주리대학 식물학 교수였던 게이저 C. Stuart Gager 가 설계했다. 그는 식물원의 주요 청사진을 기획하고 실행에 옮겼을 뿐만 아니라, 33년 동안 식물원을 관리하면서 조경디자인, 식물수집, 교육프로그램 등을 마련하여 브루클린식물원이 세계적으로 인정받는데 초석을 마련하였다.

나리연못 테라스

1936년에 장미원, 1938년에 허브원과 오스본정원, 1941년에 벚꽃산책로 등이 조성되었다. 1988년에는 기존의 온실을 확대하여 스타인하트 복합온실 Steinhardt Conservatory Complex 을 개축하고 교육센터를 신축하였다. 1996년에는 어린이를 위한 발견의 정원을 새로 만들었다.

2002년에는 국제식물원보존협회 BGCI 미국 본부가 되었으며, 2003년부터는 뉴욕 시 교육국과 협력하여 브루클린 과학환경 아카데미를 설립하고 이를 공동으로 운영하고 있다. 2010년 개원 100주년을 맞아 방문객센터를 신축하고 새로이 허브원, 야생생물이 서식하는 수생식물원, 삼림정원을 조성하고, 뉴욕자생식물정원과 디스커버리정원 등을 확대해 나가고 있다.

식물원의 구성

12,000종류 이상의 식물을 보유하고 있는 브루클린식물원은 5월 또는 6월 초에 만개하는 붓꽃과 자약, 라일락, 모란을 비롯하여 고사리과, 소나무과, 은행나무과, 목련과, 느릅나무과, 참나무과, 가래나무과, 진달래과, 장미과, 콩과, 인동과, 국화과 등에 특히 관심을 기울여 수집하고 있다. 브루클린식물원은 북쪽에서 남쪽으로 길게 조성되어 있다. 동쪽과 남쪽, 북쪽 세 곳의 출입구 중 방문객센터와 연결되는 주출입구인 동쪽 출입구에서 남쪽 방향으로 길을 잡으면 먼저 만나게 되는 곳이 일본정원이다. 이곳 일본정원은 미국 전역에 비슷한 양식으로 꾸며놓은 것 중에서 가장 아름다운 정원으로 정평이 나 있다. 정원에는 곡사형의 연못이 있어 아름다운 풍경을 연출한다. 소나무들이 방풍림을 이루고 작은 언덕에 조림되어 있는 관목들로 조성된 그윽한 분위기 속에 들려오는 폭포 소리는 고요하고 편안한 느낌을 준다. 이른 봄에는 벚꽃 · 살구꽃 · 붓꽃 등을 볼 수 있고, 그 뒤를 이어 진달래와 목련 등이 피어 화사한 봄 풍경을 즐길 수 있다.

허브원

일본정원의 왼쪽에는 1925년에 조성된 셰익스피어정원이 있다. 엘리자베스 여왕 시대의 영국식 주택정원에 셰익스피어의 시와 연극에 나오는 80여 종류의 식물

해시계를 들고 있는 여인상

크랜포드장미원 조망

을 심어놓았다. 예를 들면, '오셀로' 1막3장에 나오는 상추, 쐐기풀, 쇠무릅, 타임, 그리고 '두 신사' 의 1막1장에 나오는 앵초를 여기에서 볼 수 있다. 이 정원에 있는 식물의 표찰에는 일반명, 학명 외에 셰익스피어 시대의 명칭까지 기재되어 있다.

셰익스피어정원 옆에는 1955년에 미국에서 최초로 시각장애인들을 위해서 조성한 향기원이 있다. 페퍼민트, 라벤더, 제라늄, 레먼버베나, 세이지와 같이 향기가 있는 잎을 가진 식물, 실크처럼 부드러운 잎을 가진 램즈이어Lamb's Ear나 날카로운 아가베처럼 질감이 달라 촉감으로 느낄 수 있는 식물, 달맞이꽃, 피튜니아, 버베나, 꽃담배, 파슬리, 로즈마리, 타임과 같은 요리용 허브식물 등이 주제별로 정리되어 있다. 휠체어를 타고 볼 수 있는 높이에 점자로 된 표찰이 설치되어 장애를 가진 사람들도 식물의 향기와 감촉, 그들의 모양 등을 감각적으로 체험할 수 있다.

향기원에서 남쪽으로 조금 더 가면 스타인하트 복합온실이 있다. 기존의 빅토리아 야자수온실을 개축하고 여기에 세 동의 현대적인 건물을 추가하여 1988년에 재공개한 것이다. 온실재배가 필요한 수생식물과 난, 분재, 사막식물, 열대식물, 온대식물이 건물별, 구역별로 나누어 식재되어 있다. 1925년에 35그루로 시작한 분재원은 미국에서 두 번째로 오래된 것이며 일본 밖에 있는 일본식 분재정원으로는 가장 규모가 크다. 한대지역에서 자라는 나무들이 주로 수집되어 있지만 열대나 아열대, 온대지역 수종도 포함되어 있는데 대략 350그루의 분재를 보유하고 있다. 이 중 수령이 300년이나 되는 일본백송을 비롯하여 봄이면 꽃을 피우는 등나무, 라일락, 철쭉, 벚나무 등이 특기할 만하다. 야자온실 앞에 있는 2개의 큰 장방형 연못에는 100여 종류의 연과 열대수련이 7월부터 9월까지 꽃을 피운다.

어린이정원은 1914년부터 조성되었는데 전 세계에 있는 어린이정원의 방향을 제시해 주었다는 점에서 큰 의의를 갖는다. 미국 식물원 중에서 가장 오래된 것으로 알려진 이곳의 교육프로그램을 통해 수많은 어린이들이 꽃과 나무를 가까이 할 기회를 얻고 있다. 저연령층 어린이들은 자기가 원하는 식물을 심고 키우고 수확해보고, 고연령층 어린이들은 과학에 관한 학습과 정원관리를 통해 생태환경에 친숙해지는 기회를 갖는다. 이들 프로그램을 성공적으로 수료한 청소년들은 어린이 교육에 주니어 강사로 참여하고 있는데, 매년 1,000명 이상의 어린이들이 이 프로그램에 참여하고 있다.

어린이를 위한 발견의 정원

어린이정원의 체험시설

어린이정원 옆에는 3~6세까지 저연령층 어린이를 위해 조성한 발견의 정원이 있다. 이 정원에는 어린이들이 놀이를 통하여 식물의 세계를 재미있게 접하고 학습할 수 있는 다양한 기구와 프로그램이 준비되어 있다. 개원 100주년을 맞아 현재 발견의 정원을 3배로 확장하는 공사가 진행 중이다. 공사가 완료되면 여기에 상록수숲과 습지, 그리고 학습센터가 들어서고 이용연령층도 12세까지 확대된다.

식물원의 최남단에 있는 발견의 정원에서 북쪽 길을 따라가면 왼편으로 허브원과 암석원이 있고, 오른편에는 식물을 종별로 분류하여 식

스타인하트 복합온실

재한 식물분류원 Plant Family Collection 이 식물원의 가운데를 넓게 차지하고 있다. 1992년 개원 75주년을 맞아 다시 조성된 암석원은 브루클린식물원이 특히 자랑하는 곳이다. 이 암석원은 1917년에 미국 최초로 조성된 것으로 이른 봄에 개화하는 식물이 많아서 봄의 전령사 역할을 하고 있다. 암석원은 산림지역, 산성토양을 좋아하는 식물지역, 건조에 강한 식물지역, 상록성 식물지역, 그늘을 좋아하는 식물지역 등으로 구성되어 있다.

식물원 남쪽의 일본정원 뒤편에는 이 식물원의 자랑거리인 벚나무산책로가 있다. 화사하게 꽃을 피우는 겹벚꽃나무를 비롯하여 40종류 이상의 벚나무가 두 줄로 길게 늘어서 있고 그 사이로 넓은 잔디밭이 펼쳐진다. 벚꽃은 4월에서 5월 초까지 피는데 만개하였을 때는 마치 분홍색의 낙하산이 사방에 펼쳐진 듯하고, 분홍 꽃잎이 눈처럼 쌓인 잔디밭도 일대 장관을 연출하여 일본 외의 지역에서 벚꽃 풍경이 가장 아름다운 곳으로 정평이 나 있다.

벚나무산책로와 이웃한 곳에 1928년에 조성된 크랜포드장미원이 있다. 흰색 나무울타리로 둘러싸인 장미원에는 아일랜드장미를 포함하여, 텍사스장미와 같이 희귀한 장미 종류들을 비롯하여 하이브리드 티, 덩굴장미, 미니장미 등 1,200여 품종, 5,000주 이상의 장미가 수집되어 있다.

장미원 옆에는 이 식물원의 특별수집 수종인 라일락 군락이 있고, 라일락 군락 길 건너에는 브루클린식물원을 중심으로 반경 160km 이내의 지역에 자생하는 식물을 수집해 놓은 자생식물정원이 있다. 이 정원은 1911년 야생화정원으로 출발하였으나 1931년 현재와 같은 자생식물정원으로 탈바꿈하였다. 1963년 자금 부족으로 폐쇄되었다가 1983년 다시 개방하였고, 개원 100주년 프로젝트로 현재의 규모에서 4,047㎡ 를 더 확장하는 공사가 진행 중이며 2013년에 개방할 예정이다.

장미원의 북쪽에는 정형식 정원인 오스본정원이 있다. 1935년에 만들어진 오스본정원은 등나무가 드리운 10개의 파고라와 다양한 꽃나무, 연못, 수로, 분수, 돌의자, 물확 등으로 조성된 이탈리아식 정원이다. 중앙의 넓은 잔디밭을 중심으로 봄에는 맨 먼저 수선화, 팬지 등이 꽃을 피우고 뒤를 이어 꽃사과와 벚꽃이 피어나고 이어 철쭉, 서양만병초, 장미, 등나무 등이 개화하여 꽃의 향연이 계속되는 곳이다. 긴 장방형 형태의 오스본정원의 양쪽 끝에는 지름이 5m가 넘는 원형연못이 있고 석회암으로 만든 반원형의 벤치가 이를 둘러싸고 있다. 한쪽 끝 벤치에 앉아서 휘파람을 불면 다른 한쪽 끝 벤치에서 명확하게 들려서 이를 휘파람벤치라고 별칭하기도 한다.

이 밖에도 5월에 45,000포기 이상의 초롱꽃이 너도밤나무와 자작나무 밑에서 양탄자를 깔아 놓은 것처럼 화려하게 꽃을 피우는 초롱꽃숲 Bluebell Wood, 영화 '닥터 지바고'의 한 장면처럼 펼쳐지는 수선화가 무리지어 피는 수선화언덕, 달콤한 향기와 함께 3월부터 꽃을 피우기 시작하여 4월에 아이보리, 노랑, 분홍, 자주색 꽃으로 나무를 뒤덮는 목련광장, 다양한 숙근초와 일년초 화단이 아름다운 나리연못 등이 방문객의 탄성을 자아내게 한다.

브루클린식물원 정문

미국 최초로 조성된 암석원

식물원의 운영 특성

교육은 브루클린식물원의 가장 중요한 관심사로, 식물원 설립 초기부터 환경교육 프로그램 분야에서 선도적 역할을 해왔다. 최근에는 뉴욕 시 교육당국과 주변 프로스펙트공원협회 등과 공동으로 환경과학 및 식물에 관한 대중교육을 실시하고 있다. 매년 170여 개의 교육프로그램에 15만 명의 어린이와 37만

분재원

명 이상의 성인이 교육에 참여하고 있다.

30만 점의 표본이 있는 식물표본관, 도서관도 운영하며 희귀본 도서를 모아 놓은 방이 있고 일반에게 열람도 허용하고 있다. 또한 브루클린식물원이 발간하는 식물과 정원에 관한 저널은 매우 우수한 것으로 평가받고 있다.

미국의 다른 식물원과 마찬가지로 다양한 자원봉사자 600여 명이 식물원 안내, 후원회 회원 관리, 어린이정원 및 발견의 정원 관리, 가든센터 운영, 식물표본실 및 연구실, 식물원 내 각종 원예활동, 도서관 관리, 회원 관리, 방문객센터 관리, 사무실 행정 등 식물원 운영을 돕고 있다.

Travel tip

주소 1000 Washington Ave., Brooklyn, NY 11225, USA
홈페이지 www.bbg.org
전화 +1 718 623 7200
개원시기 및 시간 11월~2월까지 평일에는 08:00~16:30까지 개방되고, 주말 및 공휴일에는 10:00~16:30까지 운영한다. 3월~10월까지의 평일에는 08:00~18:00까지, 주말에는 10:00~18:00까지 개방하는데, 식물원 입장은 종료시간 30분 전까지 가능하다. 매주 월요일은 휴원하나 노동절을 제외한 대부분의 공휴일에도 문을 연다.
면적 21ha

40 축제의 정원 산안토니오식물원

San Antonio Botanic Garden

콘서트 잔디광장 전경

산안토니오 시는 도심의 중심을 순환하여 가로지르는 리버워크River Walk로 유명하다. 오죽하면 도시의 별명조차 리버시티River City로 불리겠는가? 이러한 풍부한 수원과 따뜻한 햇살을 바탕으로 산안토니오 시의 식물들은 무럭무럭 잘 자라나고 있다. 이런 이유로 산안토니오 시에 오면 반드시 방문해야 할 곳이 있다. 바로 도심 한복판에서 동북쪽으로 15분 남짓 거리에 위치해 있는 산안토니오식물원이다. 1980년 정식으로 개장한 15ha의 아담한 산안토니오식물원은 개인 소유의 정원을 공공에게 개방한 장소로 오랜 역사를 지니고 있지는 않다. 하지만 작은 규모에 비해 일본정원을 비롯하여 루실할셀온실Lucile Halsell Conservatory 등 다양한 볼거리를 많이 가지고 있는 명소이다. 특히 중앙에 위치한 넓은 잔디밭과 배경으로 보이는 산안토니오 시가지는 봄날의 여유로움을 찾을 수 있는 최적의 장소이다. 한여름 이곳에서 개최되는 다양한 축제와 콘서트들은 아담한 산안토니오식물원을 더욱 풍성하게 만들어 준다.

식물원의 역사

1940년 산안토니오가든센터를 개장한 위트Witt 여사와 조셉 머피Joseph Murphy 여사에 의해 식물원의 역사는 시작된다. 동료들과 함께 가든 센터를 운영하던 두 사람은 1960년대 후반에 이르러 도시식물센터를 위한 새로운 장소를 물색하기 시작하였다. 그러던 중 산안토니오 시 소유의 오래된 석회암 채석장과 급수장 시설이 위치해 있는 현재의 식물원 부지를 찾아내게 된다. 이 지역은 1877년 라코스테LaCoste사가 산안토니오 시와 급수시설 건설공사 계약을 맺으면서 구입한 토지로 6년 후 브라켄리지Brackenridge가 다시 양도받았지만, 1890년에 찾아온 오랜 가

전시정원의 조형물

뭄으로 다시 산안토니오 시가 브라켄리지에게서 급수시설과 채석장을 비롯한 주변 일대의 토지를 사들이게 되었다. 이것이 식물원의 현 부지가 시 소유의 토지가 된 배경이다.

1970년 현 부지의 매입 자금을 구하기 위해 어윙 할셀 재단 Ewing Halsell Foundation을 비롯하여 많은 단체와 개인들이 기부금을 출연하게 되었다. 시민들에게 새로운 식물원을 제공한다는 명분을 가지고 이 땅을 265,000달러에 시정부로부터 사들이게 되었다. 이후 1976년 7월 21일에 식물원 준공을 위한 공사가 시작되어, 1980년 5월 3일에 공식적

동부 텍사스 침엽수림에 위치한 통나무집

동부 텍사스 침엽수림에 둘러싸인 연못

으로 식물원을 시민들에게 선보이게 되었다. 현재는 산안토니오식물원협회라는 비영리단체가 조직되어 운영을 맡고 있다.

개장 이후 두 가지의 큰 변화가 있었는데, 하나는 1988년 2월 29일에 에밀리오 암바즈 Emilio Ambasz가 설계한 루실할셀온실이 시민들에게 개방된 것이며, 또 하나는 같은 해에 알프레드 길레스 Alfred Giles가 설계한 도심 한복판에 위치해 있던 설리번캐리지하우스 Sullivan Carriage House를 식물원으로 이전한 것이다. 식물원 입구 역할도 수행하는 이 건물은 미국랜드마크보전협회 National Historic Landmarks로부터 국가기념물로 지정된 문화재 시설로서, 과거 마구간과 마차를 보관하던 이곳은 현재 기념품 판매소를 비롯하여 식당과 회의소, 사무실 등의 역할을 수행하고 있다.

식물원의 구성

식물원을 구성하는 대표적인 시설로는 루실할셀온실과 설리번캐리지하우스가 있다. 이 두 시설 이외에도 텍사스의 토착전경을 되살린 원주민정원과 식물원 전체와 함께 시가지를 동시에 조망할 수 있는 전망대 등이 있다.

우선 주차장과 연결된 설리번캐리지하우스를 들어서면 입구가 나타나며, 각종 기념품을 판매하는 가게와 식당을 지나게 된다. 이곳을 지나 식물원 입구에 들어서게 되면 제일 처음 만나는 곳이 거티의 정원 Gertie's Garden이라 불리는 침상원 형태의 작은 휴게공간이다. 친근감이 느껴지는 휴먼 스케일의 아담한 이곳은 식물원으로 진입하기 위한 작은 계단이 놓여 있는데, 외부와 단절된 듯한 분위기 속에서 식물원에 대한 기대와 설레임을 가지게 한다.

계단을 걸어 올라가면 전시정원이 나타난다. 전시정원에는 맹인들을 위한 정원, 허브원, 정형식화단, 올드패션정원, 장미원, 신성정원, 성경정원, 그림자정원 등이 긴밀하고도 아기자기하게 연결되어 있다. 이곳을 구경하고 등나무원을 지나게 되면, 분수광장이 나타나고 일본식 구마모토정원의 입구와 마주치게 된다. 구마모토정원은 이 식물원의 대표적인 볼거리 중 하나로 가로와 세로가 각각 25m쯤 되는 작고 아담한 정통 일본식 정원이다. 300년 전 교토에 위치한 쉬젠지정원과 가츠라 별궁 정원의 모습을 구현하고 있는 것이 특색이다.

구마모토정원을 나오면 루실할셀온실이 눈에 띈다. 이 온실은 아르헨티나 건축가인 에밀리오 암바즈가 설계한 건물로 경사를 잘 활용한 독특한 구조로 수차례 우수건축상을 수상하기도 하였다. 온실 입구를 통과하여 물절약정원Watersaver Garden을 지나치면 미치 지하에 위치한 듯한 침상구조의 넓은 연못과 뜰이 나타난다. 이 중앙뜰을 둘러싸고 다섯 개의 온실이 위치해 있는데, 이들 온실은 다섯 가지의 기후대를 재현하고 있다. 각각의 온실에는 고산식물, 수생식물, 선인장, 식충식물, 착생식물, 양치 및 천남성과, 열대과일 그리고 야자수와 소철 등의 다양한 식물들과 그 종자들이 보관되어 있다.

루실할셀온실 입구

루실할셀온실 중정

루실할셀온실의 북쪽으로 연결된 계단을 올라서면 바로 나선형 길을 거쳐 꼭대기 전망대를 오를 수 있다. 이 전망대에서는 식물원의 전경을 산안토니오 시를 배경으로 조망할 수 있다. 이곳을 내려오면 아세퀴아Acequia라고 불리는 수로를 볼 수 있다. 처음 성당으로 물을 끌어오기 위해 스페인 사람들에 의해 만들어진 이 수로는 산안토니오 시를 비롯하여 텍사스의 주요 도시에 물을 공급하는데 중요한 기초가 되었다. 가장 오래된 아세퀴아는 1718년부터 1744년까지 26년에 걸쳐 만들어진 것으로, 브라켄리지공원을 넘어 산안토니오 강에서부터 6마일 이상을 흘러 알라모성당의 360ha에 달하는 방대한 지역에 물을 공급하는데 이용되었을 정도이다. 식물원에서는 역사적 의미를 지니고 있는 이 수로의 일부를 복원하여 교육적인 효과를 거두고 있다.

이 수로를 따라 걷게 되면 텍사스의 자연 형태를 그대로 모방한 원시 산책로를 만나게 된다. 4.5ha 규모의 이곳은 침엽수림을 비롯한 텍사스 남부와 동부의 다양한 식생과 지형을 재현해 놓았다. 특히 이 산책로를 구성하는 세 개의 코스 즉 언덕산책로와 동부 텍사스 침엽수림산책로, 남부 텍사스 산책로는 각각의 독특한 특성을 지니고 있다.

우선 중앙에 위치한 동부 텍사스 침엽수림산책로의 중앙에는 0.4ha 가량의 연못이 있으며, 그 주변으로 호산성의 낙우송이 연못을 둘러싸고 있다. 연못가로 솟아오른 낙우송 기근을 보고 있으면 낙우송의 생장력을 짐작할 수 있다.

이 연못에는 청둥오리를 비롯하여 여러 종류의 오리와 왜가리, 거북이 등이 서식하고 있다. 연못을 따라 산책하다 보면 1850년에 지어진 원형 그대로의 통나무 별장을 만나게 된다. 이곳에서 잠시 휴식을 취하고 발걸음을 옮기면, 동쪽에 위치한 남부 텍사스 산책로로 이동할 수 있다. 이곳은 거친 텍사스 남부의 모습을 재현하였는데, 주로 덤불과 건조한 토양에서 자라는 나무들이 서식하고 있다. 특히 봄철에 이곳을 방문하면 아름다운 야생화 군락을 볼 수 있다. 한편 서쪽에 위치한 언덕산책로는 염기성 토양에서 잘 자라는 참나무류와 단풍나무들이 주로 서식하고 있다. 경사진 언덕 아래에는 1849년에 지어진 이래 최근에서야 겨우 복원된 슈마허하우스 Schumacher House가 있다. 또한 만남의 장소로 알려진 올드하우스 Auld House가 위치해 있는데, 봄철에 이 두 건물을 배경으로 석회온천수 앞의 언덕을 덮고 있는 목초지를 바라보게 되면, 아름다운 야생화들이 마치 양탄자를 깐 것처럼 아름답다.

식물원의 운영 특성

대형 콘서트가 열리는 이벤트 잔디밭을 비롯하여 아기자기한 행사를 진행하기에 적합한 전시정원 등은 산안토니오식물원을 축제의 정원으로 만드는 훌륭한 장소들이다. 특히 산안토니오식물원협회는 이들 장소에서 시민들에게 인기있는 많은 프로그램들을 기획하여 운영하고 있다. 공원 속 셰익스피어, 달빛정원, 별빛콘서트, 비바보타니카 Viva Botani-

가제보 형식의 전망대

장미원을 배경으로 놓여 있는 분천

거티의 정원에 있는 물주는 소녀상

거티의 정원에 놓여 있는 화분들

ca! 등은 대표적인 행사들이며, 가족의 날, 식물원의 날, 초콜릿의 날, 식물판매의 날 등은 식물원의 행사가 절정에 달하는 날들이다. 한편 작은 규모에도 불구하고, 도심에 위치한 관계로 다양한 지역 학교들과 연계하여 좋은 교육프로그램들을 운영하고 있다. 학생들을 상대로 하는 교육프로그램뿐만 아니라, 교사와 학부모들을 위한 다양한 교육들을 사전 신청을 통해 운영하고 있으며, 원예와 관련한 교육에 더하여 태극권 등 성인들에게도 유익한 프로그램을 마련하여 운영하고 있다.

Travel tip

주소 555 Funston Place, San Antonio, TX 78209, USA
홈페이지 www.sabot.org
전화 +1 210 207 3250
개원시기 및 시간 09:00~17:00(추수감사절, 크리스마스, 신년을 제외하고 연중무휴)까지 개원한다
면적 약 15.4ha

41

캘리포니아 전통문화와 자생식물의 보존지

산타바바라식물원

Santa Barbara Botanic Garden

주변의 자연과 잘 어울리는 식물원 전경

멕시코풍 대저택과 아름다운 해변 경관이 환상적인 산타바바라는 로스앤젤레스에서 북서쪽으로 약 120km 정도 떨어져 있다. 많은 위락시설을 갖춘 휴양지이자 주택도시이며, 항공우주 연구개발의 중심지로서 인공위성 발사기지와 공군기지가 있다. 또한 산타바바라 캘리포니아대학교를 비롯하여 많은 교육기관이 있는 교육도시이기도 하다. 자연사박물관, 식물원, 동물원, 미술박물관 등 문화시설을 갖추고 있는데 산타바바라식물원도 그 중의 하나이다.

산타바바라 가든 클럽에서 기부한 옹달샘

식물원의 역사

식물원 입구

1926년에 현 식물원의 전신인 블랙스레이Blaksley 식물원이 산타바바라 자연사박물관의 일부로 흡수 통합되면서 산과 바다를 동시에 볼 수 있는 현 부지에 설립되었다. 그 후 1939년에 다시 독립된 별개 조직의 산타바바라식물원으로 분리되었다.

처음에는 식물원의 활동범위를 미국 캘리포니아 주 지역의 관목숲, 사막, 초원에 자생하는 식물을 수집하여 원예학적 연구와 대중교육에 활용하는 것에 치중하였으나, 현재에는 북서쪽의 바야Baja 캘리포니아 지역과 오레곤 주의 남서지역 식물까지 확대하여 수집 연구하고 있다. 2009년에 발생한 화재로 식물원 면적의 70% 정도가 피해를 입었지만 지역사회 등의 도움으로 최근에 복구를 거의 완료하였다.

식물원의 구성

식물의 생태적 군락, 분류학적 단위, 원예적 및 교육적 전시 목적 등에 따라서 약 8.8km의 관람로가 11개 지역으로 구분되어 조성되어 있으며 총 1,000여 종류의 캘리포니아 주 자생식물이 식재되어 있다. 식물원에는 1806년에 인디언들이 건설한 바위댐을 비롯하여 시냇물이 흐르는 계곡과 울창한 나무숲을 포함하여 각종의 조각품과 버드나무로 만든 통로, 용설란을 비롯한 각종의 희귀생물이 자연상태에서 자라고 있는 모습들을 볼 수 있다.

생태적 군락에 의한 식재지역에는 계곡의 개울 주변 관람로를 따라서 야생 수변식물을 주로 관찰할 수 있는 협곡지역, 캘리포니아 주의 건조한 암석 또는 자갈 언덕에 자생하는 식물들을 집중적으로 식재한 채퍼럴전시원Chaparral Display, 덥고 건조한 캘리포니아 주 사막식물을 주로 식재한 사막원 등이 있어 캘리포니아 초원의 식생을 관찰할 수 있다. 또한 봄철 캘리포니아 양귀비를 비롯한 야생화의 천국으로 바뀌어 식물원의 심장이라고 할 수 있는 초지원, 여름에도 시원함을 느낄 수 있는 미국삼나무숲 등이 있다.

분류학적 배치에는 캘리포니아 주에 자생하는 90종류의 맨자니타Manzanita 식물 중에

자기주도학습에 이용되는 표지석

어린이의 호기심을 자극하는 동물 모양의 수도꼭지

서 60종류와 원예종 50품종을 수집하여 식재한 맨자니타수집원, 캘리포니아 라일락을 집중적으로 수집한 시아노투스원Ceanothus Collection 등이 있다.

원예적 전시공간으로는 캘리포니아 자생식물을 이용한 정원과 화단의 예를 보여주는 가정정원시범원Home Demonstration Garden, 캘리포니아 인디언들이 생활용품을 만드는데 사용한 식물들을 주로 식재한 섬유예술원, 지피식물을 주로 보여주고 있는 지피식물원 등이 있다.

또한 식물원에는 15,000권 이상의 식물학 및 원예학 분야 장서를 구비한 도서관이 있어 연구와 교육에 활용되고 있으며, 식물원 표본실에는 14만 점 이상의 표본이 소장되어 있다. 캘리포니아 주 식물과 자연환경에 대한 교육효과를 높이기 위하여 곳곳에 정보검색 키오스크가 설치되어 있으며, 혼자서 흥미롭게 학습할 수 있는 자기주도학습 도구들이 식물원 곳곳에 설치되어 있다.

식물원의 운영 특성

산타바바라식물원은 비영리 공공법인으로서 식물원운영위원회가 식물원의 업무와 경

자연학습에 이용되는 나무의 나이테

호기심을 자극하는 학습 도구

숲속 쉼터

영을 책임지고 식물원 원장은 운영위원회의 지침에 따라서 식물원을 관리하고 있다.

산타바바라식물원은 캘리포니아 생태교육 센터로서의 역할을 하면서 학교교육 프로그램, 가족과 어린이를 위한 프로그램, 성인을 위한 프로그램, 자격증을 위한 프로그램 등 다양한 교육프로그램을 운영하고 있다. 또한 식물학 및 자연사, 정원과 원예, 식물 예술과 문화 등에 관한 워크숍을 연중 개최하여 시민들에게 학습의 기회를 제공하고 있다. 이러한 프로그램들은 시 박물관, 캘리포니아대학 및 지역 전문가들과의 협력하에 진행되고 있다.

Travel tip

주소 1212 Mission Canyon Road, Santa Barbara, CA 93105, USA
홈페이지 www.sbbg.org
전화 +1 805 682 4726
개원시기 및 시간 1월 1일, 추수감사절, 12월 24일과 25일을 제외하고 연중 개원한다.
3월~10월까지는 09:00~18:00, 11월~2월까지는 09:00~17:00까지 개원한다.
도서관과 표본실은 예약제로 운영되며 09:00~16:00까지 이용이 가능하다.
면적 31.6ha

42

물과 식물이 어우러진 식물박물관

시카고식물원

Chicago Botanic Garden

시카고는 바다처럼 보이는 미시간 호를 배경으로 넓은 녹지 공원과 함께 도심의 고층 건물들로 이루어진 스카이라인을 자랑하는 도시이다. 시카고에 가면 유람선이나 요트를 타고 호수에서 도시 전경을 보거나 뉴욕의 엠파이어스테이트 빌딩을 능가하는 세계 최고의 시어스 타워(443m) 꼭대기에서 야경을 즐기는 것을 빼놓을 수 없다. 그러나 시카고는 무엇보다 '정원의 도시Urbs in Horto' 이다. 도시 전체를 하나의 거대한 정원이라고 본다면, 시카고 시민들의 자발적 노력으로 오랫동안 가꿔온 시카고식물원이 그 중심에 있다고 할

것이다. 시카고식물원은 1,300여 명에 이르는 자원봉사자들과 일반 시민들의 열정과 정성으로 운영되고 있다. 매년 100만 여 명이 찾는 시카고식물원은 식물원이 갖추어야 할 거의 모든 것을 갖춘 식물박물관이라고 해도 손색이 없다. 시카고식물원은 도심에서 차로 약 30분 거리의 북서쪽 교외에 자리 잡고 있다.

식물원의 역사

시카고식물원은 원예를 사랑하는 시카고 시민들의 힘으로 만들어졌다. 1890년 시카고원예협회가 결성된 이후 협회에서는 원예 관련 강좌를 개설하고 국가 수준의 플라워 쇼를 개최하는 등 다양한 활동을 전개해 오다가 마침내 1943년 121.4ha의 토지를 교부받아 식물원 건립의 근간을 마련하였다. 1965년부터 식물의 수집, 교육, 연구라는 세 가지 목표로 시카고 북서부 교외지역에 식물원을 조성하기 시작하여 1972년에 일반에 공개하였다. 이후 1977년에는 교육관을 건립하고, 1982년에는 일본정원을 조성하는 등 지속적으로 새로운 주제정원을 만들고, 2009년에는 식물보호과학센터를 신축하고, 2012년에는 어린이를 위한 야외 캠퍼스와 어린이정원을 만들었다.

침엽수원

현재 시카고식물원에는 15,000종류의 표본을 보유한 표본관을 중심으로 각종 정원과 숲에 9,084종류, 240만 그루의 식물이 자라고 있다. 이들 중 17종류의 식물은 시카고식물원이 집중적으로 수집하고 있는 것인데 그 가운데 제라늄, 참나무, 조팝나무는 북미지역의 특별수집종이기도 하다. 식물들은 컴퓨터 프로그램을 활용하여 체계적으로 관리되고 있는데 최근에는 스마트폰 앱을 개발하여 관람객들이 편리하고 효율적으로 식물을 탐색할 수 있도록 하고 있다. 특기할 만한 것은 불법적으로 미국에 들어오거나 관련법을 위반하여 유통된 식물을 수용하는 곳도 운영하고 있다는 점이다.

식물원의 구성

시카고식물원은 식물원 내부를 흐르는 1.6km에 달하는 스코키 강과 33ha에 달하는 넓은 호수와 9개의 섬을 활용하여 물과 식물이 조화를 이룬 환상적인 경관을 보여주고 있다. 식물원에는 26개의 주제정원과 열대 · 사막 · 온대지역 식물을 위한 3개의 온실이 있고, 51ha에 이르는 네 개의 자연생태지역이 있다.

방문객센터와 연결되는 곳은 호수의 중앙에 있는 가장 큰 섬으로 이곳에 대부분의 정원이 자리 잡고 있으며, 작은 섬들을 이곳과 다리로 연결하고 각각 특성있는 정원을 만들어 놓았다. 중앙의 큰 섬으로 들어가면 가장자리를 회양목으로 장식하고 그 안에 계절에 따라 개화하는 꽃들로 가득 채운 초승달정원이 나타난다. 이 정원은 바로 옆에 키가 큰 느릅나무들이 늘어선 산책로와 연결되며 이 길은 자연스럽게 호숫가로 이어져 시원한 조경을 연출한다. 그 옆으로는 수련과 연꽃을 감상할 수 있는 수생식물원, 시카고 인근과 일리노이 주에서 잘 자라는 식물과 자생식물을 보여 주는 자생식물원, 수선화 · 튤립 · 백합이 피어나는 구근정원으로 이어진다. 구근정원은 아름다운 꽃들을 장기간 볼 수 있도록 이중식재방식을 적용하고 있다. 구근정원에서 안쪽으로 들어가면 조경정원이 있다. 여기에서는 중서부 지역의 주택정원에 맞는 조경 아이디어를 제공한다. 여기에 허브원, 일년초화단, 암석원 등 다양한 디자인의 정원이 들어서 있다.

과일채소정원의 농기구 전시대

장미원에서는 5,000그루 이상의 장미를 가꾸고 있는데 정원 입구의 짙은 색조의 장미로 시작하여 점차 색조가 다른 장미를 심어 화사한 분위기를 연출한다. 장미의 역사 화단은 야생 장미부터 현대의 장미품종에 이르

멀리 편종탑이 보이는 호숫가 산책로

기까지 각종 장미가 있어 장미의 역사를 한눈에 볼 수 있다.

장미원 옆에는 과거에는 식물을 어떻게 체계화하고 전시했는지 보여주는 헤리티지정원이 있다. 이 정원은 식물분류체계를 만들어 식물학 발전에 크게 기여한 린네에게 헌정된 정원으로 커다란 린네의 동상이 정원을 굽어보고 있다. 이 정원은 세계 최초의 식물원인 이탈리아 파도바식물원을 모델로 만들어졌다. 원형의 정원의 기본 모형을 크게 4개의 부분으로 구획하고 중앙에는 분수를 설치하고 그 둘레에 약용식물을 심었고, 중앙의 분수에서 물길을 잡아 정원에 물을 대고 있다. 각 구획에는 작은 화단을 만들어 식물분류체계에 따라 식재한 14개의 화단, 식물의 원래 자생지를 구분하여 식재한 7개의 화단, 그리고 수생식물이 자라는 연못이 들어서 있다.

헤리티지정원은 영국식 정원으로 이어진다. 이곳에서는 비스타정원, 주택정원, 파고라정원, 데이지정원, 체커보드정원, 안뜰정원 등 6가지 유형의 영국식 정원을 보여준다. 이 정원은 영국 참나무초원과 연결되어 있어 영국 분위기를 물씬 풍긴다.

영국 참나무초원과 돌계단으로 연결되어 있는 왜성침엽수원은 청록색에서 금색까지 다양한 색조를 보이는 키 작은 침엽수 150여 종류가 식재되어 있다. 침엽수는 북반구에 서식하는 나무로 최장 4,000년까지 살며, 120m까지 크는 나무이지만 이곳에는 키가 크지 않고 천천히 자라는 왜성침엽수를 정원수로 관리하기 쉽고 인기가 많은 나무들을 보여주고 있다.

호숫가 둘레를 연결하고 있는 분지에는 호숫가정원, 저녁섬 Evening Island, 물정원이 있다. 호숫가정원에서는 봄이 되면 사과나무가 일제히 꽃을 피우는 장관을 연출한다. 물정원에는 자생식물과 관상식물이 있으며 연꽃과 수련 외에 각종 수생생물을 볼 수 있다. 새, 곤충, 거북이, 물고기 등 다양한 생물의 삶의 터전이 되는 이곳은 호수와 연못의 자연을 잘 보존하고 있는 모범적인 사례를 보여준다. 숲과 초원과 언덕이 있는 2ha 넓이의 저녁섬은 두 개의 다리로 주변과 연결되어 있다. 이 섬은 관리를 덜 필요로 하는 잔디를 넓게 심어 자연스럽고 시원한 조망을 만들고 색색의 꽃을 피우는 일년초와 장미를 가꾸어 정원을 아름답게 보이도록 하는 새로운 정원 디자인의 예를 보여주고 있다.

이처럼 시카고식물원은 물을 조경의 중요한 요소로 활용하고 있는데, 식물원의 하이라이트라고 할 만한 폭포정원에서는 13.7m의 높이에서 떨어져 내리는 폭포수가 장관을 연출한다. 폭포 주변에는 터틀헤드 Turtlehead, 메리골드 Marigold 등 갖가지 꽃이 피어 아름다움을 배가한다.

시카고식물원의 자랑거리인 일본정원은 2개의 작은 섬에 조성되어 있다. 봄이면 벚꽃이 피고 가을이 되면 말채나무가 단풍으로 물들어 이국적이면서도 아름다운 풍경을 연출한다. 17세기 사무라이의 은신처를 본따서 만든 쇼인관에서 일본의 다도의식이 행해지기도 한다.

시카고식물원에는 몇 가지 특이한 정원이 있다. 특정 방문객을 위해 설계한 가능성정원, 철도모형정원과 어린이를 위한 야외캠퍼스와 여기에 있는 어린이정원, 그리고 음지식물과 양지식물을 연구하는 식물평가정원이 그것이다.

가능성정원은 장애인을 위한 정원으로 장애인들도 쉽게 정원을 가꿀 수 있는 가능성을 보여주는 정원이다. 휠체어가 다니기 쉽게 되어 있는 것은 물론이고 화단을 높여 휠체어에 앉아 식물관리를 가능하게 만들거나, 높이를 조절할 수 있는 바구니에 식물을 심어 휠체어에 앉은 상태에서 관람하고 정원을 관리할 수 있도록 하고 있다. 또한 원예도구가

크로커스가 핀 초봄의 잔디밭 풍경

봄의 전령 크로커스

장애인을 고려하여 설계한 정원

갖추어져 있어 실제로 사용해 볼 수 있게 한 점도 독특하다. 금속으로 된 격자를 설치하여 시각장애인들이 식물을 쉽게 구분할 수 있도록 한 화단도 있다. 가능성정원은 색이 선명하고 향이 강하며 독특한 질감이 있는 식물들로 구성함으로써 감각을 자극하여 쉽게 확인할 수 있게 하였다. 또한 이 정원에는 야외 원예 강좌가 열리는 학습공간이 있고, 원예도구정보센터에서는 원예도구와 관련된 각종 상담도 할 수 있다.

미국 내에서도 손꼽히는 철도모형정원에서는 정교하게 만들어진 18개의 모형기차가 17개 철로를 달리는 것을 볼 수 있어 어린이들에게 특히 인기 있는 곳이다. 철로 주변에는 300여 종류의 식물 5,000그루로 정원이 꾸며져 있고, 26개의 다리와 자유의 여신상이나 시카고의 리글리 빌딩처럼 미국의 유명한 랜드마크 50개가 축소 모형으로 재현되어 있다. 이 곳은 별도의 입장료를 받고 있다.

시카고식물원에서는 어린이들이 식물원에서 자연과 식물을 학습할 수 있도록 넓은 공간과 시설을 할애하고 있다. 최근에 주차장 옆의 넓은 부지에 새로이 어린이를 위한 야외 캠퍼스를 조성하고 여기에 어린이를 위한 정원도 만들었다. 어린이정원은 체험을 통해 배울 수 있도록 설계하였다. 2개의 야외정원교실에는 어린이들이 식물 가꾸기에 직접 참여하여 식물이 자라는 모습을 볼 수 있는 6개의 체험용화단과 식물들이 다 자란 모습을 볼 수 있도록 전문원예사들이 가꾼 6개의 전시화단을 만들어 놓았다. 여기에도 장애아도 활동에 참여할 수 있도록 배려하는 설비가 갖추어져 있다.

식물평가정원은 시카고 지역에서 특정 식물이 어떻게 자라는지 연구하는 공간으로 음지와 양지로 나뉜 두 개의 정원에서 식물의 성장을 비교 연구하는 정원이다. 여기에서는 일년초, 관목과 덩굴식물들을 보통 4~6년 음지나 양지에서 키우면서 겨울철의 호된 날씨와 질병과 해충에 어떤 영향을 받는지 연구하여 식물에 적합한 식재방법과 장소를 찾아낸다.

이외에도 감각, 즉 향기 · 소리 · 촉감 · 색을 극대화한 오감정원, 요리에 쓰이는 과일과 채소, 그리고 허브가 심어진 과일채소정원, 사막과 열대지방 및 온대지방 식물을 전시하고 있는 3개의 온실이 있다.

4개의 자연생태지역 중의 하나인 맥도날드 숲은 도시화와 개발로 인해 지금은 일리노이 주에서 보기 힘들어진 떡갈나무를 보존하기 위한 지역으로 40ha의 넓은 부지에 세심하게 관리되고 있는 떡갈나무 숲이 있다. 여기에는 떡갈나무를 포함한 400종류 이상의 자생식물, 20종류의 포유동물, 118종류의 새와 수천 종류의 곤충이 서식하고 있다. 또한 6ha에 달하는 야생 상태로 보존된 초원지역 역시 일리노이 주의 자연 그대로의 모습을 엿볼 수 있는 곳이다.

시카고식물원을 둘러보는 데는 트램을 이용하면 45분 정도 소요되나, 도보로 모든 정원을 보자면 한나절은 족히 걸린다.

식물원의 운영 특성

시카고식물원은 매년 28만 6천 그루 정도의 식물을 직접 생산하는 시스템을 가동하고 있다. 노지 또는 야외에서 15만 그루의 식물을 생산하며, 57,000그루는 실내에서 생산하며, 51,000그루는 육묘장에서 생산하고 있다. 이렇게 생산된 식물은 교육용, 전시용, 자생식물 서식처보존용 등으로 사용된다.

시카고식물원만큼 알찬 교육프로그램을 운영하는 식물원도 드물다. 성인교육을 위해 설립된 시카고식물학교에서는 원예와 관련된 일반적인 강좌 외에도 전문적인 강좌를 개설하고 있고 자격증 코스도 있다. 이외에도 일리노이대학에서 운영하는 공개강좌의 일환으로 60시간의 수업을 들으면 수료증을 주는 정원가꾸기 전문가 과정, 관련 학문을 전공하는 대학생을 대상으로 하는 인턴 프로그램도 있다. 25,000권 이상의 장서를 보유한 도서관 역시 원예학과 식물학 학습에 큰 도움이 된다.

영국식 정원 내의 체커보드정원

유치원생부터 고등학생을 대상으로 열대림, 사막, 일본, 아프리카 등 다양한 주제로 식물원을 둘러보는 투어가 있으며, 식물의 진화, 생태계 등을 주제로 한 강의도 진행된다. 여름에는 추가로 과학 캠프 등 여러 가

이벤트가 개최되는 잔디광장과 분수

지 과학 관련 프로그램을 운영하고 있으며, 교사 워크숍도 있다. 또한 학교에서도 식물원을 통한 교육이 이루어질 수 있도록 '학교정원 가꾸기' 라는 프로그램을 통해 일리노이 지역 학교 식물원 조성 및 관련 학습을 지원하고 있다.

인근 지역의 학교가 참여하는 또 다른 프로그램으로는 'College First' 가 있다. 이 프로그램에 참여하는 공립고등학교 학생들은 여름방학 기간 동안 식물원에서 일정한 보수를 받는 인턴을 할 수 있는 기회를 갖게 되며, 1 대 1 멘토 제도를 실시하여 학생들이 대학 진학에 관한 지도를 받을 수 있게 되어 있다.

이외에도 성인을 대상으로 하는 각종 유료강좌를 실시한다. 요리 · 원예 · 미술 등 취미프로그램과 요가 · 태극권 · 조깅 등 운동 프로그램도 있으며, 원예 관련 특별 세미나도 종종 개최하고 있다. 지역적 특성을 고려하여 스페인어로 진행하는 원예 강좌도 제공한다. 그 밖에 사진전, 미술전, 플라워 쇼가 수시로 열려 시카고식물원은 1년 내내 행사가 끊이지 않는다.

Travel tip

주소 1000 Lake Cook Road, Glencoe, IL 60022, USA
홈페이지 www.chicagobotanic.org
전화 +1 847 835 5440
개원시기 및 시간 08:00~해질 때까지 연중 개원하는데 크리스마스 날만은 열지 않는다. 입장료는 무료이나 주차료는 받는다.
면적 156ha

43 예술과 자연이 어우러진 알러턴국립열대식물원

Allerton National Tropical Botanic Garden

쥬라기 공원을 촬영한 모레톤 무화과나무 *Ficus macrophylla*

'정원의 섬Island of Garden' 이라고 불릴 정도로 자연경관이 빼어난 카우아이Kauai는 울창한 숲과 때묻지 않은 자연의 풍성한 아름다움으로 유명하다. 하와이에는 미국의 열대식물을 보존하고 연구하기 위한 국립열대식물원이 세 곳 있는데 그중 알러턴국립열대식물원이 가장 아름답다. 알러턴국립열대식물원을 관람한 후 태평양의 그랜드 캐니언이라는 와이메아 캐니언 주립공원Waimea Canyon State Park을 거쳐 자동차로 막다른 길까지 올라가 굴곡진 해안 절벽이 있는 천혜의 절경 나팔리 해안Napali Coast을 내려다보면, 그 경관은 평생 잊을 수 없는 기억으로 남을 것이다.

식물원의 역사

카우아이의 남쪽 해변 라와이 계곡에 위치하고 있는 알러턴국립열대식물원은 하와이왕국 카메하메아 IV세의 부인인 엠마 왕비가 1870년 이곳에 여름별장을 짓고 정원을 가꾸면서 시작되었다고 할 수 있다. 엠마 왕비는 화려한 꽃을 피우는 부겐벨리아와 흰거미백합꽃을 비롯한 아름다운 꽃을 피우는 식물로 라와이 계곡 절벽을 가득 채웠다. 5년 후 엠마 왕비는 이곳을 플랜테이션 개발업자인 던칸 맥브라이드에게 임대하였고, 1899년 그의 아들인 맥브라이드설탕회사 설립자 알렉산더 맥브라이드가 라와이 계곡 아래에 있는 정원을 인수받아 야자나무, 나무고사리, 플루메리아, 생강 등을 심고 식물 수집가인 월더 박사와 함께 라와이 계곡을 식물원으로 개발해 나갔다.

지그재그 모양의 수로를 바라보는 인어상

절벽에서 내려다본 라와이카이 해변

1938년 라와이카이의 절경에 매혹당한 일리노이 주의 사업가인 로버트 알러턴이 이곳을 소유하게 되면서 현재의 식물원으로 발전하였다. 알러턴은 유럽에서 미술, 건축, 조경을 공부한 심미안이 높은 사람으로 그때 이미 일리노이에 정원을 설계하고 조성한 경험이 있었다. 그는 일리노이 몬티첼로에 607ha 넓이의 알러턴공원을 조성하고 유럽과 중국을 여행하면서 수집한 유명한 조각가들의 작품과 유물을 여기에 설치하여 식물과 예술작품이 어우러진 아름다운 공원을 만들어 일리노이대학에 기증하였다. 알러턴은 1938년부터 1964년 사망하기까지 라와이카이에 살면서 양자인 건축가 존 알러턴 John Wyatt Gregg Allerton과 함께 예술가적 재능과 경험, 그리고 열정을 가지고 지금의 알러턴식물원을 조성하며 그의 꿈을 실현하였다. 알러턴의 후원과 청원에 힘입어 하와이에 있는 열대식물원들은 1964년 8월 미국 국회법에 의거 개인이 설립한 비영리단

천사의 나팔 *Brugmansia candida*

방문객센터 주변 정원

체로 운영되는 '태평양 열대식물원'으로 지정되어 국가의 지원과 관리를 받게 되었다. 태평양 열대식물원은 1988년 국회법에 의해 공식적으로 '국립열대식물원'으로 발전하여 현재 알러턴식물원을 포함하여 4개의 열대식물원과 3개의 보호구역을 지원하고 관리하게 되었다.

알러턴국립열대식물원을 물려받은 존 알러턴은 계속 라와이카이에 살면서 식물원을 가꾸었고 1986년 세상을 뜨면서 식물원을 트러스트에 남겼다. 현재 알러턴식물원 트러스트에서 식물원을 관리하고 있다. 알러턴국립열대식물원이 다른 열대식물원과 달리 열대의 자연 풍경과 식물들이 만들어 내는 아름다움뿐만 아니라 자연과 어우러지는 예술품들을 통해 인간이 자연의 일부임을 깨닫게 해주는 것은 알러턴의 예술적 재능과 열정 그리고 자연 사랑이 있었기에 가능했다.

잘 정돈된 입구 정원

다이아나연못

식물원의 운영 특성

알러턴국립열대식물원은 연중 식물원을 가이드 투어하는 것 외에도 선셋 투어, 폭포 투어 등 테마별 투어프로그램을 운영하고 있다. 라와이 계곡에 함께 있는 맥브라이드국립열대식물원과는 입구, 방문객센터, 트램정류장을 공유하고 있다. 또한 하와이에 있는 다른 국립열대식물원과 교육프로그램을 공유하여 카우아이 어린이들과 초 · 중 · 고 학생을 위한 교육프로그램, 원예전공 대학생을 위한 인턴십, 과학교사 연수, 환경저널리즘 연수 등을 운영하고 있다.

Travel tip

주소 4425 Lawai Road, Poipu, Kauai, HI 96756, USA
홈페이지 www.ntbg.org
전화 +1 808 742 2623
개원시기 및 시간 연중 월요일부터 토요일까지 개원한다. 관람을 위해서는 예약을 해야 하며 반드시 가이드 투어를 해야 한다. 관람은 트램을 이용해 15분간 라와이 계곡으로 이동한 후 전문 가이드의 설명을 들으며 도보로 이동하는데 2시간 30분 정도가 소요된다. 트램은 오전 10시와 11시, 오후 1시와 2시 하루 4회 운행한다.
면적 약 50.6ha

44

소노란 사막의 생태박물관

애리조나소노라사막박물관

Arizona Sonora Desert Museum

아브라 계곡 Avra Valley과 바보퀴바리 Baboquivari 산이 보이는 사막식물원 원경

애리조나소노라사막박물관은 미국과 멕시코 국경지역에 걸쳐 있는 소노란 사막 내에 있다. 흔히 사막이라 하면 생물은 거의 찾아볼 수 없는 모래벌판을 떠올리지만 모두 그런 것은 아니다. 대분지Great Basin, 모하비, 치후아후안과 더불어 북미지역의 4대 사막 가운데 하나인 소노란 사막은 특히 겨울이 온화하고 여름과 겨울 두 번에 걸쳐서 비가 내리기 때문에 생물종이 풍부한 편이다. 소노란 사막 지역의 야산에는 건조한 환경에 적응하여 자라는 나무를 찾아볼 수 있고 들에는 초본식물도 자라고 있다. 동물원과 자연사박물관, 그리고 식물정원으로 구성되어 있는 소노라사막박물관은 통상적 개념의 '박물관'이라기보다는 소노란 사막 지역에 살고 있는 동식물과 광물들을 본래의 야생 상태 그대로 보여주는 일종의 생태박물관이다.

세계적으로 식물원은 거의가 온대지역에 있으므로 온실을 만들어 열대식물과 사막식물을 전시한다. 그러나 애리조나에서는 온실에서나 볼 수 있는 사막식물들을 야생 자연 속에서 곧바로 볼 수 있다. 투싼에서 식물원에 이르는 도정의 차창 밖으로 보이는 산간에 밀생하고 있는 선인장 군락이나 황량한 들판에 우뚝 서 있는 키 큰 선인장의 모습은 대단히 인상적이다.

인근 피닉스에도 또 다른 사막식물원이 있지만 사막에 서식하는 동 · 식물을 그들의 서식 생태환경에서 그대로 볼 수 있는 곳은 애리조나소노라사막박물관이다. 애리조나 제2의 도시인 투싼에도 식물원이 있지만 그것도 소노라사막박물관에 비하면 규모가 작고 아담하다. 애리조나는 본래 멕시코 땅이었으나 1846년부터 1848년까지 2년에 걸친 멕시코와 미국의 전쟁에서 멕시코가 패배하여 미국에 귀속된 지역이다. 그런 만큼 식물원의 건물도 스페인풍이 많아 독특한 혼종 문화의 분위기를 연출한다.

식물원의 역사

소노라사막박물관은 1952년 윌리암 카William H. Carr와 아서 팩Arthur Paek이 설립하였다. 윌리엄 카는 'The Bear Trailside Museum'을 뉴욕에 설립하여 운영한 적이 있고 아서 팩은 'Nature Magazine'의 편집인이자 자연보호운동가로 박물관 운영을 위해 20만 달러를 기부한 인물이다. 1944년 투싼으로 이주해 온 윌리엄 카는 지역의 자연보호주의자들과 교유하면서 소노라사막박물관 설립의 비전을 키웠다.

1952년 이들은 투싼에서 서쪽으로 19km 떨어진 이곳을 박물관 터로 정하고 박물관 조성을 시작하였는데, 당시에 이곳에는 포장된 도로도 없었고 길도 나 있지 않은 거의 자연 상태 그대로의 사막이었다. 피마 카운티는 박물관 부지를 무상 임대해주었으나 박물관 개원 후 주정부나 시의 지원이 없었으므로 윌리엄 카와 아서 팩이 초기운영비용을 부담하였다.

1959년에 새들이 서식하고 있는 인근의 나무들을 옮겨 심어 거의 자연 상태에 가까운 야생조류원을 만들고, 1963년 사막정원을 소성한 것을 필두로 박물관은 시설을 확장해 나갔다. 그 결과 산악식생Mountain Habitat, 사막초원Desert Grassland, 벌새원Hummingbird Aviary

죽은 사구아로가 남긴 거대하고 강한 줄기

꽃이 피기 시작한 아가베Agave

이 차례대로 건립되었고 식당과 갤러리도 부설되었다.

소노라사막박물관이 무엇보다 중시한 것은 자연 상태의 환경 조성이다. 가령 비버, 수달, 사막의 긴뿔 양, 협곡 고양이 등을 위한 서식처도 바위를 적절히 배치하여 자연 상태에 근접하게 만들었다. 이러한 노력으로 박물관은 1998년 미국 동물 및 수족관협회 AZA로부터 'Significant Achievement Award'를 수상하였다.

애리조나사막식물원을 대표하는 선인장 사구아로

식물원의 구성

애리조나소노라사막박물관은 인공적으로 동식물의 서식처를 조성하지 않고 소노란 사막의 자연 환경 속에서 서식하는 모습 그대로를 보여주고자 한다. 2013년 현재 소노라사막박물관에는 1,217종류의 식물 72,000그루, 광물 표본 14,482점(2,068개의 화석 포함), 그리고 소노란 사막의 보호종을 비롯한 각종 동물들이 둥지를 틀고 있다. 여기서는 소노라사막박물관의 일부를 이루고 있는 식물정원을 중심으로 그 구성 양태를 설명하고자 한다.

소노라박물관을 찾아가는 노변의 색다른 풍경이 이채로웠는데 그 인상은 박물관 입구에 들어서면서 더욱 배가되었다. 입구에는 처음 보는 줄기와 가지가 연녹색을 띤 나무가 있었는데, 이 나무가 바로 애리조나 주의 주목州木인 팔로 베르데Palo Verde였다. 이 나무도 건기에는 나뭇잎을 떨어뜨려 물을 아끼지만 다른 나무와 달리 잎이 떨어져도 줄기를 통해 광합성을 하기 때문에 겨울철에도 녹색을 띠고 있어서 싱그러움을 더한다. 입구에 들어서면 동화에나 나올 법한 거인처럼 거대한 선인장이 두 팔을 벌린 채 여기저기에 서 있고, 노란색 아가베 꽃은 기이할 정도로 길고 굵은 꽃대 위를 장식하며 하늘에 떠 있다. 멀

팔로 베르데 나무와 하벨리나 Javelina 조형물로 꾸며진 입구

유카정원

아기곰 같은 촐라선인장 Cholla Cactus

리 원경으로 낮은 산과 높은 산이 중첩되어 있는 모습은 환상적이다.

야생의 원상태를 그대로 보존하기 위해 소노라사막박물관은 서식처에 따라 동식물을 분류하는 방식으로 정원을 배치하였다. 박물관은 크게 서식처정원, 야생생물정원, 특별정원으로 나뉘는데 각각의 정원은 다시 동식물의 종류에 따라 세분되어 있다. 먼저 서식처정원은 소노란 사막의 4개의 생태군, 곧 삼림생태, 가시덤불생태, 사막초원생태, 강기슭생태로 나누어 조성되어 있고 여기에 모하비사막생태군과 모래언덕생태군도 조성해 놓았다.

야생생물정원에는 새들을 위한 야생조류원이 있는데 자연서식처에 근접하도록 조성되어 있다. 이 안에 카디널Cardinals, 감비아메추라기Gambel's Quail, 오리, 비둘기 등 40여 종류의 새들이 보금자리를 틀고 있다. 또 소노란 사막의 보석이라고 할 정도로 사랑받는 벌새를 위해 만든 수분정원Pollination Garden도 이곳에 있다. 벌새는 길고 좁은 부리에 자그마한 몸매를 지닌 새인데 사막에 피어 있는 꽃의 화밀을 즐겨 빨기 때문에 수분 매개자 역할을 톡톡히 하고 있다. 이곳에는 산호콩Coral Bean 등 벌새가 좋아하는 식물을 심어놓았다.

다양한 선인장이 보이는 소노란 사막의 전형적 풍경

특별정원은 교육과 전시를 위한 정원으로 식물종 위주로 9개의 정원을 조성해 놓았다. 선인장, 아가베, 호노캄아가베, 팔로 베르데를 주종으로 하는 정원과 유카정원, 다육식물정원, 사막정원, 진화정원, 야생식물화단 등이 그것이다. 이곳에서 자라는 아가베는 최대 12m 높이까지 꽃대를 뻗어 푸른 하늘 높이 꽃을 피운다. 그러나 꽃을 피우고 나면 꽃자루와 꽃대까지 모두 시든다. 꽃대를 받치기에는 벅차보이는 아가베 몸체는 두껍고 날카로운 잎이 V자 형태로 뻗쳐 있어서 빗물을 직접 뿌리로 보내는데 용이하다.

최근에 조성한 2.4km 길이의 사막루프트레일은 거의 자연 상태 그대로 사막을 거닐면서 이곳에 서식하는 동식물을 볼 수 있는 길이다. 사막루프트레일에서 볼 수 있는 동물로는 코요테, 자베리나, 도마뱀 등인데 설치되어 있는 안내판을 통해서 이들 동물의 특성을 익힐 수 있다. 사막루프트레일에서도 사구아로, 아가베, 촐라, 팔로 베르데 등 소노란 사막을 대표하는 식물을 볼 수 있다. 사구아로는 소노란 사막을 대표하는 선인장으로 미국에서 가장 큰 선인장이다. 보통 12m까지 자라지만 어떤 종류는 23m까지도 자란다. 사구아로는 줄기기둥 끝 가장 높은 곳에 멜론향을 내는 흰꽃이 핀다. 사구아로는 열매를 맺기 위해서는 타가수분이 필수적인데, 밤에 꽃이 피므로 긴 코를 가진 화밀 박쥐가 꿀을 빨며 수분을 지킨다. 선인장 열매는 이곳에 사는 새와 곤충들의 좋은 먹이이다. 사구아로도 다른 선인장과 마찬가지로 큰 줄기 안에 많은 물을 저장하고 있다. 보통 줄기의 90%가 물인데 줄기 길이 1m당 약 120kg의 물을 저장한다. 이 지역에 있는 사구아로는 10년에 3.8cm 자라고 30년이 되어야 61cm 정도 자란다. 사구아로는 키가 2.4m가 되어야 꽃이 피는데 그러려면 약 50년이 걸린다. 보통 곁가지는 지상 2.1m에서 2.7m 높이 부근에서 나오는데 대략 50년에서 100년이 걸린다. 사구아로의 위쪽으로 군데군데 뚫린 구멍은 새들의 둥지이다. 특히 길라딱따구리Gila Woodpeckers가 줄기에 구멍을 뚫고 둥지를 만든다. 딱따구리는 매년 새로운 둥지를 만들어 이사하기 때문에 딱따구리가 살던 둥지는 올빼미Elf Owls, 집피리새House Finches, 자주색발제비Purple Martins 등 다른 새들이 둥지로 사용한다. 사구아로는 새들의 호텔 또는 다가구주택인 셈이다. 죽은 사구아로가 남긴 줄기의 모습은 선인장이 왜 초본식물인지 의구심을 갖게 한다. 그것은 트레일 중간의 그늘막을 받치는 기둥으로 쓰일 정도로 크고 단단해서 모양으로 봐서는 나무줄기에 흡사하다.

사막정원에 취해 다니다 보면 작렬하는 태양으로 금방 피부가 그을린다. 그래서 자외선 차단제를 꼭 발라야 하는데 만일 잊고 갔어도 걱정할 필요가 없다. 이곳에서는 친절하게도 화장실에도 자외선 차단제가 비치되어 있다.

식물원의 운영 특성

애리조나소노라사막박물관은 초기부터 소노란 사막을 공유하는 멕시코와 긴밀한 협조관계를 유지하고 있다. 소노란 사막의 동식물에 대한 연구와 교육프로그램을 공유하고 직원도 상호교환하고 있다. 애리조나 남부에 인접해 있는 멕시코의 주 이름인 '소노라'를 박물관 명칭에 포함시킨 것도 이러한 협조 관계를 단적으로 보여준다.

이곳은 박물관인 만큼 동식물은 물론 지질학적 특성이나 광물도 연구, 전시하고 있다. 자연사박물관인 지구과학센터에 가면 석회암동굴, 화산 등 지질학적 현상을 보여주고 루비나 에메랄드같은 보석이나 광물도 전시하고 있다.

예술관에서는 '예술교육을 통한 자연보호'라는 기치 아래 12개의 자연그림그리기Nature Illustration 과정을 운영하고 있는데, 이 과정을 마친 후 자격증을 받으려면 강의나 워크숍 참여 등 100시간 이상의 교육을 더 받아야 한다.

사막 야생 들판을 재현한 조형물

윌리엄 카는 이 박물관을 통하여 투싼 지역민들이 소노란 사막에 친숙해지

나무로 만든 전망대와 관람로

길 바랐으므로 교육은 초기부터 박물관 운영의 중심에 있었다. 현재의 사막루프트레일에서 볼 수 있는 질문과 답 형태의 안내판이라든지 선인장 꽃이 진 후에도 꽃을 보고 알 수 있도록 꽃그림을 그려 전시하는 것 자체가 교육의 일환이라고 할 수 있다. 성인과 아동 및 학생을 위한 열거할 수 없을 정도로 다양한 교육프로그램이 운영되고 있다.

1972년에 시작한 박물관 안내자교육은 처음에는 초등학교 학생들에게 박물관을 안내하는 프로그램으로 시작했으나 지금은 모든 관람객을 대상으로 교육이 이루어지는 성공적인 자원봉사자 양성프로그램으로 자리 잡았다. 15주의 교육과정을 거쳐 박물관 안내자가 되는데, 현재 이들이 서비스하는 시간은 연간 75,000시간이나 된다.

Travel tip

주소 2021 N Kinney Road, Tucson, AZ 85743, USA
홈페이지 www.desertmuseum.org
전화 +1 520 883 2702
개원시기 및 시간 10월~2월까지는 08:30~17:00, 3월~9월까지는 07:30~17:00까지이며 입장은 16:15까지이다. 6월~8월까지는 일요일부터 금요일까지는 07:30~22:00, 토요일은 07:30~22:00까지 개원한다.
면적 9ha

45

하와이 오아후 식물의 보고

와이메아식물원

Waimea Valley Arboretum and Botanical Garden

하늘을 덮고 있는 몽키포드나무 Monkey Pod, *Samanea saman*

와이메아식물원은 오아후 섬 북쪽 해변에 자리 잡고 있는 아름다운 식물원이다. 호놀룰루 다운타운에서 60여 km 떨어져 있으니 차로 채 한 시간이 안 걸린다. 작은 만을 이루고 있는 와이메아 해안은 겨울에도 서핑을 즐길 수 있는 곳으로 전 세계의 서퍼들이 즐겨 찾는 곳이다. 와이메아 해변에서 산 쪽으로 길을 건너 계곡을 따라 들어가면서 녹색의 다채로운 풍경이 펼쳐지고 식물원은 바로 그 아름다운 경관의 일부를 이루고 있다. 이곳은 풍치가 아름다워서 영화의 배경으로 종종 등장하기도 했다. 미국에서뿐만 아니라 우리나라에서도 인기가 있었던 드라마 '로스트 Lost' 나 '베이 워치 Bay Watch' 도 와이메아식물원을 배경으로 촬영되었다. 오아후 섬에는 4개의 호놀룰루시립식물원을 비롯하여 여러 개의 식물원이 있지만 와이메아식물원은 그중 규모가 가장 크고 식물종도 다양하며 오아후 토착식물과 동물의 서식처로서의 생태적, 역사적 가치가 큰 곳이다.

식물원의 역사

와이메아 계곡은 약 2백만 년 전에 만들어진 코라우 Ko'lau 산의 측면에서 불어 온 바람과 비에 의해 형성되었으며 먼 바다를 건너 온 식물과 동물들이 해안가 가까운 곳에 서식하면서 무성한 숲을 이루었다. 미케사스 섬과 타히티 섬의 동식물과 함께 이곳으로 이주해 온 것으로 추정되는 폴리네시아 사람들이 신선한 물과 비옥한 땅이 있으며 어로작업이 가능한 이곳에 정착하였다. 그들은 12세기에 계단식으로 밭을 만들고 수로를 만들어 계곡의 물을 끌어들여 타로와 고구마와 바나나를 경작하고 돌계단을 쌓아 신전을 지었다. 와이메아 계곡은 지금도 고대 농경지와 주거지 그리고 묘지가 남아 있고 농경신인 로노 Lono를 모신 신전 등 고대 유적도 볼 수 있어서 고고학적으로나 종교적으로 중요한 의미를 갖는 곳이다.

와이메아식물원은 공식적으로 1973년에 개원하였지만 와이메아 계곡의 소유권 문제가 해결되지 않아서 운영 주체가 자주 바뀌었다. 2003년에 이르러 호놀룰루 시는 와이메아 계곡의 문화적, 식물적, 생태적 자원의 보존을 위하여 국립오더번협회 National Audubon Society에 경영을 위탁하였다. 이후 식물원의 명칭도 와이메아계곡 오더번센터 Waimea

Valley Audubon Center로 바꾸고 운영도 오더번협회에서 총괄하게 되었다.

2005년 다시 호놀룰루 시와 군, 하와이 주 토지 및 자연자원국 등 와이메아 계곡과 연관된 기관간의 협의를 거쳐 2006년 6월 OHA Office of Hawaiian Affairs가 와이메아 계곡의 법적 소유주가 되었고 비영리단체로 새롭게 출발하게 되었다. 2007년 OHA는 와이메아식물원을 관리하는 조직의 명칭을 Hi' ipaka LLC Limited Liability Company로 바꾸고, 와이메아식물원의 명칭을 '와이메아수목원과 식물원'으로 공식화하여 오늘에 이르고 있다. 이 책에서는 와이메아식물원으로 줄여서 기술하였다.

식물원의 구성

와이메아식물원은 하와이 토착식물과 폴리네시안이 이주시킨 식물을 집중 수집하고 있으며 오아후 섬의 식물생태시스템의 보존에 노력을 기울이고 있다. 특별수집종은 쥐꼬리망초과 Acanthaceae, 파인애플과 Bromeliaceae, 히비스커스 *Hibiscus*, 플루메리아 *Plumeria* 등 모두 36종에 이른다.

와이메아 계곡은 양치류와 화목류 등 식물뿐만 아니라 무척추동물, 계곡에서 사는 생물, 그리고 하와이 유일의 육지포유동물인 회백색 쥐 등 토착생물의 서식처이기도 하다. 외부 생물이 유입되고 질병이 자주 번지면서 계곡의 토착 생물종이 많이 사라졌지만 지금도 와이메아 계곡은 오아후 섬에서 자생종들을 가장 많이 볼 수 있는 곳이다. 하와이의 유일한 민물고기인 문절망둑 goby 5종 중 4종이 이곳 계곡의 물줄기에 살고 있다. 이 밖에도 희귀한 연체동물 몇 종과 다양한 곤충이 계곡에 서식하고 있고 겨울에는 물떼새와 같은 철새들이 날아들고 있다. 식물원의 연못에는 멸종되어 가고 있는 하와이 고유의 쇠물닭이 살고 있다. 또 외부에서 들어온 동물인 공작새와 인도산 족제비도 흔히 목격된다.

식물원 입구에 들어서면 거대한 몽키포드나무들이 짙은 녹음을 만들며 하늘 높이 치솟아 있다. 우리나라 느티나무와 비슷한 느낌을 주는 몽키포드는 하와이 곳곳에서 흔히 볼 수 있는 나무이지만 이곳 몽키포드의 수형은 특히 장관이다.

여행자나무 Traveler's Tree, *Ravenala madagascariensis*

와이메아식물원은 자연 상태를 그대로 살려 놓은 친환경적인 식물원

꽃이 핀 산호나무 *Erythrina crista*

하와이 고유의 새 쇠물닭

이다. 와이메아 계곡을 따라 흐르는 물소리를 들으며 1km에 달하는 관람로를 따라가면서 35개의 정원과 4개의 연못을 볼 수 있고, 마침내 아름다운 와이히 폭포에 다다르게 된다.

35개의 정원에서는 6,000여 종류의 식물을 지역별, 식물종별, 용도별로 구분하여 가꾸고 있다. 주로 열대와 아열대지역에서 사라져 가는 희귀한 식물을 들여와 보존하고 있는데, 하와이, 마키시스 등 태평양의 섬, 말레이시아, 괌, 뉴질랜드 근해의 섬, 오가사와라 섬, 피지, 아마존과 안데스 산맥과 카리브 해안을 포함한 중앙 및 남아메리카, 마스카렌 섬, 스리랑카, 마다가스카르, 세이셸 섬 등에서 자생하는 식물들이 많다. 특히 콩과 식물인 산호나무, 일명 윌리윌리 Wiliwili 나무는 와이메아식물원이 가장 많은 종을 보유하고 있다. 아르헨티나가 원산인 윌리윌리나무는 모두 114종이 있는데 와이메아식물원은 85종을 보유하고 있다. 이 나무는 하와이 곳곳에서 많이 볼 수 있는데 속성수로 빨리 자라고 키가 보통 9m에 이르는데 잎이 다 떨어지고 난 후 12월부터 4월까지 오렌지 또는 적홍색의 꽃을 피운다. 이 나무는 곧게 자라기도 하나 대부분 가지가 퍼지고 줄기가 뒤틀린 모습으로 자라는 하와이의 대표적인 꽃나무이다.

식물마다 자세한 표찰을 부착하여 그것만 보더라도 저절로 생태학습이 될 수 있을 정도이다. 표찰에는 통상 반입된 연도와 반입 형태, 고유번호, 식물의 일반명, 학명, 원산지 등이 기록되어 있다. 색깔로 식물의 다양성 여부를 구분할 수 있는 점도 인상적인데, 붉은색 표찰은 희귀하거나 멸종위기에 있는 식물을, 푸른색 표찰은 경제적 또는 민속적으로 유용한 식물을 나타낸다.

입구에서 폭포 방향으로 릴리연못을 지나 올라가면 오른쪽으로 먼저 보게 되는 것이 천남성과식물정원이다. 천남성과 식물은 거의 2,000여 종이나 되어 잎의 모양이나 꽃모양이 매우 다양하다. 천남성과식물정원 왼쪽에는 하와이식물상을 볼 수 있는 정원과 연못이 있다. 연못에서는 멸종위기에 있어 여기서 보호하며 키우고 있는 쇠물닭을 볼 수 있다. 그 옆에는 고대 하와이 어부들이 숭배한 신의 이름을 딴 바위 쿠울라 스톤 Ku'ula Stone 이 있다. 여기에서 왼쪽 방향으로 올라가면 백합과 식물들이 모여 있는 정원과 두 개의 연못, 그리고 말레이식물정원과 대나무정원을 볼 수 있는데 폭포로 가려면 다시 되돌아 나와 쿠울라스톤에서 다리를 건너 위쪽으로 올라가야 한다.

다리를 건넌 후 가장 눈에 띄는 정원은 히비스커스의 진화 과정을 볼 수 있는 정원이다. 이곳은 수집된 히비스커스 종류가 가장 많을 뿐만 아니라 아주 오래된 종류부터 최근에 육종된 것까지 망라되어 있어서 히비스커스의 진화 과정을 한눈에 살필 수 있다. 히비스커스는 하와이 주의 꽃으로 레이나 화환을 만들기도 하고 옷에 달거나 귀에 꽂아 멋을 내는데 쓰인다. 폴리네시안의 풍습에 따르면 히비스커스 꽃을 오른쪽 귀에 꽂으면 그 사람은 짝을 찾고 있다는 것을, 왼쪽 귀에 꽂으면 이미 짝이 있다는 것을 의미한다고 한다. 하와이에는 교잡종을 포함하여 5,000종류가 넘는 다양한 히비스커스가 분포하나 하와이 토착종 히비스커스와 그 유사종은 멸종위기 상태에 있다. 와이메아식물원에서는 멸종위기에 처해 있는 토착종 히비스커스를 복제하고 씨를 발아시켜 고유종을 보존하는 프로젝트를 추진하고 있다.

히비스커스정원 위쪽에는 고대 하와이 인의 거주 유적지 카우할레Kauhale가 있다. 그 위로는 원산지가 괌인 식물들을 모아 놓은 정원과 파인애플과 정원이 있고 이어서 용도에 따라 분류해 놓은 개별 정원들이 있다. 식용식물정원, 약용식물정원 그리고 하와이에서 우정과 사랑과 신뢰의 상징으로 반가운 사람에게 주는 레이를 만드는데 쓰이는 식물을 모아 놓은 레이정원과 민속식물정원이 그것이다. 식용식물정원을 지나면 양옆으로 하와이 히비스커스가 무리지어 있는 정원이 있고 이곳을 지나면 거목인 반얀나무가 점잖게 서 있다. 그 부근은 푸른 잔디가 넓게 깔려 있고 벤치까지 놓여 있어 고요함을 즐기며 평온한 가운데 잠시 휴식을 취할 수 있다.

와이히 폭포로 가는 동안 중앙아메리카와 남아메리카지역 식물이 수집되어 있는 정원

붓꽃과 식물인 *Neomarica gracilis*

코랄히비스커스 Coral Hibiscus, *Hibiscus schizopetalus*

와이메아 계곡

과 태평양지역 식물, 스리랑카, 마스카린 섬, 마다가스카르 섬에서 살고 있는 식물들을 볼 수 있으며 또한 양치류 식물과 베고니아, 과일나무와 너트류 나무와 생강과 헬리코니아 정원 등을 볼 수 있다. 도중에 하와이 전통 놀이터와 농경지도 볼 수 있다. 폭포로 가는 작은 다리 부근에서 큰 부채 모양의 야자처럼 보이는 식물은 여행자나무이다. 꽃 모양이 헬리코니아와 비슷하나 다른 식물이다.

농경신을 모신 신전 유적지 Hale Lono Heiau

식물원의 끝에 이르면 와이히 폭포가 시원한 정경을 선사한다. 폭포의 높이는 얼마 되지 않으나 그 밑에 제법 널찍한 소가 형성되어 있어서 수영도 하고 다이빙도 즐길 수 있다. 폭포의 물줄기를 머리에 맞으면 소원이 이루어진다는 전설이 있으니 이곳에 갈 때는 수영복을 준비해 가는 것도 괜찮을 것이다.

식물원의 운영 특성

와이메아식물원에는 2,000여 종류의 식물표본을 보유한 식물표본관이 있으며, 각종 학교와 연계하여 학생들에게 하와이의 자연과 문화를 교육하는 다양한 교육프로그램을 운영하고 있다. 하와이의 토착 식용식물로 요리한 식사를 함께할 수 있는 이벤트나 음악회가 열리며, 달밤에 식물원을 둘러보는 프로그램도 운영하고 있다. 연간 방문객은 22만 명에 이르며 100여 명의 자원봉사자가 식물원 운영에 참여하고 있다.

Travel tip

주소 59-864 Kamehameha Highway, Haleiwa, HI 96712, USA
홈페이지 www.waimeavalley.org
전화 +1 808 638 5876
개원시기 및 시간 09:00~17:00까지 문을 열며, 추수감사절과 크리스마스 그리고 신년 첫날에는 문을 닫는다.
면적 자연식생지역 630ha, 식물원조성지역 120ha, 전체 750ha이다.

46

폴리네시아 민속식물의 온상

카하누국립열대식물원

Kahanu National Tropical Botanic Garden

하와이인들이 신성시하는 유적 피일라니할레 헤이아우

마우이 섬은 하와이 제도에서 두 번째로 큰 섬으로 용암이 분출되어 형성된 화산섬이다. 이곳의 할레아칼라 산은 세계에서 가장 큰 휴화산으로 알려져 있다. 마우이는 화산 활동으로 형성된 섬답게 산과 계곡이 예리하고 해안선 또한 굴곡이 심하여 아름다운 풍광을 자랑한다. 섬의 대부분을 뒤덮고 있는 열대의 자연림과 계곡의 맑은 물 그리고 아름다운 해변은 때 묻지 않은 자연 속에서 휴식을 취하고자 하는 사람들에게 매력적인 휴양지로 다가온다.

미국의 4개 국립열대식물원 중의 하나인 카하누국립열대식물원은 마우이 섬 남동쪽 하나 Hana 지역에 있다. 마우이의 주 공항인 카훌루이공항에서 카하누국립열대식물원까지는 자동차로 약 2시간이 걸린다. 하나로 가는 길은 숲이 우거진 북동 해안 경사지에 만들어진 좁은 나선형 도로로 600개가 넘는 커브와 차 한 대가 간신히 지날 수 있는 좁은 다리들이 산재해 있지만 곳곳의 숨은 비경과 폭포, 그리고 푸른 해변이 시원하여 운전의 스릴과 아름다운 풍광을 동시에 만끽할 수 있는 도로이다.

마우이에는 또 다른 열대식물원인 쿨라식물원 Kula Botanical Garden 도 있다. 할레아칼라 산의 산기슭 해발 1,006m의 고지에 자리 잡고 있는 쿨라식물원은 하와이는 물론 오스트레일리아, 남아프리카, 안데스산맥 지역에서 자라는 1,000여 종류의 진기한 식물들로 조성되어 있다. 남아프리카공화국의 국화인 커다란 용왕꽃 King Protea 도 그중의 한 볼거리인데 대부분 남국의 식물들이라서 어느 계절에 방문해도 아름다운 꽃들을 볼 수 있으므로 카하누국립열대식물원과는 다른 정취를 맛볼 수 있다.

식물원의 역사

카하누국립열대식물원이 있는 하나지역은 강수량이 많고 토지가 비옥하여 농사를 짓기에 적합해서 폴리네시안들이 카누를 타고 이주해 와 정착한 곳이다. 원래는 부족 중심의 족장제였는데 16세기에 이르러 피일라니 Piilani 왕이 통일 왕국을 세웠다. 현재 식물원에 남아 있는 종교적 유적도 이 시기에 만들어졌을 것으로 추정하고 있다. 1795년 하와이

우아한 꽃을 피운 하와이 무궁화

빵나무 열매

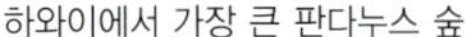
하와이에서 가장 큰 판다누스 숲

식물원 입구

를 통일한 카메하메아 왕의 공격을 받아 마우이 역시 복속되었는데 그 이후로 마우이 왕국의 중심지였던 하나는 쇠락의 길을 걸었다.

1848년 하와이 왕국이 토지 소유의 사유권을 제정하였고 식물원 부지의 반에 해당하는 약 400ha가 추장 카하누에게 교부되었다. 이후 이 땅은 여러 용도로 바뀌었다. 1860년대에 사탕수수가 재배되기 시작하면서 사탕수수 플랜테이션이었던 이곳은 1946년에 사탕수수 공장이 문을 닫으면서 목초지로 변했다. 1974년 카하누 추장의 후손은 이곳을 카하누식물원으로 만들되 이 땅에 있는 선조들의 묘지와 신전 피일라니할레 헤이아우 Piilanihale Heiau를 신성한 곳으로 보존하고 이를 일반에게 공개하는 조건으로 25ha를 국립열대식물원에 기증하였다. 이와 함께 인접해 있는 부지 25ha가 익명의 기부자의 도움으로 추가 구입되어 식물원은 총 50ha로 확대되었고, 2002년과 2008년에 인접 부지를 다시 추가로 매입하여 현재는 188ha에 이르고 있다.

식물 수집은 토지가 국립열대식물원으로 완전히 양도되기 2년 전인 1972년부터 시작되었고, 현재 하와이 토착식물과 태평양 지역의 민속적 가치가 있는 식물 약 1,000여 종류를 보유하고 있다. 세계에서 가장 많은 빵나무 품종을 보유하고 있고, 하와이에서 가장 큰 판다누스 자생군락지가 있다.

연방정부는 1964년 이 식물원의 역사적 · 문화적 중요성을 인정하여 국가역사유적으로 등재하였다.

식물원의 구성

카하누국립열대식물원의 대부분은 판다누스 숲이 차지하고 있고, 그 나머지 부분에 빵나무 숲과 하와이 토착식물과 폴리네시안들이 카누에 싣고 온 것으로 여겨지는 식물을 모아놓은 카누정원, 그리고 고대 종교적 유적인 피일라니할레 헤이아우와 주거유적지 및 묘지가 함께 어울려 있다.

화사한 정원과 볼거리를 만들어놓은 식물원을 기대하고 카하누에 간다면 실망할 것이

사탕수수와 야자수가 어우러진 시원한 풍경

다. 카하누국립열대식물원은 입구부터 아주 조촐하다. 한두 사람이 겨우 들어갈 정도의 키오스크에서 입장료를 받고 안내책자를 준다. 입구에서 식물원 안쪽을 들여다보면 초록빛 넓은 잔디 위에 큰 나무들이 늘어서 있어 조망이 시원하기는 하나 단조로운 느낌을 준다. 그러나 카누정원 안쪽으로 들어가 보면 다른 식물원은 보여주지 못하는 경건함과 자연 그대로의 경이로움을 느낄 수 있다.

카하누국립열대식물원은 하와이 토착식물과 폴리네시아의 민속적 식물을 집중 수집하고 있지만 그중에서도 특히 빵나무 Ulu, 판다누스 Hara, 히비스커스 Hau, 사탕수수 Ko, 바나나 Mai´a, 알렉산드리아월계수 Kamani, 호리병박 Ipu, 타로 Kalo, 고구마 ´Uala, 대나무 ´Ohe, 산사과 ´Ohi´a ´Ai, 얌 Hoi, 카바 ´Awa, 심황 ´Olena, 노니 Noni, 포셔나무 Milo, 코르디아 Kou, 종이뽕나무 Wauke, 티나무 Ki, 프리차르디아 야자 Loulu, 쿠쿠이나무 Kukui, 캐시타 Kauna, ´Oa Pehu, 샴푸생강 ´Awapuhi, 비치 나우파카 Beach Naupaca, Naupaka Kahakai, 코코넛 Niu 등을 집중 수집·관리하고 있다.

카하누는 태평양의 50여 개의 섬과 필리핀, 인도네시아 등에서 수집한 120종류, 220그루의 빵나무를 수집해 놓고 이를 연구하는 것으로 유명하다. 입구부터 시작되는 중심도로 양쪽에 키 큰 빵나무 Breadfruit, *Artocarpus altilis* 가 숲을 이루고 있다. 빵나무는 키가 9~18m까지 자라고 잎도 30~90cm 정도로 크다. 숫꽃과 암꽃이 한 나무에서 피는데 암꽃이 점점 자라 지름이 12~20cm나 되고 무게가 거의 5kg이나 되는 큰 열매가 된다. 빵나무 열매에는 탄수화물이 풍부하고 비타민B와 칼슘도 다량 포함되어 있어 식품으로 가치가 크다. 빵나무의 끈적끈적한 수액은 카누의 틈을 메우는데 쓰이고 잎과 줄기는 쿠쿠이넛과 목재그릇의 윤을 내는데 쓰이며, 목재는 악기나 서프보드 그리고 작은 카누를 만드는데 쓰인다. 말린 숫꽃은 모깃불로 이용된다. 이처럼 식품으로서의 가치도 크고 여러 용도로 쓸 수 있기 때문에 국립열대식물원에서는 빈곤한 열대지역에 빵나무를 보급하기 위해 빵나무연구소를 만들어 이를 연구하고 있다.

카하누에는 하와이에서 가장 큰 판다누스 자생군락지가 있다. 열대성 상록수인 판다누스는 시베리아, 오스트리아, 영국 등에 분포하는 식물로 그 종류가 400여 가지 이상이 된다. 판다누스는 두텁게 옆으로 뻗는 줄기와 아치모양의 뿌리, 가시처럼 날카로운 선형잎과 파인애플같이 생긴 열매로 쉽게 알아볼 수 있다. 태평양의 섬들에서는 지금도 일상생활에 없어서는 안 될 나무로 간주되고 있다. 판다누스 열매는 익혀서 식용으로 사용하며, 잎과 목재는 밧줄, 연료, 가옥의 건축자재로 사용된다. 특히 잘 휘어지는 잎은 매트, 지붕을 잇는 재료, 병풍, 바구니, 돛을 짜는데 사용된다. 판다누스가 하와이 토착식물인지 아니면 폴리네시아 인들이 가져온 것인지 논란이 많았으나 최근에 발견된 화석에 의하여 인간이 하와이에 살기 전부터 있어 온 토착식물인 것으로 판명되었다.

노니나무는 중간 크기로 자라는 상록수로 열매와 향은 옛날부터 통증과 염증에 효과가 있다고 알려졌으며, 지금도 약재로 쓰인다. 하와이 사람들은 혈압 저하나 당뇨 그리고 심장에 좋다고 여겨 복용하는데 노니주스는 하와이 방문객들이 즐겨 사가는 품목 중의 하나가 되고 있다. 노니나무의 뿌리와 껍질은 오랫동안 노란색 염료로 사용되어 왔는데 노니 뿌리에 산호를 태운 재를 섞으면 배합비율에 따라 빨간색과 주황색 등이 만들어진다.

카누정원에 들어섰을 때 가장 먼저 눈에 들어오는 것은 식물이 아니라 검은색 화산암으로 높이 쌓아 올려진 웅장한 제단 피일라니할레 헤이아우이다. 이것은 12세기부터 여러 세기를 거치면서 쌓아 올린 것으로 추정되는데 여기에 사용된 돌 중에는 11km나 떨어진 하나 만에서 가져온 것도 있다. 하와이에는 이와 비슷한 유적이 더 있지만 이곳 헤이아우가 가장 크다. 피일라니는 16세기 마우이의 통

태평양 대부분의 해안가에서 자라는 비치 나우파카 Beach Naupaca

빵나무 숲

치자 이름이고 피일라니할레는 '피일라니의 집'이라는 뜻이다. 피일라니할레는 종교 의식을 치른 장소가 확실하나 주거지로 사용한 흔적도 남아 있다. 이 밖에도 식물원 부지 내에는 고대 하와이 인의 묘지와 주거 유적지 등이 남아 있다. 검은 돌 무더기가 있거나 돌로 담을 쌓아 두른 곳은 올라가거나 걸어서 통과하지 않도록 주의해야 한다.

식물원의 운영 특성

식물원마다 식물원을 보호하기 위해 관람객 주의사항을 고지하지만 이 식물원은 고대 유적과 민속적 가치가 있는 식물들이 모아져 있는 만큼 이들을 보호하기 위해 관람객 의전을 특별히 강조하고 있다. 피일라니할레 헤이아우에 예를 갖출 것과 화산암으로 만들어진 유적에는 절대 올라가거나 들어가지 말 것, 그리고 이 식물원에서는 돌 하나, 풀 한 포기도 가져가지 말 것을 당부하고 있다.

카하누국립열대식물원에서는 식물원이 보유하고 있는 식물과 문화적 자원을 활용하여 유치원생부터 대학생까지 이들을 위한 교육프로그램을 운영하고 있다. 또한 식물, 원예, 민속식물 등에 관련하여 대학생들이 현장체험을 하며 공부할 수 있도록 인턴십 프로그램도 운영한다. 인턴십 프로그램은 국립열대식물원 본부에서 총괄적으로 관리한다.

Travel tip

주소 650 Ulaino Rd, Hana, HI 96713, USA
홈페이지 www.ntbg.org/gardens/kahanu.php
전화 +1 808 248 8912
개원시기 및 시간 월요일부터 토요일까지 09:00~14:00까지 개원한다. 가이드 투어는 토요일 10시에 시작된다.
면적 188ha

47

사막식물의 보고

캘리포니아버클리주립대학식물원

University of California, Berkeley Botanical Garden

선인장과 다육식물이 함께 자라고 있는 버클리주립대학식물원 전경

샌프란시스코에서 30분 거리에 있는 버클리 시는 아름다운 정원들과 온화한 기후 때문에 주거 장소로 인기가 높은 지역이다. 한국 사람들에게 유명한 UC버클리대학이 소재하고 있다. 그리고 요세미티Yosemite와 세퀴이아Sequoia국립공원도 비교적 가까운 거리에 있어 관광코스로 반드시 들르는 곳이다. 이곳 버클리 시 스트로베리 협곡Strawberry Canyon에서 샌프란시스코 만을 내려다보면서 학문적 냄새가 스며나오는 캘리포니아버클리주립대학식물원의 아름다움을 감상할 수 있다.

식물원의 역사

1890년에 캘리포니아버클리UC Berkeley 대학 초대 식물학과 학과장인 그린E. L. Greene에 의하여 캘리포니아 주와 태평양 연안의 자생식물을 수집하고 연구에 이용하기 위하여 설립되었다. 식물원 설립 2년 만에 600종류의 식물을 수집하고 이후 10년 동안 1,500여 종류의 식물을 수집하였다. 1920년대에 대학 캠퍼스로부터 현재의 위치로 이전하였다. 이후 1960년대까지 세계 각처의 식물들을 수집하여 대학의 식물학 및 과학적 연구를 지원하는 역할을 주목적으로 운영하여 오다가 1970년대부터 식물원 운영의 목표를 시민을 위한 식물, 자연, 원예 교육으로 확대하였다. 1974년도에 식물원 안내해설가 제도를 시작하였으며, 1976년부터 '식물원 친구들'이라는 자원봉사자 단체를 조직하여 식물판매를 통한 발전기금 형성, 식물원 유지 관리업무 보조, 방문객센터 운영 등에 관한 활동을 벌이고 있다.

1996년부터는 식물원이 연구 부총장 관할로 이전되면서 식물보전, 해설, 인간생활에 식물의 이용, 진화, 생태학 등에 관한 연구기능을 강화하였다. 최근에는 활발한 국제적인 종자교환을 통해 식물수집을 확대하고 있으며 방문객에게는 보다 많은 체험의 기회를 제공하고 교육과 연구의 기능을 수행하고자 노력하고 있다.

다육식물과 식충식물 전시온실

식용식물과 원산지를 설명한 해설판

식물원의 구성

약 13.5ha의 면적에 324과, 2,885속, 12,000여 종류의 식물들이 오스트레일리아식물원, 캘리포니아 자생지역, 중국 약용식물원, 고사리 및 식충식물원, 캘리포니아에서 육종한 품종원, 경제식물원, 오래된 장미품종원, 허브원, 지중해 · 유럽식물원, 멕시코 · 중앙아메리카식물원, 신대륙사막원(중부 및 북미국 사막식물, 안데스지역의 고원사막식물), 북아메리카식물원, 남아메리카식물원, 남아프리카식물원 등과 같이 원산지 별로 분류 전시되어 있다.

주요 수집 식물군으로 선인장과 2,669종류, 백합과 1,193종류, 국화과 1,151종류, 진달래과 897종류, 난과 850종류, 고사리류 500여 종류 등을 들 수 있다. 주로 언덕 사면을 활용하여 식물원이 조성되어 있으며 다른 식물원에서 흔히 볼 수 있는 인공적인 정형미를 거의 찾아보기는 어렵다. 예를 들어 선인장류 구역에서는 멕시코나 아프리카의 선인장 자생지역에 와 있다는 느낌이 들도록 자연적인 식재방법을 사용하고 있다.

캘리포니아버클리주립대학식물원에는 지중해기후형 식물이 집중적으로 수집 전시되어 있는 것이 특징인데, 캘리포니아에 자생하는 210종류(2,750이상의 도입번호)가 식물원 1/3면적에 식재되어 있다. 매주 목요일, 토요일 및 일요일 오후 1시 30분에 무료로 진행되는 식물원 해설안내 프로그램에 참여하면 보다 자세하게 캘리포니아 식물의 종류와 특성에 대하여 학습할 수 있다.

신대륙사막원

관람로 주변의 선인장과 전망대

식물원의 운영 특성

18주간의 특별교육을 받은 85명의 식물원해설가가 6,500명의 어린이, 8,000명의 성인, 3,000명의 대학생을 대상으로 식물의 종류와 진화, 생태학, 경제식물, 식물과 인간의 관계 등에 관한 안내활동을 수행하고 있다.

매월 첫째 주 토요일에 식물병원을 무료로 운영하여 시민들에게 봉사하고 있으며, 매주 목요일 · 토요일 · 일요일에 무료로 식물원 안내해설 프로그램을 운영하고 있다.

또한 정기적인 식물판매, 가든파티, 연말 상품판매 등을 통하여 식물원 기금을 마련하고 있다. 결혼식, 각종 회의, 기념일 등에도 식물원 시설을 임대하여 사용할 수 있다. 대학 캠퍼스에서 식물원까지 30분 간격으로 셔틀버스를 운행하고 있다.

Travel tip

주소 200 Centennial Drive, #5045 Berkeley, CA 94720-5045, USA
홈페이지 botanicalgarden.berkeley.edu
전화 +1 510 643 2755
개원시기 및 시간 09:00~17:00까지 연중 개원하지만 매달 첫째 주 화요일, 추수감사절, 12월 24일과 25일, 12월 31일과 1월 1일, 마틴 루터 킹 기념일 등에는 휴원한다.
면적 13.7ha

48

도심 속 자연체험을 위한 문화공간

퀸즈식물원

Queens Botanic Garden

진입광장의 화분과 친수공간

뉴욕 시 퀸즈카운티Queens County에 위치한 퀸즈식물원은 다양한 소규모 주제정원들을 이용하여 진보적인 체험교육 프로그램을 운영함으로써 도심 속 자연체험을 위한 문화공간이 되고 있다. 도심 한복판에 위치한 관계로 넓은 면적을 지니고 있지는 않지만, 흥미로운 프로그램들로 지역사회와 밀착된 관계를 유지하고 있다. 학교에서는 단체 관람 및 다양한 교육프로그램 신청이 가능하며, 교사들을 위한 전문교육 프로그램도 제공하고, 나아가 스스로 공부하면서 탐방할 수 있도록 정보를 제공해 주기도 하는 등 도심 속 식물원답게 다양하고 개성 넘치는 프로그램들을 운영하고 있다. 특히 태양열 시설을 통한 도시 에너지 문제와 열섬현상에 대한 문제의식 공유도 꾀하고 있으며, 도심의 쓰레기들을 활용하여 퇴비를 만드는 과정과 방법을 일반에게 공개하고 장려함으로써 사람과 식물, 문화가 어우러진 식물원을 지향하고 있다.

식물원의 역사

퀸즈식물원은 1939년 뉴욕세계박람회를 진행하기 위한 2ha규모의 작은 퍼레이드 정원에서 출발하였다. 박람회가 끝난 후 지역사회주민들의 요구에 의해 커뮤니티가든으로서의 모습을 갖추게 되었다. 이후 1964년 세계박람회를 위한 준비기간 중에 플러싱 메도우 코로나 공원Flushing Meadow Corona Park의 북동쪽 일부를 수용하며 이전·확장하였다. 현재는 15.8ha의 면적을 가지게 되었으며, 미국 각주에서 매년 2만 명의 관람객들이 꾸준히 찾아오고 있다.

식물원의 구성

식물원 중앙 입구로 들어서면 입구에서부터 이어지는 거대한 핀참

수질정화생물 서식공간과 방문객센터

양봉체험을 할 수 있는 꿀벌정원

벚나무로 둘러싸인 원형화단

나무 *Quercus palustris* 가로수길이 나타나는데, 오크알리 Oak Allee라 불리우는 이 가로수길의 수목들은 모두 1960년대 초 식물원 확장시기에 식재된 것들이다.

이 길을 따라 우측에 들어선 방문객센터는 퀸즈식물원의 핵심 관람요소 중 하나로서, 건물의 온도를 낮추기 위한 주변 냉각수로와 정화생태연못, 옥상녹화정원, 태양열 집열판 등은 환경친화적인 식물원 정책을 형식적·내용적으로 승화시킨 결정체라 할 수 있다.

핀참나무 가로수길 끝자락과 연결하여 전망대와 인도교, 소하천 등으로 구성된 결혼정원이 실용적인 미국정원의 특성을 보여주고 있다. 이곳에서는 결혼식을 비롯하여 각종 생일파티와 졸업파티 등의 행사를 진행할 수 있는데, 꽃이 만개한 봄과 단풍이 창연한 가을에는 많은 방문객들의 인기를 얻고 있다.

결혼정원 뒤쪽의 교육동에 연결된 어린이정원 역시 다양한 교육프로그램을 실내외에서 진행하고 있는데, HSBC에서 기증한 어린이정원은 아이들이 재미있는 게임을 통해서 식물과 정원을 비롯한 자연에 대해 배울 수 있도록 꾸며져 있다. 특히 봄에 뿌린 상추, 시금치, 무 등을 여름철에 수확하여 제철음식에 대한 학습과 함께 태양열 오븐에서 쿠키를

결혼식이나 생일파티가 열리는 웨딩가든

구우면서 기후와 환경에 대해서 배우기도 한다.

식물원의 서측에 위치한 주차장정원은 퀸즈식물원의 환경 비전을 표현한 대표적인 장소이다. 지속가능한 경관을 구성하기 위한 혁신적인 구성요소 중 하나로서 폭우 시 도시 내 하수도 시스템에 걸리는 과부하를 제어하며 수로를 깨끗이 유지시키는 친환경적인 정화방법의 대안을 보여주고 있다. 원래 습지였던 지역으로, 곧게 연결된 주차장의 투수바닥은 유출수를 비롯한 투과수를 언저리의 작은 생태건천으로 모으고 이를 다시 초원으로 이동시키는 역할을 하고 있다. 특히 주차장에서 나오는 폐수를 처리하기 위해 기름먹는 박테리아를 이용하여 수질을 정화시키고 있다. 또한 지역의 토착 수종으로서 떡갈나무, 졸참나무, 야생능금나무, 층층나무 등 열을 흡수하는 식물을 식재하여 시원한 그늘을 제공하는 동시에 더운 여름철 뜨거워진 주차장으로 인한 도시열섬현상을 막고 있다.

식물원의 중앙에 위치한 목초지에는 일반적인 다른 휴게용 잔디광장과는 다르게 생태적인 천이과정을 소개하는 식물들이 자리하고 있다. 다년생 야생화와 높은 키의 풀들이 계절 내내 꽃을 피우며 성장하고 있는데, 이곳에서 다양한 종류의 새와 나비를 비롯한 유익한 곤충들이 서식하며 퀸즈카운티의 생물다양성에 기여하고 있다.

동선을 따라 한 바퀴 돌고 돌아오는 길에는 흥미로운 주제의 초화류 정원들이 있다. 작은 규모의 뒤뜰정원은 초기에는 묘포장에서 출발하였으나, 1980년 이후부터 파고라, 파티오, 암석원, 분수 등의 시설을 갖추며 지금의 모습을 갖추게 되었다. 또한 퀸즈식물원만의 독특한 꿀벌정원은 벌을 유혹하는 식물과 나무들을 활용하여 실제 양봉을 체험토록 하고 있는 프로그램으로 아이들에게 매우 인기 있는 장소 중 하나이다.

입구에 위치한 체리서클Cherry Circle은 생명의 분수Fountain of Life를 시작으로 넓은 잔디밭이 펼쳐져 있으며 사랑하는 사람들을 기리기 위해 아름다운 벚꽃들 위주로 구성되어 있다. 한편 2007년 설치된 사계원은 따뜻한 계절에는 알케밀라 몰리스*Alchemilla mollis*, 금관화*Asclepias incarnata*, 아스클레피아스 투베로사*Asclepias tuberosa*, 로벨리아 카디날리스*Lobelia cardinalis* 등의 초화류를 통해 밝은 꽃들을 제공하고, 추운 겨울에는 매력적인 수피의 질감과 형태를 통해 일 년 내내 방문객들의 관심을 끌고 있다.

만개한 아이리스 Iris

해시계

입구 좌측에 위치한 향기산책로에는 꽃과 잎, 씨앗, 껍질, 뿌리 등에서 나오는 에센셜오일 성분들이 강한 향기를 뿜어내며 산책로를 장식하고 있는데, 특이하게도 산책로의 유지와 관리는 칼트만Kaltman 가족재단에서 지원하는 것으로 알려져 있다.

식물원의 운영 특성

퀸즈식물원에 개인회원을 비롯한 가족회원이나 기업회원 등으로 가입하게 되

약초원과 교육관

면 연중 무료입장과 무료주차가 가능하며, 각종 교육프로그램에 대한 할인과 퀸즈식물원 스토어 할인 등의 혜택이 주어진다. 또한 졸업, 결혼, 출산, 생일 등과 같은 각종 기념일에 현금을 통한 기부뿐만 아니라, 나무, 벤치 등의 현물 기부를 통해 의미있는 날을 평생 남길 수 있는 기회를 제공하기도 한다.

개인적으로 특별한 날, 예컨대 결혼식이나 각종 생일파티와 졸업파티 등의 날에는 퀸즈식물원에서 이 모든 행사를 원활히 수행할 수 있도록 전문 담당자들이 도움을 주고 있다. 특히 방문객센터에서는 결혼식 피로연이나 세미나, 강연회 등을 개최할 수 있는 친환경적인 첨단시설들이 구비되어 있다.

Travel tip

주소 43-50 Main Street, Flushing, NY 11355, USA
홈페이지 www.queensbotanical.org
전화 +1 718 886 3800
개원시기 및 시간 4월~10월은 08:00~18:00까지, 11월~3월은 08:00~16:30까지 개원한다. 월요일은 휴관이다.
면적 15.8ha

49

마이애미의 숨은 진주

페어차일드열대식물원

Fairchild Tropical Botanicl Garden

호수와 야자수가 어우러지는 페어차일드열대식물원 풍경

미국의 동남부 플로리다 반도 끝에 있는 마이애미는 아름다운 해안과 쾌적한 아열대성 기후로 세계의 관광객이 즐겨 찾는 휴양지이다. 무성한 야자수가 늘어선 해변, 흰 백사장, 넘실거리는 푸른 바다가 어우러진 이국적 풍광을 자랑하는 마이애미 남쪽 코랄 케이블에는 미국대륙에서 찾아보기 어려운 열대식물원인 페어차일드열대식물원이 자리하고 있다. 관람객들은 이곳에서 이국정취를 만끽하며 식물원이 공들여 수집해 놓은 수천 종류의 열대식물의 진수를 볼 수 있다.

식물원의 역사

페어차일드열대식물원은 변호사이자 기업인이었던 로버트 몽고메리Col. Robert H. Montgomery의 열대식물에 대한 관심과 열정의 소산이다. 그는 마이애미의 남쪽 비스케인 만에 3.4ha에 달하는 부지를 구입하고 데이비드 페어차일드David Fairchild와 손을 잡고 1936년에 열대식물원을 설립하였고 1938년에 이를 일반인에게 공개하였다.

페어차일드 박사는 농무부 관리로서 외국의 식물과 종자를 수집하고 이를 토착화하는 일을 하였다. 그는 망고, 알팔파, 복숭아, 대추야자, 고추냉이, 대나무, 꽃체리 등 많은 중요한 식물들을 미국에 들여온 당대 최고의 식물수집가로 꼽혔다. 그는 은퇴 후 마이애미로 와서 몽고메리와 함께 페어차일드열대식물원 조성에 남은 여생을 다 바쳤고 몽고메리는 식물수집과 식물원 조성에 기여한 페어차일드의 공을 인정하여 그의 이름을 따 식물원의 이름을 지었다. 지금도 페어차일드열대식물원에는 바오밥나무를 비롯하여 그가 심은 나무를 볼 수 있다.

식물원 설립 이후 15년에 걸쳐 야자수정원, 야자수산책로, 전망대, 무스하경정원, 덩굴식물 파고라, 야외무대, 게이트하우스, 강당, 몽고메리도서관과 박물관, 14개의 호수, 석조벽, 관개 시스템 등 주요 건물과 기반시설들이 차례로 갖추어졌다. 이후에 데이비스관(1953), 혹스연구소(1960), 로빈스식물과학관(1967), 희귀식물온실(1968), 코빈교육관(1972)을 조성하였다.

방문객센터

식물원 입구

1993년에는 식물원의 지속적인 발전을 위해 포괄적인 마스터플랜이 새로 수립되었다. 그 일환으로, 1995년에는 희귀식물용 온실을 'Windows to the Tropics Conservatory' 라고 불리는 열대온실로 개축하고, 2002년에는 방문객센터를 새로 지었다. 2004년에는 식물원 명칭을 페어차일드열대정원에서 페어차일드열대식물원으로 바꾸고 열대식물을 아름답게 전시하는 정원을 넘어서서 보다 적극적으로 원예, 식물종의 보존, 교육과 연구 활동을 중시하는 식물원을 지향하고 있다.

2012년에는 새로이 과학마을, 열대식물연구센터, 온실 등이 포함되는 복합건물을 신축하는 대대적인 공사를 하였고, 미국난협회의 본산으로 선정되기도 했다. 당초 마이애미 시민에게 외국의 식물과 열대식물을 볼 수 있는 이국적 정원 풍경을 보여주고자 설립된 페어차일드열대식물원은 이제 현대의 식물원이 추구해야 할 목표에 한층 충실하여 열대식물을 전시할 뿐만 아니라 식물수집 그리고 사라져 가는 열대식물을 보존하고 연구하여 식물다양성을 확대해 나가고, 많은 사람에게 이를 교육하는 세계적으로 이름 난 열대식물원이 된 것이다.

식물원의 구성

페어차일드열대식물원은 푸른 바다를 배경으로 벨벳같이 펼쳐지는 잔디밭과 14개의

한적한 호숫가 풍경

수련연못

식물원 입구에서 바라본 잔디광장

호수가 6,000여 종류의 열대 및 아열대식물을 둘러싸고 있는 환상적인 경관을 자랑한다. 식물원의 경관 디자인은 1930년대 미국의 유명한 조경디자이너로 활약한 윌리엄 필립스 William Lyman Phillips 가 하였는데 그는 호수와 소택지를 식물원 경관의 축으로 삼아 넓은 전망을 확보하고, 이를 중심으로 야자와 소철과 같은 외래종 열대식물을 배치했다. 그는 특히 방문객이 식물을 가까이서 보고, 만지고, 향기를 맡을 수 있는 공간배치에 역점을 두었다.

페어차일드열대식물원에는 세계 각지의 열대 및 아열대식물이 전시되어 있지만 그중에서도 가장 집중적으로 수집하여 전시하고 있는 것은 400여 종류에 이르는 야자수이다. 급속하게 야생에서 사라져 가고 있는 소철도 중요한 수집 종으로 페어차일드열대식물원에는 200여 종류 소철 3,700주 이상이 식재되어 있다. 또한 1년 내내 다채로운 색의 꽃을 피우는 부겐벨리아, 히비스커스, 협죽도 등과 같이 꽃을 피우는 식물도 700종류 이상이 전시되어 있다.

페어차일드열대식물원은 대규모 열대온실과 몽고메리 야자수정원, 베일리 팜 습지, 무스Moos 하경정원, 덩굴식물 파고라 등에 열대 및 아열대식물을 아름답게 전시하여 관람객을 환상적인 열대식물의 세계로 안내한다.

열대식물온실은 넓은 공간의 실내정원이다. 여기에는 희귀종 야자수와 소철, 양치류, 난초, 토란, 브로멜리아드, 안시리움, 헬리코니움, 과실수, 보기 드문 덩굴식물이 전시되

학생 교육에 사용되는 강당

베일리 팜글레이드

고 있다. 전시는 식물의 색, 식물과 동물의 상호작용, 번식, 형태와 기능의 다양성을 기준으로 이루어져 있다.

몽고메리 야자수정원에는 몽고메리가 수집한 야자수를 비롯하여 세계적으로 중요하다고 알려진 각종 야자수가 자라고 있다. 특히 베일리 팜 습지는 특이한 야자수들이 많은 곳인데 여기에서 중국산 야자수와 잔잔한 연못을 둘러싸고 있는 왜성야자수들을 볼 수 있다.

사이몬 우림지역에는 플로리다 자생종과 라틴아메리카와 다른 열대림지역에서 수집한 열대우림원산 식물들이 섞여 있다. 이들을 위해 강우량이 많고 습기 찬 환경을 유지하기 위한 특별한 관개시스템을 작동시키고 있다.

나비정원은 전망대가 있는 산책길 남쪽에 있는데 여기에서 플로리다에서 볼 수 있는 30종류의 나비를 볼 수 있다. 또한 나비들을 위해 과즙 그리고 애벌레들이 의탁하는 식이식물도 전시하고 있다.

3.2ha 규모의 수목원에는 전 세계의 열대지역에서 수집해 온 740종류의 꽃을 피우는 꽃나무들이 전시되어 있다. 이들은 식물분류 체계에 따라 정리되어 있는데 형태나 구조 질감, 색과 향기의 다양함을 보여준다. 수목원 가까이에는 173m 길이의 긴 파고라가 있다. 이것은 식물원 설립 초기에 만들어진 것으로, 각양각색의 모양과 색의 꽃을 피우는 열대덩굴식물들을 떠받치고 있다.

야자수에 둘러싸인 열대식물온실

이 밖에도 열대꽃의 진수를 볼 수 있는 열대꽃정원과 다양한 다육식물을 선인장과 비교해 볼 수 있는 다육식물정원, 마다가스카르의 건조지대식물을 수집하여 전시한 숲 등도 들러볼 만하다.

다양한 야자수가 전시되어 있는 정원

식물원의 운영 특성

페어차일드열대식물원은 열대식물의 전시도 빼어나지만 열대식물에 대한 연구와 교육으로도 유명하다. 이를 위해 박물관과 도서관을 건립하고 최근까지 연구와 교육을 위한 공간을 지속적으로 확장하고 있다. 식물표본관에는 15만여 점의 표본을 갖추고 있으며, 맥아더재단, 국립과학재단의 후원으로 식물과 환경에 관한 다양한 연구프로그램을 운영하고 있다.

현재 유치원생, 초 · 중 · 고생 및 대학생, 교사를 위한 15개 이상의 다양한 교육과정이 운영되고 있으며 매년 50,000명 이상의 학생들이 교육프로그램에 참여하고 있다.

페어차일드열대식물원에서는 '페어차일드와 예술' 이라는 주제로 2003년부터 매년 유명한 미술가들의 작품을 전시하여 이목을 집중시키고 있다. 그동안 패트리샤 반 달렌, 야오이 쿠사마, 페르난도 보테로, 로이 리히텐스타인, 마이클 오카 도너, 윌 라이만 등의 전시가 있었으며 2012년 11월부터 2013년 상반기에는 아프리카의 짐바브웨 쇼나족의 석상인 추풍구Chupungu가 전시되고 있다. 이 석상들은 검은 빛의 독특한 색과 디자인이 식물원과 잘 어울려서인지 미주리식물원, 벨기에국립식물원 등에서도 이를 설치해 놓았다.

이 밖에도 다양한 이벤트가 연중 열리는데 예를 들면, 매년 2월에는 국제 난페스티벌, 7월에는 국제 망고페스티벌이 열리고, 9월에는 45,000여 명의 회원을 위한 대대적인 식물판매행사가 개최된다.

Travel tip

주소 10901 Old Cutler Road, Coral Gables, FL 33156, USA
홈페이지 www.ftg.org
전화 +1 305 667 1651
개원시기 및 시간 크리스마스를 제외하고는 평일에는 09:30~16:30까지, 주말에는 07:30~16:30까지 연중무휴로 개원한다.
면적 33ha

50

호놀룰루 도심 속의 열대식물원

포스터식물원

Foster Botanical Garden

하와이 특별보호수인 열대아몬드(앞)와 카폭(뒤)의 거대한 둥치

하와이는 미국인은 물론 한국인들도 가장 선호하는 여행지 중의 하나이다. 여러 개의 섬으로 이루어져 있지만, 사람들이 하와이를 간다고 하면 대개는 하와이 주도인 호놀룰루의 소재지이고 세계적으로 유명한 와이키키 해변이 있는 오아후 섬에 가는 것을 의미한다. 호놀룰루 시에서는 하와이의 식물을 보존하고 전시하기 위해 포스터식물원, 릴리우오칼라니식물원, 호말루히아식물원, 와히아와식물원, 코코크레이터식물원 등 다섯 개의 식물원을 운영하고 있다. 이 중 가장 오래된 식물원이자 호놀룰루 시 식물원의 행정 본부가 위치해 있는 곳이 포스터식물원이다. 포스터식물원은 호놀룰루 다운타운에서 그리 멀지 않은 거리에 있으므로 쉽게 가볼 수 있다. 식물 애호가라면 화산분화구에 조성되어 특이한 생태를 보여주는 코코크레이터식물원도 가볼 만하다. 와이키키에서 버스로 40분 정도 가면 멋진 해변이 보이는 입구에 도착하고 여기에서 10분 정도 걸으면 분화구 속에서 자라는 식물을 감상할 수 있다.

식물원의 역사

포스터식물원의 역사는 1853년 칼라마 왕비가 현재의 포스터식물원의 주정원이 있는 지역의 땅 1.8ha를 윌리엄 힐레브란드 William Hillebrand 박사에게 임대하면서 시작되었다고 할 수 있다. 그 당시 하와이의 왕인 카메하메하 3세는 의사이자 식물학자였던 독일 출신 힐레브란드를 세계 각지에 보내 하와이에 경제적으로 도움이 될 가능성이 있는 열대식물을 수집하게 하였고 그 때 수집된 넓은잎남양삼나무 Bunya-Bunya, 남양삼나무 Hoop Pine, 카폭 Kapok 나무 등이 하와이 특별보호수로 지정되어 지금도 포스터식물원에서 자라고 있다. 오늘날 하와이 전역에서 흔히 볼 수 있는 플루메리아나무도 이때 힐레브란드 박사가 들여온 것이다. 식물의 실용적 기능을 중시했던 힐레브란드 박사는 향기 좋은 멕시코 플루메리아를 호놀룰루의 빅토리아 양식 정원에 심기 위해 들여왔다. 이후 플루메리아나무는 하와이 전역에 퍼졌고 하와이 전통 꽃목걸이인 레이를 만드는 데 쓰이는 꽃이 되었다.

힐레브란드가 만년에 독일로 돌아간 후 하와이 왕가의 친척이었던 토마스와 메리 포스터 부부가 1871년에 이 땅을 사들여 정원을 가꾸며 지속적으로 개발했다. 1930년 메리 포스터가 사망하면서 2.2ha에 달하는 정원을 호놀룰루 시에 기증하였고, 1931년 11월 30일 포스터식물원으로 일반에게 공개되었다.

초대 원장이었던 해롤드 라이언Harold Lyon 박사는 27년간 포스터식물원에 재직하면서 하와이에 10,000여 종류의 새로운 식물을 들여왔으며, 포스터식물원의 유명한 난 컬렉션도 이때부터 시작된 것이다.

이후 시의 지원과 개인의 기증으로 식물원은 5.6ha로 확장되었으며, 160년이 넘는 기간 동안 세계 각처에서 수집한 열대식물과 희귀종, 그리고 멸종위기식물들이 모여 있는 살아있는 박물관으로 발전해 왔다.

식물원의 구성

포스터식물원에 들어서면 거대한 나무들과 잎이 무성한 야자나무들로 꽉 들어 차 있어 호놀룰루 시내인데도 마치 밀림에 들어선 것과 같은 어둑하고 시원한 느낌을 준다. 포스터식물원은 중심정원, 중간정원, 라이언난정원, 실용정원, 선사계곡정원, 나비정원, 하와이 특별보호수구역 등으로 구성되어 있다.

퀴포나무 *Cavanillesia platanifolia*

주정원은 1853년 건립 당시부터 있었던 것으로 식물원에서 가장 오래된 정원이다. 여기에는 하와이 특별보호수인 코코넛, 돼지매화Hog Plum, 가짜올리브False Olive, 퀸즈랜드카우리Queensland Kauri, 여행자나무Travellers Tree, 카폭나무, 열대아몬드Tropical Almond, 남양삼나무, 더블코코넛나무 등 거대한 나무들이 우뚝 서 있다.

중간정원에서는 야자수와 토란, 헬리코니아, 생강을 볼 수 있다. 실용정원에는 실생활에 유용한 향료, 염료, 독, 음료에 쓰이는 실용적인 식물과 허브식물이 심어져 있다. 선사계곡정원에서는 고생대에 번성했던 원시식물이 전시되어 있다. 사람들이

바오밥나무 *Adansonia digitata*

산호나무

플루메리아

라이언난정원에 피어 있는 열대란

사용하는 비료, 약품, 플라스틱 재료, 페인트, 직물 등은 이 식물들의 화석에서 채출된다.

포스터식물원의 난 컬렉션은 유명하다. 초대 원장인 라이언 박사 이름을 딴 '라이언난정원'에서는 바위, 나무 둥치, 지면 등에서 꽃을 피운 여러 종류의 대륙별 난을 볼 수 있다. 난정원의 남쪽 바다가 보이는 쪽의 울타리에는 각양각색의 브로멜리아드가 자라고 있다. 라이언난정원에서 남쪽으로 조금 내려가면 다양한 난품종이 자라고 있는 난온실이 있다. 난온실 바로 옆에는 하와이 산 나비들의 서식 공간인 야외나비정원이 있다.

1975년 하와이 주 의회에서는 나무의 수령, 희귀성, 위치, 크기, 고유성, 역사 문화적 의미 등을 고려하여 보호가 필요한 나무를 지정하는 특별보호수법Exceptional Tree Act 105을 제정하였다. 이 법령에 의거 오아후 섬에서 지정된 나무는 100여 종에 이르는데, 포스터식물원에는 이들 중 24종을 보유하고 있다. 대부분 아름드리 큰 나무들인데 특별보호수 팻말이 붙어 있어 쉽게 알아볼 수 있다.

야자수가 우거진 숲에서 하늘로 솟구쳐 올라 눈에 띄는 거대한 나무가 있다. 파나마가 원산지인 퀴포Quipo 나무이다. 1930년에 이곳에 옮겨 심었다는데 한 장의 사진으로 담을 수 없을 정도로 키가 크다. 이보다 더 거대한 나무는 바오밥나무이다. 바오밥나무의 둘레는 성인 여러 명이 팔을 벌려 잡아야 할 정도로 몸체가 거대하다. 바오밥나무는 중앙아프

관엽식물과 어우러진 다양한 난품종

리카 건조지역에서 잘 자라는데 이 나무에서 고무풀이나 로프 용도로 쓰이는 섬유와 종이의 원료가 추출된다고 한다.

이처럼 포스터식물원은 열대식물과 보리수, 필리넛 Pili Nut, 큰배롱나무 Giant Crape Myrtle, 포가다 Pogada, 구아나 Guana 등 24종의 하와이 특별보호수 그리고 다양한 난의 수집으로 널리 알려져 매년 75,000명의 방문객이 관람하고 있다.

식물원의 운영 특성

포스터식물원은 후원회를 조직하여 이를 통해 식물 수집을 위한 자금 마련, 참고자료 및 서적 기증, 직원 현장 근무, 식물 연구 후원 등 여러 분야에서 도움을 받고 있다. 포스터식물원후원회에서는 정원 관리 기술 및 원예 기법에 관한 강좌를 제공하고 있으며, 매년 7월 보름날에 '한여름 밤의 미광' 이라는 행사를 개최한다. 또한 후원회 주최로 매년 한 차례씩 식물 판매 행사를 열고 있다.

포스터식물원의 자원봉사 프로그램은 종묘, 정원 관리, 접수, 안내 등을 통해 식물원 운영에 보다 적극적으로 참여할 수 있는 기회를 제공한다. 특히 식물원 가이드 프로그램은 거의 전적으로 자원봉사자들이 맡아서 하고 있다.

Travel tip

주소 50 N. Vineyard Blvd., Honolulu, Oahu, HI 96817, USA
홈페이지 www.honolulu.org./park/hbg
전화 +1 808 522 7060
개원시기 및 시간 매일 09:00~16:00까지 개원하나 크리스마스와 1월 1일은 문을 닫는다. 가이드 투어는 월요일부터 토요일까지 매일 오후 1시에 시작한다.
면적 약 5.6ha

51

다채로운 예술작품과 사막식물이 만나는

피닉스사막식물원

Phoenix Desert Botanical Garden

입구광장의 선인장과 조형물

40도를 넘나드는 뜨거운 햇살 아래 사막을 지나 피닉스 시로 접어들게 되면, 이곳이 사막에 세워진 도시인가 의심할 정도로 세련되고 화려한 도심을 볼 수 있다. 깔끔하고 정갈하게 잘 자란 도시의 야자수들은 사람과 더불어 식물들의 천국임을 연상시켜준다. 이곳 도심에서 동쪽으로 반시간 가량 이동하면 세계 어느 곳에서도 찾아보기 힘든 희귀식물들로 가득한 식물원이 하나 나타난다. 이곳이 바로 사막식물원이다. 피닉스 스카이하버 국제공항에서 10분 정도의 거리에 위치한 파파고공원 인근에 자리 잡고 있는 사막식물원은 세계적인 사막식물의 집합소라해도 과언이 아니다. 지역명이나 다른 고유명사 없이 바로 사막식물원이라는 이름을 사용한 것으로만 봐도 세계 유일의 사막식물원이라는 그들만의 자부심은 대단하다.

식물원의 역사

사막식물원의 역사는 1930년대로 거슬러 올라간다. 당시 사막이라는 독특한 환경에 관심을 가지고 있었던 소수의 헌신적인 피닉스 시민들은 어디서도 보기 어려운 아름다운 사막식물의 보전을 중요한 시대적 사명으로 느끼고 있었다. 이러한 시민 중 한 사람이었던 스웨덴 식물학자 구스타프 스타크Gustaf Starck는 '사막을 구하자!'라는 구호 아래, 같은 뜻을 가진 주민들과 함께 1936년 애리조나선인장 및 토종식물군협회Arizona Cactus and Native Flora Society(이하 ACNFS)를 설립하게 된다. 세계 어느 곳에서도 찾아보기 힘든 독특한 아름다움을 지닌 소노란사막Sonoran Desert의 식물을 적극적으로 홍보하고 이해시키기 위한 후원이 이때부터 본격적으로 시작된 것이다. 특히 아카디아Arcadia의 거부였던 거트루드 웹스터Gertrude Webster가 이 단체에 가입하면서 식물원 설립을 위한 재정지원이 더욱 적극으로 추진되었다. 그리하여 이듬해인 1937년에는 파파고공원 내에 사막식물보호

식물원 입구를 장식하고 있는 선인장 광장

를 기치로 내건 작은 식물원 하나가 설립되게 되었다.

이후에도 재정적 지원을 아끼지 않았던 웹스터는 스타크Gustaf Starck, 워커W. E. Walker, 하스케트Rell Hasket, 크라이바움L. L. Kreigbaum, 윌슨Samuel Wilson 등 5명의 부회장과 함께 초대 이사회 회장으로 추대되기도 하였다. ACNFS는 이후에도 많은 노력을 거듭하여 1938년에 조지 린드세이George Lindsay를 식물원의 총관리 책임자로 고용하게 되었으며, 전문 관리자인 린드세이의 권유로 1939년에 현재의 위치로 이전하게 되었다. 이후 비영리 박물관으로서 사막식물의 연구와 교육, 보전 및 전시 등에 관한 역할을 수행하며 지금에 이르게 되었다. 이처럼 지역사회에의 헌신을 목표로 자신의 소중한 능력과 재산을 기부한 훌륭한 자원봉사자들의 노력이 이곳 사막식물원의 역사를 만들게 된 것이다.

식물원의 구성

주차장에서 식물원 방향으로 발걸음을 옮기다 보면 마치 새로운 세계로 인도하는 듯한 아기자기한 장식의 작은 철제 다리를 건너게 된다. 다리 건너 식물원 매표소를 지나 입구에 들어서면 사막식물원이라는 이름이 무색할 정도로 다채롭고 알록달록한 환경조형물들이 여러 선인장들과 함께 춤을 추듯 전시되어 있다. 다소 경직되어 보이는 가시 돋친 선인장들의 딱딱함을 완화시키려는 식물원 자원봉사자들의 노력을 엿볼 수 있다. 이처럼 사막식물원 곳곳에는 자원봉사자들의 애정어린 손때가 묻어 있는 크고 작은 소품들이 가득

부잠나무 Boojam, *Fougueria columris*

금호선인장

원색의 조형물

계절별 생산 작물로 구성한 Philip Haas의 작품 'The Four Seasons'

하다.

사막식물원에는 2개의 중요한 상설 전시장과 4개의 트레일 코스가 있다. 우선 산책을 즐길 수 있는 4개의 트레일 코스 중 중앙에 위치한 사막 디스커버리 트레일은 사막식물원에서 가장 중요한 트레일 코스로 540m의 코스를 따라 오랫동안 자라온 사막식물들을 감상할 수 있다. 소노란사막의 식물과 인간 트레일 코스는 사막생활에 적응하기 위한 인간들의 다양한 의식주 활동을 비롯하여 도구의 사용 사례들을 보여주며 전시하고 있다. 400m 길이의 소노란사막 자연트레일에서는 사막과 산, 식물과 동물들의 아름다운 전경을 즐길 수 있는 산책로이다. 마지막으로 다른 산책로와는 약간 떨어져 위치한 해리엇 맥스웰 사막 야생화 트레일은 다채로운 사막 야생화를 비롯하여 벌새Hummingbirds와 사막 꿀벌들의 상호작용 등을 배울 수 있는 교육적인 내용으로 꾸며진 코스이다. 이들 4개의 테마 산책로는 소노란사막의 서로 다른 측면을 보여주는 독특한 경관들로 구성되어 있다. 4개의 산책로 모두 500m 내외의 짧은 산책로로 평지에 위치해 있으며, 각 산책로마다 1~2시간 정도 소요된다. 하지만, 사진이나 더 많은 호기심을 가지고 방문하는 관람객이라면 그 이상의 시간이 소요될 것이니 미리 시간 안배를 잘 해야 할 것이다.

한편 2개의 중요한 상설 전시장으로 2008년 개장한 시빌비 해링턴 선인장 갤러리Sybil B. Harrington Cactus & Succulent Galleries는 전 세계의 아름다운 선인장과 다육식물들을 전시하고 있다. 책을 펼쳐놓은 듯한 형태의 철제 아치 지붕으로 구성된 이 갤러리는 그 화려한 외관 스타일에 걸맞게 세계적인 희귀식물들을 수집하여 전시하고 있다.

한편 그 입구부터가 개인정원을 연상시키는 허브원에는 아기자기한 야생정원을 비롯하여 피칸테정원과 차와 요리의 정원, 치료정원 등을 살펴볼 수 있다. 특히 웨이즈 가족광장 중앙에 위치한 해시계는 많은 사람들의 눈길을 끄는 랜드마크이다.

사막식물원은 호주 컬렉션, 바하 캘리포니아 컬렉션, 남미 컬렉션 등의 건조한 사막 환경에 적응할 수 있는 식물들이 주류를 이루고 있으며, 메스키토 보스케Mesquite Bosque, 반사막 초지Semidesert Grassland, 고산덤불Upland Chaparral 등과 같은 여러 유형의 생태계를 보여주고 있다. 4,000여 이상의 분류군 속에서 21,000여 종류의 식물을 보유하고 있으며, 희귀종이나 멸종위기종인 139종류를 포함하여 3분의 1은 부채선인장과 같은 애리조나 토종식물들로 구성되어 있다. 특히 176종류의 용설란군과 1,350분류군에 속하는 10,350종류의 선인장은 열악한 기후조건 속에서도 비교적 잘 자라는 식물들이다.

식물원의 운영 특성

1937년 거트루드 웹스터나 구스타프 스타크와 같은 자원봉사자들의 노력에 의해 만들어진 사막식물원은 지금도 자원봉사자들에 의해 운영된다고 해도 과언이 아닐 것이다. 이들 자원봉사자의 도움으로 식물원은 매력적인 관광 명소로 성장하게 되었고, 다양한 축제와 이벤트를 비롯한 교육프로그램을 제공함으로써 지역사회 발전에도 크게 기여하고 있다. 특히 봄과 가을에 열리는 '왕나비Monarch Butterfly' 전시는 먼 거리에서도 찾아올 만큼

기념품판매점

선인장을 심어 만든 해시계

책을 펼쳐놓은 듯한 형태의 시빌비 해링턴 선인장 갤러리

유명한 전시프로그램 중 하나이다. 이러한 다양한 행사와 전시들에 더하여 방대한 양의 희귀사막식물들을 수집하여 전시하고 있기 때문에, 이곳은 미국 박물관협회로부터 박물관으로 인정되어 분류되고 있기도 하다. 이러한 이유로 사막식물원에는 연간 30만여 명이 넘는 관람객들이 찾아오고 있다.

한낮의 뜨거운 햇살을 피해 시원한 시간대에 산책하기를 원하는 방문객들과 늦은 오후 활동을 시작하는 사막동물들을 관찰할 수 있게 늦은 시간까지 식물원을 운영하고 있다. 만약 식물뿐만 아니라 새들도 관찰하기를 원하는 방문객이라면 늦은 시간 쌍안경과 함께 조류도감을 들고 식물원을 방문하는 것도 훌륭한 식물원의 이용방법일 것이다.

Travel tip

주소 1201 N. Galvin Parkway, Phoenix, AZ 85008, USA
홈페이지 www.dbg.org
전화 +1 480 941 1225
개원시기 및 시간 5월~9월은 07:00~20:00까지, 10월~4월은 08:00~20:00(독립기념일, 추수감사절, 크리스마스를 제외하고 연중무휴, 2월 20일, 3월 22일, 4월 27일, 5월 23일은 조기 입장 마감)까지 개원한다.
면적 약 58.7ha(이 중 26.3ha가 식물들의 재배 면적)

52

열대식물의 파라다이스

하와이열대식물원

Hawaii Tropical Botanical Garden

고요한 나리연못 위의 하늘을 장식한 나무고사리와 야자수

하와이 제도에서 가장 큰 섬이라 빅 아일랜드라고도 불리는 하와이 섬은 활발한 화산 활동과 변화무쌍한 바다 풍경으로 경관이 빼어나다. 자양분이 풍부한 화산질 토양에서 재배된 코나커피는 이 섬의 특산물로서 전 세계에 알려져 있다. 화산의 자취가 역력한 킬라우에 산이나 마그마의 분출을 볼 수 있는 화산공원이 이 섬을 찾는 관광객의 주된 관심사이지만 꽃과 식물을 사랑하는 사람이라면 하와이열대식물원을 놓치지 말고 들러 보아야 한다. 식물원에 발을 들여놓는 순간 이것이 바로 열대식물원이구나 하는 느낌을 저절로 갖게 될 것이다. 하와이열대식물원은 힐로에서 북쪽으로 약 11km 떨어져 있는데, 여기에 이르는 드라이브 코스도 환상적이다. 식물에 관심이 있다면 하와이 섬에 있는 또 다른 열대식물원인 나니마우가든도 들러 볼 만하다. 1972년 문을 연 나니마우가든은 '영원히 아름다운 나니마우Nani Mau' 란 뜻의 이름에 어울리게 다양한 열대의 꽃과 식물이 화려한 아름다움을 보여준다.

식물원의 역사

하와이열대식물원이 위치한 하와이 섬 오노메아 계곡은 눈 덮인 마우나케아 산의 측면이 하마쿠아Hamakua 해안 쪽으로 열려 있는 곳이다. 폭포, 시내, 숲이 무성한 계곡이 있는 곳으로 하와이 말로 '가장 아름다운 곳' 이라는 뜻의 오노메아Onomea 라는 호칭에 걸맞다.

초기 하와이 인들은 오노메아 계곡에서 타로와 사탕수수를 재배하고, 오노메아 만에서 고기를 잡으며 살았다. 오노메아 만은 배가 손쉽게 접항할 수 있는 자연항의 조건을 갖추어 1800년대 초 오노메아 설탕공장을 건설할 자재를 수입하고 설탕원료를 수출하는 항이 되었다. 지금 하와이열대식물원에서 큰 키를 자랑하고 빽빽하게 줄지어 선 야자수나 코코넛, 망고나무, 구아바나무는 그때 심은 것들로 수령이 150년 이상 된 것들이다. 설탕공장이 문을 닫자 점차 오노메아 계곡은 황폐해져서 여기에 살던 거주자들의 흔적을 찾아보기 어렵게 되었다.

울창한 열대림

1977년에 휴가차 하와이 섬에 와서 오노메아 계곡을 방문한 루트켄하우스 부부Dan & Pauline Lutkenhouse는 이곳의 아름다움에 반해 6.6ha의 부지를 구입하고 이 계곡의 아름다움을 영원히 보존할 수 있는 열대식물원을 조성하기 시작했다. 부부는 1984년 식물원을 일반에게 공개할 때까지 8년 동안 자연환경이 파괴되지 않는 방식으로 식물원 개발에 몰두했다. 열대식물을 수집하기 위하여 아프리카, 오스트레일리아, 발리, 인도네시아, 마다가스카르 등 전 세계의 열대정글을 찾아다니는 한편 식물원 부지를 보호하기 위해 비영리협회를 설립하고 식물원 부지가 팔리거나 상업적으로 개발되지 못하도록 법적 조치를 취하였다. 하와이열대식물원은 17년에 걸친 부부의 노력으로 하와이의 아름다운 자연환경 속에서 보존된 희귀한 열대식물, 헬리코니아, 야자나무, 나무고사리, 수생식물을 볼 수 있는 세계적인 열대식물원이 되었다.

식물원의 구성

하와이열대식물원에는 하와이뿐만 아니라 마다가스카르 등 다른 열대지방에서 수집한 각종 열대식물 2,000종류 이상, 125과 이상, 750속 이상이 자라고 있다. 특히 야자나무 수집에 역점을 두어 거의 200여 종류의 야자나무를 보유하고 있다. 식물원 입구에서 오노메아 만을 향한 경사진 보행로를 따라 걸어가면 100년 이상 된 거대한 코코넛 야자, 1800년대 후반에 심어진 30m나 되는 망고나무, 하늘 높이 솟은 야자나무를 볼 수 있다. 파란 하늘을 배경으로 몽키포드나무, 아프리카 튤립나무, 훌라 야자를 비롯한 야자류와 양치류 식물의 잎이 만드는 아름다운 형상에 감탄할 수밖에 없다.

오노메아 계곡의 폭포

길을 따라 내려가다 보면 다양한 열대식물들이 빚어내는 화려한 색채의 조화가 특히 아름답다. 크로톤*Croton*, 교잡종 티나무Hybrid ti, 칼라테아*Calathea*, 브로멜리아드Bromeliad의 선명한 녹색과 계절별로 피는 꽃의 다채로운 색조가 어우러진다. 헬리코니아정원에는 헬리코니아 롭스트라타*Heliconia robstrata*와 헬리코니아 마리*Heliconia mariae*를 포함하여 미국에서 가장 많은 헬리코니아 종이 모여 있는데 모두 80여 종류의 서로 다른 헬리코니아들이 수집되어 있다. 헬리코니아는 꽃의 모양이나 색이 다양하고 화려해서 헬리코니아만 감상하는 데에도 상당한 시간이 소요된다. 헬리코니아는 종류에 따라 60~600cm까지 자라는데 이곳에 있는 헬리코니아는 나무처럼 거대한 것들도 많다. 헬

파도가 달려 드는 시원한 오노메아 만

리코니아는 대부분 5월부터 8월까지 꽃이 피지만 이 식물원에는 다양한 종류가 있어 1년 내내 헬리코니아꽃을 볼 수 있다.

헬리코니아 옆에는 생강들이 무리지어 있는데 인도양에 있는 모리셔스 섬Island of Mauritius에서 하와이로 옮겨 온 것으로 알려진 횃불생강Torch Ginger의 정열적이고 화려한 꽃과 꽃이라고 보기엔 너무 커보이는 대형 나선형 생강꽃에 놀라움을 금할 수 없을 것이다. 원뿔모양의 현란하게 붉은 꽃은 5월부터 7월까지 지름이 20cm 정도까지 커지는데 키도 6m까지 크고 잎도 커서 생강이 만드는 그늘로 보행로가 시원하다.

파인애플과인 브로멜리아드는 대부분 남아메리카 정글원산인데 전 세계에 400여 종류가 있다. 하와이열대식물원에는 모두 80여 종류의 브로멜리아드가 다양한 모양과 색조로 작은 언덕을 수놓고 있다. 브로멜리아드정원 옆에는 오랜 기간에 걸쳐 수집된 각종 난이 흰색, 분홍색, 주황색, 붉은색 등 다양한 색과 꽃 모양을 보여준다.

바다로 이어지는 길을 따라가면 초기 하와이 사람들과 이주자들에게 식량이 되었던 거대한 빵나무를 볼 수 있으며, 그 가까이에 대포알같이 생긴 열매가 주렁주렁 달린 대포나무가 있다. 이 나무는 브라질 너츠과로 기아나가 원산지이다. 거기서 조금 더 내려가면 오노메아 계곡으로 달려오는 파도가 검은 현무암에 부딪쳐 만들어내는 시원한 물보라의 장관을 만끽할 수 있다. 터틀포인트Turtle Point에서는 운이 좋으면 오노메아 만에 사는 바다거북도 볼 수 있다.

하와이열대식물원의 중앙에는 고요한 나리연못이 있다. 예전부터 마치 그곳에 있었던

헬리코니아 Hanging Heliconia, *Heliconia rostrata*

대형 나선형 생강 Giant Spiral Ginger, *Tapeinochilus ananassa*

대포알나무 Cannonball Tree, *Couroupita guianensis*

것처럼 자연스러워 보이지만 사실은 인공연못으로 바닥에는 물을 품고 있기 위해 8cm 두께의 콘크리트가 깔려 있다. 여기에는 모두 110여 종류의 열대식물이 모여 있다. 그중에는 아프리카 빅토리아 강의 수원지에 자라는 거대한 빅토리아수련과 하와이 섬에서 가장 큰 위wi 사과나무, 부채 모양의 마다가스카르 여행자나무 등이 있다. 맑은 연못에서는 다양한 수생식물을 볼 수 있으며, 열대수련이 거대한 아마존수련 옆에 피어 있고, 연못가에는 아프리카 파피루스 등 각종 부유식물과 습지식물이 자라고 있다. 나리연못 위 하늘을 덮고 있는 나무고사리 잎과 야자나무 잎에 태양빛이 투과되어 나타나는 색과 모양은 열대식물원이 아니면 볼 수 없는 장관이다.

식물원에서 가장 최근에 만들어진 쿡 파인 트레일Cook Pine Trail에서는 내리비치는 햇빛 아래 48종류 이상의 나무와 화려한 꽃을 피우는 식물들을 볼 수 있다. 주황색 꽃이 만발한 아프리카 튤립나무 사이에 달로 향하는 로켓처럼 우뚝 서 있는 쿡 파인은 하와이 섬에서 가장 키가 큰 나무로 약 50m까지 자란다. 이 나무의 이름은 유럽인으로는 처음 1778년에 하와이에 발을 디딘 쿡선장Captain James Cook의 이름에서 유래한다.

하와이 해안에서 흔히 볼 수 있는 거미백합 Spider Lily, *Crinum asiaticum*

여기서는 러프나무고사리Rough Tree Fern, 검은나무고사리Black Tree Fern, 서인도나무고사리West Indian Tree fern 등 많은 종류의 나무고사리도 볼 수 있으며, 다양한 모양과 색을 띠는 히비스커스와 햇빛 아래에서 현란한 색을 보여주는 티나무도 볼 수 있다. 쿡 파인 트레일에서는 또한 하와이

식물원 입구의 경사진 보행로

에서만 자라는 다양한 식물들을 볼 수 있다. 희귀한 야자수종인 프리트카르디아 스카타우어리 *Pritchardia scjattauerii* 도 그중의 하나인데 이 나무는 현재 하와이 섬에서만 수십 그루가 자라고 있다.

하와이 섬에서 가장 아름답다고 하는 3단 폭포가 흘러내리는 오노메아 계곡은 빼어난 경관을 자랑한다. 계곡에는 야자수와 나무고사리가 숲을 이루고 있으며 이끼들이 나무와 바위를 뒤덮고 맑고 시원한 계곡물에는 작은 물고기와 참새우들이 살고 있다. 이 밖에도 나리연못 가까이에는 남아메리카에서 들여온 무지개색 앵무새들이 있는 큰 새장이 있고, 난정원 가까이 있는 연못에서는 분홍색 홍학과 중국 원산의 원앙새도 볼 수 있다.

식물원의 운영 특성

연간 70만 명 이상의 방문객들은 식물을 설명하는 상세한 표찰을 통해 식물의 일반명과 학명, 원산지 등을 알 수 있으므로 하와이열대식물원은 그 자체가 살아있는 교실이다. 또한 하와이열대식물원은 어린들에게 환경과 식물을 가르치는 학습프로그램을 운영하고 있다. 무료로 진행하는 하와이 소재 초등학교 학생들과 교사들을 위한 특별프로그램과 미국 전역의 걸스카우트를 위한 교육프로그램이 대표적인 프로그램이다.

Travel tip

주소 27-717 Old Mamalahoa Highway, Papaikou, HI 96781, USA
홈페이지 www.htbg.com
전화 +1 808 964 5233
개원시기 및 시간 매일 09:00~17:00까지 개원하는데, 16:00에 입장을 마감한다. 추수감사절, 크리스마스, 1월 1일은 휴원한다. 가이드 투어는 토요일 12시에만 가능한데 입장료 외에 $5을 추가로 내야 한다.
면적 6.6ha

53

미국의 대표적 복합문예공간

헌팅턴식물원

The Huntington, Library, Art Collection and Botanical Gardens

로스앤젤레스는 우리에게 가장 친근한 외국 도시 중의 하나로 미국 서부에 갈 때는 대개 들르게 되는 곳이다. 유니버설 스튜디오, 게티 미술관, 혹은 할리우드 등이 로스앤젤레스의 관광 명소로 널리 알려져 있지만, 이런 곳 못지않게 볼 만한 곳이 헌팅턴이다. 헌팅턴은 도서관, 미술관, 연구소, 식물원이 함께 어우러진 복합문예공간이다. 오래된 고문서와 희귀 자료들을 다수 소장하고 있는 도서관, 유럽과 미국의 수많은 미술품들을 수집해 놓은 미술관은 전 세계 인문학자들과 예술사가들이 연구 목적으로 자주 찾는 곳이다. 이들 중 상당수가 당대의 유명 건축가들이 설계한 아름다운 건축물이기도 하지만 이들을 둘러싸고 있는 아름다운 정원으로 이루어진 식물원 역시 명성이 높은 곳이다. 헌팅턴식물원은 특히 열대와 아열대, 그리고 사막지대에서 자라는 식물들의 수집으로 명성이 높다.

식물원의 역사

헌팅턴식물원은 로스앤젤레스를 대도시로 성장시키는데 결정적인 공헌을 한 태평양 전기회사 경영자 헨리 헌팅턴Henry E. Huntington이 설립하였다. 헌팅턴은 샌 가브리엘 계곡의 아름다움에 매료되어 1903년 이곳에 242ha의 부지를 마련하고 이듬해인 1904년부터 식물원 조성 공사를 시작했다. 공사가 진행되면서 각종 식물들을 수집하여 부지에 식재하기 시작했고 식물원이 공식적으로 설립된 것은 1919년에 이르러서이다.

흙을 넣으면 악기 소리가 나는 어린이정원 시설

식물과 함께 희귀본 서적도 수집한 헌팅턴은 1920년에 그동안 수집한 귀중본을 보관할 도서관을 건립하였다. 1927년 그가 사망할

헌팅턴식물원의 핵심인 사막정원

때에는 이미 400권 이상의 희귀본과 필사본이 수집되어 헌팅턴도서관은 세계적인 연구 도서관으로 발돋움했다. 초서의 《캔터베리 이야기》 초간본과 우피지에 인쇄된 구텐베르크의 《성경》은 헌팅턴도서관이 자랑하는 소장품이다.

헌팅턴은 이와 함께 미술품과 공예품도 수집하여 미술관 건립의 기초를 마련했다. 그의 컬렉션은 1928년부터 일반에 공개되었고 현재는 그의 저택, 도서관과 미술관에서 이 컬렉션을 전시하고 있다.

오늘날 헌팅턴은 매년 50만 명 이상의 방문객과 25,000여 명의 어린이들이 찾아오고 1,700여 명의 학자들이 연구 활동을 위해 방문하는 미국의 대표적인 복합적 문예연구기관으로 자리 잡았다.

식물원의 구성

헌팅턴의 전체 면적은 243ha이고 이 중에서 84ha만이 활용되고 있는데, 이 중 49ha가 식물원 부지이다. 헌팅턴이 전 세계로부터 수집한 식물종은 40,000여 종류이고 육종한 것이 20,000여 종류인 것으로 알려져 있다. 주요 수집종은 아가베, 선인장, 소철, 야자, 알로에, 다육식물, 대나무, 동백, 유칼립투스 등이다.

헌팅턴식물원은 13가지 주제정원과 3개의 온실로 구성되어 있다. 주제정원에는 예술품을 적절히 배치하여 자연과 예술작품의 아름다움을 동시에 감상할 수 있게 했다. 예를 들어, 노스 비스타North Vista에는 쭉 뻗어나가는 시선의 초점에 바로크 시대의 분수를 배치하고 양쪽에 동백, 진달래, 종려나무를 심고 이들 사이에 18세기 이탈리아 조각상을 배치해 시원한 조경과 함께 미술품을 감상할 수 있게 했다.

기괴한 분위기를 연출하는 유카 *Yucca filifera*

헌팅턴식물원의 정원 중에서도 가장 인상적인 것은 사막정원이다. 이 정원은 사막을 그대로 옮겨 놓기보다는 사막식물의 독특한 형태와 질감을 이용한 배열로 마치 동화의 나라에 온 것 같은 신비롭고 환상적인 분위기를 만들어 놓았다. 다종다양한 형태의 선인장과 아름다운 꽃을 피운 선인장에 이르기까지 온갖 선인장이 정원을 가득

1914년에 심은 아르헨티나 원산의 옴부나무 Ombu Tree

채우고 있다. 이 정원에는 또한 건조지역의 식물 5,000종류 이상이 모여 있고 사막식물온실에도 3,000여 그루에 달하는 식물이 있다.

사막정원 건너편에는 야자나무정원과 대나무 숲이 조성되어 있고 그 옆에 정글정원을 배치하여 마치 먼 지역을 순간 이동한 것 같은 느낌을 준다. 폭포가 떨어지고 있는 정글정원의 주위에는 싱싱한 브로멜리아드, 생강, 양치류 식물들이 식재되어 있다. 1905년에 만들어진 야자나무정원은 이곳 캘리포니아 지역의 기후에서 자랄 수 있는 200종류 이상의 야자수를 보유하고 있다. 대나무 숲을 지나면 연꽃과 수련이 피어 있는 나리연못이 있는데 이 연못들은 설립자 헌팅턴이 감독한 첫 번째 조경 프로젝트였다고 한다.

나리연못에서 이어지는 넓은 잔디광장 서쪽에는 오스트레일리아 정원이 자리 잡고 있다. 여기에는 유칼립투스를 중심으로 관목 150종류와 남반구의 아카시아, 병솔나무, 캥거루 발톱Kangaroo Paw 등을 볼 수 있다. 잔디광장의 북동쪽에는 아열대정원이 길게 배치되어 있다. 여기에는 자카란다*Jacaranda*, 카시아*Cassia*, 바우히니아*Bauhinia* 등 지중해, 남아프리카, 남아메리카, 중앙아메리카 지역에 분포하는 식물들이 있고, 천사의 나팔, 극락조화, 아가판서스, 분홍분첩꽃나무와 같은 아열대지방의 식물들의 화려한 꽃을 감상할 수 있다.

헌팅턴식물원이 자랑하는 정원 중 하나가 일본정원이다. 살구나무, 벚나무, 등나무, 목련들 사이에 19세기 메이지시대풍으로 실내 장식을 한 일본식 별장이 있고 곳곳에 일본식 탑과 석등이 배치되어 있다. 아치 모양의 다리가 놓인 맑은 연못에서는 수련이 피어 있고,

하얀색의 고운 자갈이 깔려 있는 선정원Zen Garden은 고요한 명상에 잠길 수 있는 분위기이다. 풍경의 아름다움이나 규모 면에서 헌팅턴의 일본정원은 미국 내 그 어떤 일본정원보다도 빼어나다.

일본정원 건너편 지대가 약간 높은 언덕 쪽에 있는 장미원은 1.2ha의 면적에 고대 그리스에서 재배하던 장미부터 가장 최근의 영국의 장미까지 1,800여 종류의 장미를 시대순으로 배치하여 2,000년에 걸치는 장미의 역사를 한눈에 볼 수 있도록 해서 살아있는 장미 도서관이라고 할 만하다. 장미원에 잇닿아 있는 허브원은 약, 음식, 화장품, 염료 등 실용적인 식물들을 한눈에 보여주고 있다. 근처의 셰익스피어정원은 말 그대로 셰익스피어를 주제로 꾸민 정원으로 셰익스피어의 동상이 크로커스, 매발톱, 패랭이, 양귀비 등 그의 작품에 등장하는 식물들에 둘러싸여 있다.

헌팅턴식물원의 또 하나의 독특한 정원은 헬렌과 피터 빙 어린이정원Helen and Peter Bing Children's Garden이다. 이 정원은 헌팅턴식물원의 후원자인 빙Bing 부부의 기증으로 2004년에 만들어진 것이다. 어린이정원은 동물 모양으로 다듬어 놓은 토피어리와 어린이들이 좋아하는 뽕나무, 파피루스, 나무알로에Tree Aloe 등으로 꾸며져 있다. 어린이들이 호기심을 가지고 주변을 탐색하고 체험할 수 있도록 설계된 이 정원은 특히 흙, 공기, 불, 물 네 가지 주제로 꾸며 식물과 인간생활과의 관계를 이해할 수 있도록 하였다. 어린이정원 옆에는 식

안데스의 노신사 Oldman of the Andes로 불리는 선인장 *Borzicactus celesianus*

화려하게 꽃을 피운 알로에

중국정원

물 전시보다는 교육에 중점을 두고 설계된 교육용 온실이 2개 있다. 여기에는 식물과 곤충에 대한 자세한 안내판과 책자를 비치하고 관찰용 확대경과 모니터를 설치하여 자연스럽게 식물에 관한 학습이 이루어지도록 하였다.

동아프리카 마다가스카르 원산인 돔베이아 왈리키
Dombeya wallichii

식물원의 북서쪽 끝에 위치한 중국정원 유방원流芳園은 2008년에 개방되었다. 명왕조와 청왕조 시대의 중국 소주지방의 주택정원 양식을 모델로 만들어졌다. 중국정원의 전통적 요소를 반영하여 가운데 큰 호수를 두고 호숫가에 다실, 정자, 누각, 다리 등의 건축물을 배치하고 중국의 태호에서 가져온 바위와 중국에 서식하는 식물들로 정원을 꾸몄다. 중국정원에서는 우리에게 친숙한 소나무, 대나무, 동백나무, 자두나무, 벚나무, 모란, 연꽃 등을 볼 수 있다.

헌팅턴도서관을 보지 않고는 헌팅턴에 다녀왔다고 할 수 없다. 헌팅턴도서관은 미국에서 가장 규모가 큰 연구 도서관으로

헌팅턴도서관

정적과 고요가 감도는 일본정원

손꼽힌다. 여기에서는 희귀도서, 필사본, 인쇄물, 사진, 지도, 그리고 영국과 미국의 역사 및 문학에 관련된 자료 600만 건을 소장하고 있다. 이들 중 초서의 《캔터베리 이야기》 초간본과 구텐베르크 활자로 처음 인쇄된 《성경》, 오더본의 《미국의 새》 필사본, 셰익스피어 작품의 초판본, 데이비드 소로우의 《월든》 자필원고 등 역사적으로 매우 중요한 도서를 상시 전시하고 있다. 이러한 인류문화사에 귀중한 자료를 전시하는 전시관은 옷깃을 여미게 하는 경건한 분위기로 숨소리마저 잦아들게 한다.

헌팅턴에 가서는 미술관도 들러봐야 한다. 헌팅턴에는 미술작품을 전시하는 3개의 미술관이 있다. 헌팅턴도서관 앞에 있는 헌팅턴미술관은 헌팅턴 부부가 거주했던 주택을 대대적으로 개조하여 15세기부터 18세기에 걸친 유럽의 1,200여 개 작품을 전시하는 미술관이고, 셰익스피어정원 근처에 있는 스코트와 어부루 미술관Scott & Erburu Gallery은 미국작가들의 작품을 전시하는 미술관이다. 메리 로우와 조지 분 미술관The Mary Lou and George Boone Gallery은 미국과 세계 여러 나라 작가들의 작품을 바꾸어가며 전시하는 미술관으로 캘리포니아 남부에 있는 박물관과 미술관들도 이들을 전시할 수 있도록 작품을 대여하기도 하고 대여받기도 하면서 전시하고 있다.

식물원의 운영 특성

헌팅턴식물원은 방문객들에게 다양한 프로그램을 제공할 뿐만 아니라 여러 가지 행사를 통해 방문객의 참여를 유도하고 있다. 매년 12,000명의 어린이들과 750여 명의 교사들이 식물원이 제공하는 프로그램에 참가하여 식물에 대해 학습하고 있다. 뿐만 아니라 식물에 관련된 강좌부터 수채화 그리기, 식물도감의 삽화 그리기까지 성인을 대상으로 하는

정원에 배치된 고풍스러운 조형물

다양한 유료 강좌도 개설되어 있다. 식물원에서는 강의 주제와 관련된 사진전 등 특별전시를 종종 개최하며, 매년 정기적인 판매 행사도 열고 있다.

무료 식물원 투어도 실시하는데 월 · 수 · 목 · 금요일은 12시에서 2시 사이, 토요일과 일요일에는 10시 30분에서 2시 30분 사이에 자원봉사자의 안내를 받을 수 있다. 이외에도 유료로 식물전문가와 함께 식물원 투어를 할 수도 있다. 가이드와 식물원을 둘러보고 장미원에 있는 찻집에서 영국 차와 샌드위치, 신선한 과일을 즐길 수 있는 '차와 투어'에 참여하려면 1개월 전에 예약을 해야 한다. 헌팅턴에서는 900명 이상의 자원봉사자들이 안내, 정원 관리, 보조 등 다양한 분야의 일을 돕고 있다. 노인 봉사자들이 즐거운 표정으로 식물원을 안내하는 모습도 아름답게 보인다.

Travel tip

주소 1151 Oxford Road, San Marino, CA 91108, USA
홈페이지 www.huntington.org
전화 +1 626 405 2100
개원시기 및 시간 화요일은 쉬고, 월, 수, 목, 금요일은 12:00~16:30까지, 토요일과 일요일은 10:30~16:30까지 개원한다. 매월 첫 번째 목요일은 무료개방을 하는데 온라인 신청을 통해서만 무료입장권을 발부한다. 추수감사절, 크리스마스 이브, 크리스마스, 1월 1일, 독립기념일은 휴원한다.
면적 49ha

54

웅장한 폭포와 아름다운 식물의 조화

나이아가라식물원

Niagara Park Botanical Gardens

나이아가라식물원의 초화화단

캐나다와 미국의 국경에 걸쳐 있는 나이아가라 폭포는 세계적인 관광지이다. 5대호 중에서 이리 호와 온타리오 호로 통하는 나이아가라 강이 폭포를 만든다. 폭포의 주변은 경치가 아름다워 공원화되어 있으며 교통과 관광시설이 정비되어 있어 세계 각국으로부터 많은 관광객이 모여들고 있다. 이곳에는 세계적인 가드너 교육기관인 원예학교가 있으며 나이아가라식물원이 있어 더욱 많은 볼거리를 제공하고 있다.

식물원의 역사

나이아가라공원위원회는 1930년대 초부터 폭포 주변의 공원을 확대 개발하기로 계획을 세우면서 숙련된 정원사의 필요성을 크게 느끼게 된다. 이에 따라 1936년 나이아가라공원위원회에서 숙련된 정원사 양성을 위하여 초급정원사 훈련학교를 설립한 것이 현 식물원의 모태이다. 이 학교는 공원의 조경을 유지하고 관상식물을 재배하는데 필요한 지식과 기술을 습득하여 공원의 유지관리와 발전에 크게 기여한 것으로 평가되고 있다.

이후 1959년에 나이아가라공원위원회 원예학교로 이름이 바뀌었다가, 늘어난 수집 식물과 잘 가꾸어진 캠퍼스를 더욱 발전시키기 위하여 1990년에 나이아가라공원식물원 및 원예학교로 이름을 다시 변경하여 오늘에 이르고 있다. 그리고 1993년부터 3,400만 달러의 예산을 투입하는 장기적인 식물원 및 공원 발전계획을 수립하여 1996년에는 북미에서 가장 큰 나비원과 원예식물 생산용 유리온실 등을 완성하였다. 현재 연간 75만 명 정도가 방문하고 있다.

식물원의 구성

나비원으로 개조된 온실을 중심으로 허브원, 숙근초원, 채소원, 장미원, 암석원, 관목을 이용한 경계화단, 화단용 초화류 전시원, 왜성침엽수원, 만병초원, 수백 종류의 수목과 관목으로 채워진 수목원 등으로 이루어져 있다. 그리고 주요 수집 식물군에는 버드나무과, 콩과, 자작나무과, 피나무과, 너도밤나무과, 측백나무과, 느릅나무과, 뽕나무과, 버즘나무과, 칠엽수과, 소나무과, 층층나무과, 단풍나무과, 장미과, 은행나무과, 물푸레나무

조형물과 숙근초원

나비원 전경

과, 무환자나무과, 감나무과, 두충나무과, 조록나무과, 주목과, 가래나무과 등이 있다. 또한 나이아가라폭포 공원에 산재되어 있는 정원과 다른 볼거리들을 같이 즐기는 것이 좋다.

나비원은 나이아가라식물원에 있던 열대식물온실을 개조하여 1996년에 개원하였으며 다양한 열대관엽식물과 아름다운 나비의 세계를 감상할 수 있다. 세계 6개 언어로 음성 안내 시스템이 운영되고 있다.

1945년에 나이아가라공원위원회에 의하여 세워진 나이아가라공원온실은 캐나다 쪽 폭포에서 약 500m 남쪽에 있다. 약 992m^2 면적의 온실에 다양한 열대식물과 관상 조류를 볼 수 있다. 1980년에 리셉션센터와 전시관이 추가로 건축되었다. 연중 오전 9시 30분부터 개원하며 무료이다. 봄철 특별전시, 부활절 전시, 수국 전시, 제라늄 전시, 여름 특별전시, 베고니아 전시, 국화 전시, 크리스마스 전시 등이 연중 개최되고 겨울에는 겨울 불빛 축제로 유명하다.

온실 주변에 설치되어 있는 분수와 조각상들은 화려한 꽃을 피우는 장미들과 어울려 경관을 더욱 매력적으로 만들어 주고 있다. 또 공원에는 시각장애인을 위한 정원이 1985년에 조성되어 식물에 점자 식별표찰이 부착되어 있기도 하다.

향기원은 나이아가라공원온실 옆에 있으며 각종 방향성 식물과 허브를 감상할 수 있다. 시각장애인을 위한 점자 해설판도 일부 설치되어 있다. 꽃시계는 1950년에 온타리오 하이드로

꽃으로 만든 캐나다 국기

숙근초화단과 토피어리

Ontario Hydro에 만들어진 것을 이곳으로 이전한 것이다. 2년마다 시계문양이 교체되며 16,000본의 초화류가 사용된다.

온실 내부

식물원의 운영 특성

식물원과 같이 운영되는 원예학교 학생들의 학습활동을 통하여 식물원이 관리 및 운영되고 있다는 점이 특징이다. 1936년에 개교한 원예학교 교육에서 가장 중요하게 강조하여 온 점은 최고의 원예기술을 갖춘 졸업생을 배출한다는 것이었다. 따라서 학교의 교육프로그램은 모든 학생이 매일 학교 캠퍼스(식물원)에서 몸으로 직접 다양한 원예활동에 참여하는 것으로 설계되어 운영되고 있다. 즉 원예학교 학생들이 식물원의 관리와 발전에 중요한 역할을 수행하고 있다. 학생들은 캠퍼스에서의 실습뿐만 아니라 강의실에서 원예학 전반에 대한 깊이 있는 이론 강의를 수강하도록 설계되어 있다. 강의실에서의 학문적인 공부와 식물원에서의 현장실습이 잘 조화된 교육과정이 이 학교의 가장 큰 장점으로 평가되고 있다. 또한 식물원 외부 화단에 식재되는 초화류들은 모두 자체적으로 생산된 것이다.

이 식물원의 운영 목적은 "학생들에게 원예의 예술, 기술, 과학에 관한 교육을 통하여 존경받는 원예가를 양성하고 방문객에게 즐거움, 교육, 학습, 연구의 기회를 제공한다. 그리고 관상원예 분야 유경험자에게는 전문가 훈련과정을 제공한다."이다.

연중 관람객에게 식물의 세계와 정원에 관한 풍부한 경험을 제공하는 나이아가라식물원은 일출 후부터 일몰 전까지 무료로 개방되고 있지만 주간에는 별도의 주차비가 필요하다.

Travel tip

주소 2565 Niagara Parkway, Niagara Falls, Ontario L2E 6S4, Canada
홈페이지 www.niagaraparks.com/garden-trail/botanical-gardens.html
전화 +1 905 356 8554
개원시기 및 시간 연중 해뜰 때부터 해질 때까지 무료로 개방하고 있다.
면적 20.5ha

55

캐나다 식물원의 자존심

몬트리올식물원

Montréal Botanical Garden

자동차와 초화류를 이용하여 장식한 온실 내부

캐나다에서 두 번째로 큰 도시이면서 유럽과 캐나다 각지를 연결하는 교통의 중계지 역할을 하는 몬트리올은 1976년에 우리나라가 최초로 금메달을 딴 올림픽을 개최한 도시로도 우리에게 친숙한 곳이다. 19세기 중반에는 캐나다의 수도였으며 영어보다 불어를 주로 사용하고 프랑스풍의 식당, 건물 및 극장이 많아서 '북아메리카의 파리' 라고 불리기도 한다. 지금은 영국식(또는 영어식) 문화가 점점 확산되고 프랑스적 색채는 줄어들고 있다고 한다. 몬트리올을 방문하면 올림픽공원 옆에 있는 세계적인 규모와 내용을 자랑하는 몬트리올식물원을 반드시 방문하는 것이 좋다.

식물원의 역사

1920년에 마리에 빅토린Brother Marie-Victorin 경이 설립한 몬트리올대학 식물학연구소가 현 식물원의 모태이다. 또 마리에 빅토린은 1929년 한 연설에서 몬트리올 시에도 식물원이 반드시 세워져야 한다고 역설하였는데, 이때 그 연설을 들은 청중 속에는 그의 제자이면서 후에 몬트리올 시장이 되는 카밀리엔 호우드Camilien Houde가 있었다. 그 영향으로 1930년에 몬트리올식물원협회가 설립되었고 1931년에 공식적으로 몬트리올식물원이 설립되게 되었다.

1932년 3월 12일에 식물원 공사가 시작되었는데 시장인 카밀리엔 호우드가 대공황으로 늘어난 실직자들을 대거 식물원 공사에 투입하여 식물원 조성을 도왔다. 그러나 1933년에 카밀리엔이 시장에서 물러나면서 공사는 4년 동안 중지되고 식물원 부지는 폐허 상태로 방치되고 온실은 토끼사육장으로 사용되기도 하였다.

1935년에 카밀리엔이 시장으로 다시 선출됨에 따라 마리에 빅토린은 식물원 조성 재개에 박차를 가하게 되고 1936년에 식물원 원장으로 임명받게 된다. 또 같은 해 유명한 식물학자, 원예사, 조경설계자로서 초기 식물원 계획수립부터 공조해 온 미국인 헨리 튜셔Henry Teuscher를 식물원 수석 원예사로 임명하고 2,000명의 시민을 고용하여 식물원 조성 공사를 재개하였다.

1937년부터 1938년에 걸쳐 온실이 완성되었으나

1944년에는 마리에 빅토린이 교통사고로 사망하였다. 1958년에 열대우림 등의 환경조건을 갖춘 3,970㎡의 전시온실이 준공되면서 식물원은 시민들에게 가장 인기 있는 관람 장소가 되었다. 1970년에 수목원, 1975년에 '식물원의 친구들'의 전신인 자원봉사자 단체가 설립되었다.

1976년에 장미원, 1989년에 일본정원, 1990년에 곤충관, 1991년에 중국정원, 1996년에 리셉션센터, 엽록소방 및 나무집 등이 조성되고, 2001년에 원주민정원 등이 차례로 조성되어 현재의 모습을 갖추게 되었다. 식물원의 규모, 내용, 정원의 아름다움에 있어 세계적인 식물원으로 자부하고 있다.

식물원의 구성

총 22,000여 종류의 식물이 수집되어 있어 살아있는 식물의 박물관이라고 불리어지고 있다. 열대지방 식물을 주로 식재한 전시온실을 비롯하여 30개의 주제정원, 56개의 주요식물수집군 전시원, 수많은 연구원와 운영진 등으로 구성된 몬트리올식물원은 세계에서 가장 크고 유수한 식물원 중의 하나이다.

식물원 정문 부근에 프랑스 정원 스타일로 꾸며진 리셉션 가든에서는 봄에 튤립을 비롯한 추식구근이 화려하게 꽃을 피우고 분수와 폭포, 여름에는 따뜻한 색의 초화류 화단이 조성되고 있다. 1958년에 건축되어 사시사철 풍성한 볼거리를 제공하는 전시온실에는 12,000종류 36,000주의 식물들이 식재되어 있다. 열대우림온실, 건조지역식물온실, 난 및 선인장온실, 양치식물온실, 잡초가 없는 정원, 베고니아 및 제스네리아과 식물온실, 기획전시실 등 10개 온실로 구성되어 있다. 식물원 정문에 있는 리셉션 정원에서 보행로를 따라 이동하면 온실 입구가 나타난다.

원추리가 만개한 숙근초원

1936년에 공사를 시작하여 26년 뒤인 1962년에 완공된 고산식물원(암석원)에는 북극지방, 북미 북동부 고산, 로키산맥, 알프스, 코카서스, 피레네, 동유럽 및 동아시아에서 수집된 고산식물이 식재되어 있다. 웅장한 폭포와 작은 시내, 아름다운 고산식물로 조성된 고산식물원은 이후에도 추가적인 보완공사가 진행되

곤충생태관 내부

어 1981년에 와서야 현재의 모습을 갖추게 되었다. 지피식물과 왜성침엽수, 일부 다육식물, 선인장 등도 볼 수 있으며 캐나다에서 나는 다양한 광물을 전시하여 암석과 조화된 고산식물의 아름다움을 느낄 수 있다. 중국정원 부근 암석원에는 식물원 조성 초기인 1931년에도 자라고 있던 크고 오래된 은단풍이 있는데 식물원에서 가장 오래된 나무이다.

식물원 중심부에 중국 상하이시와 결연관계에 의하여 조성된 중국정원, 조경전문가나 정원사들이 수시로 디자인을 변경하여 다양한 도시정원 조성의 예를 보여주는 도시정원, 인간 생활에 유용하게 활용되는 식물을 수집한 경제식물원 등이 조성되어 있다. 일본정원 부근에 있는 수하원 樹下園, 그늘정원에서는 단풍나무, 서양물푸레나무, 피나무 등이 만드는 녹음 아래에 앵초류, 노루오줌, 옥잠화류, 고사리류 등이 식재되어 있고 봄에 가장 빨리 꽃을 볼 수 있는 지역 중의 하나이다.

분수정원

혁신정원에서는 조경식물의 최신 품종이나 조경패턴의 최근 경향을 보여주고 있다. 이 혁신정원은 몬트리올 시, 페르마콘 사, 몬트리올대학의 조경학과가 공동으로 관리하고 있고 시의 여러 종묘회사에서 해마다 조경식물을 제공하고 있다.

곤충에 관한 교육, 보존, 연구와 정보의 교류를 위하여 세워진 곤충관은 북미에서 가장 우수한 곳으로 평가받고 있는데 식물과 곤충이 서로 어울리고 조화를 이룬다는 점을 보여주면서 16만여 점의 살아있거나 표본 상태의 곤충을 보유하고 있다.

몬트리올식물원에서는 자라는 청소년들에게 원예의 세계를 체험할 수 있도록 젊은이의 정원을 운영하고 있는데, 8세에서 15세까지의 청소년들을 대상으로 1인당 2m×4m 면적의 채소밭을 제공하여 채소와 허브를 재배하고 수확하는 기쁨을 체험하도록 하고 있다.

곤충생태관의 꽃과 곤충 모형

돌너덜 모양으로 조성된 암석원

식물원 전체 면적의 대부분을 차지하고 있는 40ha 면적의 수목원에는 몬트리올 주변 기후대에서 자라는 모든 수목들을 수집하여 놓았다. 200여 종류, 7,000여 그루의 관목이나 교목이 심겨져 있다. 대부분의 종들은 퀘벡 주의 자생 수종이거나 전 세계에서 도입하였는데 과와 속별로 분류되어 식재되어 있다. 봄과 여름철에는 다양한 꽃과 녹음을, 가을에는 화려한 단풍과 열매를, 겨울에는 조류 관찰 장소 등으로 계절별로 즐길 수 있다.

식물원 북동쪽 후문에 위치한 나무의 집은 1996년에 건축되었다. 우리 생활에 나무와 숲의 중요성을 교육하고 캐나다 퀘벡 주의 산림보호에 관한 연구 활동과 결과를 보여주면서 수목원에 수집되어 있는 나무들에 대한 해설을 체계적으로 해 놓았다. 나무의 집 부근에서는 조류, 작은 포유동물, 곤충이 모여드는 습지를 이용하여 자연을 사랑하는 모든 사람들이 관찰로, 해설 패널, 체험 활동을 통하여 환경 생태에 관하여 스스로 학습할 수 있도록 꾸며놓았다.

분수, 파골라, 잘 전정된 생울타리 화단 등으로 구성된 숙근초원은 여름철 내내 아름다운 경치를 제공한다. 최근에 많이 이용하는 숙근초화류 품종들을 다양한 식재 기법으로 전시하여 시민들에게 주택정원 조성에 관한 아이디어를 제공하고 있다. 칸나, 달리아, 글라디올러스와 같이 추위에 약한 구근을 제외하고는 모두 그대로 월동시킨다. 그 외 2.5ha 면적의 일본정원, 20종 및 200품종의 라일락이 수집되어 있는 라일락원, 터키 사회단체와의 협력으로 터키에서 생산된 타일을 이용하여 조성된 평화정원, 장미원, 습지원, 독성식물원 등 다양한 주제정원이 있다.

1936년부터 본격적인 식물 수집을 시작하여 현재까지 수집한 22,000여 종류 중에서 11,000종류는 세계 각처에서 수집한 종이고, 나머지 종류는 원예품종이거나 교잡종들로 구성되어 있다. 앞에서 설명한 식물원 및 곤충관 외에 다양한 동물, 어류 등을 관람할 수 있는 바이오돔과 2013년 4월에 개관하는 천체우주관 등을 동시에 둘러볼 수 있어 충분한 시간을 갖고서 방문하는 것이 좋다. 식물원 관람에 소요되는 시간은 온실 1시간, 곤충관 45분, 그리고 야외 정원 관람에 2시간에서 5시간 정도가 소요된다.

다양한 고산식물이 식재된 암석원

식물원의 운영 특성

몬트리올식물원은 다음과 같이 4개의 큰 목표로 운영되고 있다. 즉 운영 목표는 야외 정원과 온실 전시를 통하여 문화를 창달하고 보급하는 기관으로서의 역할, 다양한 교육프로그램을 통한 교육기관으로서의 역할, 도시의 조경 및 환경문제에 봉사하는 사회적 기관으로서의 역할, 살아있는 박물관과 많은 연구 인력을 활용한 과학적 연구기관으로서의 역할을 수행하는 것으로 되어 있다. 몬트리올대학 식물학연구소와 많은 공동연구를 수행하고 있다.

몬트리올식물원은 광범위한 영역에 걸쳐서 다양한 교육프로그램을 진행하고 있는데, 식물학, 원예, 자연과학 등에 관하여 크게 '학교를 위한 프로그램'과 '일반 대중을 위한 프로그램'으로 구분하여 운영하고 있다.

연간 90만여 명이 방문하고 225명의 직원(여름철에는 400명 이상)이 근무한다. 다른 식물원과 마찬가지로 자원봉사자 조직이 활발하게 식물원 관리와 운영을 돕고 있으며, 25,000여 권의 장서, 500종류의 정기간행물 등을 보유하고 있는 도서관은 캐나다에서 가장 큰 원예, 식물학 및 조경분야 정보센터로 인정되고 있다.

Travel tip

주소 4101 rue Sherbrooke East, Montreal, QC H1X 2B2, Canada
홈페이지 espacepourlavie.ca/en/botanical-garden
전화 +1 514 872 1400
개원시기 및 시간 연중개원하지만 특정 기간 동안 매주 월요일에는 휴원하고, 관람시간은 여름철 기준으로 09:00~19:00까지이지만 월별로 다르므로 홈페이지를 참고하는 것이 좋다.
면적 75ha

56 벤쿠버 시민의 자랑 밴듀센식물원

VanDusen Botanical Garden

헤론 호수의 여름 풍경

밴쿠버는 굳이 주변의 유명한 관광지를 거론하지 않더라도 그 자체가 관광 천국이고 많은 세계인들이 살기 좋은 도시로 손꼽는 곳이기도 하다. 이러한 평가는 사계절 온화한 기후, 주변의 아름다운 자연 경관, 바다와 빌딩, 산과 숲이 잘 조화된 한 폭의 그림 같은 도시 경관 때문이다. 즉 밴쿠버를 방문하였다면 방문하여야 할 가치가 높은 식물원이나 정원이 많다. 그중에서도 시민들의 자원봉사가 식물원 운영에 큰 힘이 되고 있는 밴듀센식물원은 밴쿠버 시민의 자랑이자 자부심이다.

식물원의 역사

캐나다 태평양 철도공사 소유로 1910년까지 관목과 덤불로 뒤덮여 있던 현 식물원 부지는 1911년부터 1960년까지 쇼네시 골프클럽에 임대되어 골프장으로 이용되었다. 그 후 골프장이 다른 곳으로 이전하게 됨에 따라 철도공사는 그 부지를 주택단지로 분할하여 매각을 추진하게 되지만 많은 시민들의 반대에 부딪히게 된다.

1966년에 이 부지를 식물원으로 조성하고자 하는 시민들의 모임인 밴듀센식물원협회VanDusen Botanical Garden Association가 결성되어 밴쿠버시 공원위원회와 협력하여 결실을 맺게 되었다. 즉 밴쿠버 시, 브리티시 주정부 및 개인 기부자인 밴듀센W. J. VanDusen이 각각 1백만 달러를 분담하여 식물원 부지로 매입하게 되었다. 개인 기증자인 밴듀센을 기념하여 밴듀센식물원으로 명명하였다.

1971년에 식물원 공사를 시작하여 1975년 8월 30일에 공식 개원하였

후크시아

수련

숙근초원

눈속에 개화한 모리스 풍년화 *Hamamelis mollis*

다. 1971년부터 1976년까지 식물원 초기 조경공사는 주로 리빙스톤W. C. Livingstone의 지휘로 진행되었고 1977년부터 1996년까지 큐레이터인 포스터Roy Foster가 식물원 운영 및 식물식재를 담당하여 현재의 모습을 갖추게 되었다.

식물원의 구성

밴쿠버 시의 중앙에 위치한 총 22ha의 면적에 어린이정원, 장미원, 캐나다유산정원, 지중해정원, 중국-히말라야원, 히스원Heather Garden, 암석원, 향기정원, 허브원, 밴듀센정원, 암석원 등이 조성되어 있으며, 세계 6대륙으로부터 수집된 약 11,000여 종류의 식물이 식재되어 있다. 밴쿠버 시의 중앙에 위치한 온화한 기후 덕분에 세계 6대륙에서 수집한 식물들이 잘 자라고 있어 연중 어느 때 방문하더라도 아름다운 식물의 세계를 즐길 수 있다.

우선 식물원 입구에는 현재 식물원에서 개화하고 있는 식물의 표본을 채취하여 전시하여 놓아 방문객으로 하여금 사전에 볼거리를 인지할 수 있도록 하였는데, 이는 식물원을 나오면서 관람한 주요 식물의 꽃과 이름을 재확인할 수 있는 매우 유익한 서비스 시스템으로 생각된다.

정문 부근에는 밴쿠버 지역에 자생하는 식물을 수집하여 자생지와 유사한 서식지를 조성하여 식재하여 놓았다. 즉 수령 백 년이 넘은 더글러스 전나무 숲속에 자생식물들을 식재하여 더글러스 전나무 숲 생태계를 볼 수 있도록 조성하였는데 시민들

가을 단풍이 아름다운 헤론 호수

은 이를 보면서 정원조성에 관한 아이디어를 얻고 있다.

정문의 방문객센터를 지나면 어린이정원이 있는데, 모양이 특이하게 가지가 늘어지는 수양성 가래나무, 뽕나무 또는 토피어리를 만들어 놓았다. 여름철에는 석류와 같은 이국적인 과일류나 바나나를 심기도 한다.

수백 종류의 철쭉류와 만병초류가 식재되어 있는 만병초길은 식물학적인 유연관계를 알 수 있도록 구성되어 있으며 중국-히말라야원은 식재된 식물들의 지리학적인 기원을 쉽게 파악할 수 있도록 조성되어 있다.

캐나다유산정원에는 캐나다 전역의 지리학적 생물다양성을 볼 수 있도록 동부 캐나다 삼림, 아한대 숲Boreal Forest, 브리티시콜롬비아 숲, 대초원 등이 조성되어 있고, 캐나다 원산의 토착식물이나 교잡종이 전시된 공간과 초기 이주민들이 재배하였던 과수들이 식재된 소규모 과수원이 있다.

식물원 일부 지역은 인위적인 관리를 최소로 하여 동물들이 서식할 수 있는 자연구역으로 남겨두고 있다. 식물원 내에는 다양한 새들이 서식하고 있는데, 헤론 호수Great Blue Heron에는 오리, 거위와 같은 물새류를 비롯하여 올빼미, 매 등이 관찰된다. 대머리독수리도 때때로 볼 수 있으며 코요테, 다람쥐와 같은 포유동물도 식물원을 서식지로 하여 살아가고 있어 관람객들에게 볼거리를 제공하고 있다.

한국정원의 설경

그 외 미로원, 양치식물을 관찰할 수 있는 양치식물원, 장미과 식물, 남반구 식물, 서북 아메리카 식물을 수집하여 집중 식재한 부분이 있으며, 밴쿠버 시 한인회에서 기증한 육각정Korean Pavilion은 한국인 방문객에게 이국에서의 한국을 느끼도록 해준다. 2005년에 단청작업을 비롯하여 보수작업을 하였다.

밴듀센식물원에서 수집하고 있는 주요 식물군에는 호랑가시나무류, 동백, 전나무류, 은행나무, 히드Heath, 수국, 마로니에, 나리, 모란, 단풍나무, 사과나무, 벚나무속, 청양귀비속, 마가목류, 참나무류, 너도밤나무류, 물푸레나무류, 장미, 주목, 가막살나무류, 대나무, 나도싸리속 *Laburnum*, 양치류, 기타 숙근초화류, 허브 및 관상용 그라스 등을 수집하고 있다.

전 세계에서 수집한 식물 중에서 자생지에서는 멸종위기에 처한 경우가 있다. 밴듀센식물원은 식물수집에 있어 브리티시콜롬비아대학이 수행한 식물수집탐사의 혜택을 받고 있다. 예를 들면 밴듀센식물원의 중국-히말리야원에 자라고 있는 젠 목련Zen's Magnolia은 30년 전에 지역의 한 종묘회사에서 종자를 파종하여 얻은 실생묘인데, 보전을 위한 지구수목전문가 그룹 연합과 곤명식물연구소에서 심각한 멸종위기 목련으로 등재하고 있다. 현재 중국 운남성의 젠 목련 자연 서식지에는 심각한 환경파괴로 인하여 40~50개체만이 생존해 있다고 한다.

식물원에서의 식물관리는 최대한 환경친화적인 방법을 이용하고 있는데, 병해충방제를 위하여 병해충종합관리를 적용하여 농약사용을 최소화하고 있다. 또한 잡초방제, 수분유지, 토양보호 등을 위하여 식물원 전체에 파쇄목과 같은 유기물을 이용하여 멀칭을 하고 있다.

식물원의 운영 특성

밴쿠버 시의 공원위원회 소속으로 밴듀센식물원협회에 의해서 운영되고 있으며 시민을 위한 다양한 교육프로그램을 연중 운영하고 있다. 주요 교육프로그램으로는 식물학 또는 관련 예술 분야에 대한 강의가 연중 진행되는 시더 강의시리즈Cedar Lecture Series, 정원의 조성과 관리에 관한 과정과 수석정원사 과정 외에 어린이와 학교 선생님을 위한 교육프로그램 등이 있다.

밴듀센식물원에는 연간 400명에서 600여 명의 자원봉사자들이 활동하며 식물원 운영에 중요한 역할을 하고 있다. 이들은 각종 교육프로그램의 강사, 교육보조원, 행정보조, 기념품 판매소, 식물 표찰 관리, 종자 채종, 회원관리, 각종 이벤트 준비, 도서관 운영 등에서 활동하고 있다. 연간 25회 정도의 이벤트를 개최하고 있으며 특히 크리스마스를 전후하여 한 달간 진행되는 야간 불빛축제는 밴쿠버 시민들에게 인기가 높다. 또한 식물학, 원예, 조경 등에 관한 5,000여 권의 장서를 보유한 도서관을 회원뿐만 아니라 일반 시민에게도 개방하고 있다.

미로원

밴듀센식물원은 시민들이 즐거운 마음으로 식물원을 방문하며 아름다운 정원, 다양하게 수집된 식물들을 관람하고 식물세계에 대한 이해와 지식을 높이면서 인간 생활에서의 중요성을 배우고 있다. 또한 밴듀센식물원은 BGCI와 캐나다 식물보존 네트워크 회원으로서 식물 보존과 다양성 증진에도 노력하고 있다.

최근에 아름다운 외관과 친환경적 특징을 자랑하는 방문객센터를 새롭게 지어 식물의 세계를 알리고, 원예 및 환경에 관한 문화적 · 사회적 활동(강의, 해설, 안내, 편의시설, 모임 장소 제공 등)을 다양하게 수행하고 있다.

Travel tip

주소 5251 Oak Street, Vancouver, BC V6M 4H1, Canada

홈페이지 www.vandusengarden.org 또는 vancouver.ca/vandusen

전화 +1 604 257 8335

개원시기 및 시간 크리스마스를 제외하고는 연중 개원한다. 월별로 개원시간이 다르므로 홈페이지를 통하여 미리 확인하는 것이 좋다. 여름철(6월~8월)에는 09:00~21:00까지 개원한다. 겨울철에 진행되는 불빛축제 기간 중에도 야간개장을 한다.

면적 22ha

57

꽃과 정원을 사랑하는 사람들의 메카

부차트가든

Butchart Gardens

부차트가든의 상징인 침상원

캐나다 밴쿠버 시를 관광할 경우 카페리를 타고 밴쿠버 섬을 방문하게 된다. 밴쿠버 섬 전체 면적은 남한의 1/3 정도 되는 큰 섬이다. 온화하고 습한 태평양 연안 기후의 영향으로 삼나무등의 침엽수림이 발달되어 있으며 세계에서 몇 안 되는 온대우림이 있는 것으로 유명하다.

그러나 밴쿠버 섬이 유명한 것은 아마도 연중 화려한 꽃들로 관람객을 감탄시키고, 꽃과 정원을 사랑하는 모든 사람들이 반드시 가보고 싶어 하는 부차트가든이 있어서 일 것이다.

식물원의 역사

1904년에 사업가인 부차트가 시멘트 공장을 세우면서 황폐해진 시멘트 공장 주변의 채석장(현재의 침상원 위치)에 그의 부인 제니 부차트 Jennie Butchart 가 아름다운 정원을 조성하면서부터 부차트가든의 역사는 시작되었다.

세계 각처에서 수집된 아름다운 관상 조류와 더불어 1908년에 일본정원이 조성되고 이어 이탈리아정원과 장미원 등이 계속 조성되어 1920년대에 연중 50,000명이 이 정원을 방문하였다. 매년 700여 종류, 100만본 이상의 초화류를 이용하여 3월부터 10월까지 식물원 전체를 끊임없이 아름답게 조성하고 있으며 겨울에는 전등과 조명을 이용하여 아름답게 장식하고 있다. 현재에는 침상원에 유일하게 남아 있는 높은 굴뚝 하나만이 이곳이 예전에 시멘트, 타일, 도자기 등을 생산하던 곳임을 말해주고 있다. 2004년에 개원 100주년을 맞이하였다.

식물원의 구성

총 22ha의 면적에 장미원, 침상원, 일본정원, 이탈리아정원 등 4개의 주 정원을 중심으로 수많은 관람로가 연중 아름다운 꽃으로 장식되고 있다. 식물원 입구에서 왼쪽으로

이탈리아정원 주변의 연못

꽃과 정원을 사랑하는 사람들로 붐비는 입구

일본정원의 가을 단풍

가다 보면 화려한 꽃바구니로 장식된 정자가 하나 보이는데, 1939년까지 부차트가 관상 조류를 수집하여 기르던 곳이다. 조금 더 가면 왼쪽에 침상원으로 가는 표지판이 있다. 전망대에서 약 15m 아래로 내려다보이는 침상원의 아름다운 경관은 저절로 탄성을 자아내게 한다.

침상원의 아름다운 꽃길을 따라 지나가면, 1964년에 개원 60주년을 기념하기 위하여 부차트의 손자인 이안 로스Ian Ross가 조성한 로스 분수가 눈에 들어온다. 분수의 높이는 최대 21m이고 야간 조명장치가 되어 있어 밤에도 화려하고 아름다운 경치를 감상할 수 있다. 로스 분수 관람 후 약간 경사진 콘크리트 길을 따라 오른쪽으로 침상원을 다시 보면서 올라가면 갈림길이 나온다. 왼쪽으로 길을 택하여 조금 가면 인디언들의 조각품인 토템 폴을 볼 수 있고, 여름철 토요일 밤에 펼쳐지는 불꽃놀이를 관람할 수 있는 넓은 잔디밭과 연못이 보인다. 장미원으로 발길을 돌려 여러 종류의 화려한 장미 품종들을 감상하고 장미터널을 지나면 세 마리의 철갑상어 분수대를 볼 수 있다. 이 상어조각들은 동물 조각가로 유명한 시리오 토파나리Sirio Tofanari가 이탈리아 플로렌스에서 주조한 것이다.

다음에는 1906년부터 일본인 정원사의 도움으로 조성되기 시작한 비전통식 일본정원을 볼 수 있다. 작은 시내와 함께 사면에 조성된 이곳은 특히 늦봄에 아름답게 개화하는 히말라야 청양귀비*Meconopsis*로 유명하다. 여기서 조금 더 전진하면 부차트 만Butchart Cove과 바다를 볼 수 있는 전망대에 다다르게 된다.

침상원의 크리스마스 전등 장식

발길을 멈추게 하는 장미

일본정원을 거쳐서 위로 올라오면 부차트가 관상용 오리를 키우기 위해 만든 별 연못과 옛 테니스 코트 자리에 조성된 이탈리아정원을 감상하면서 출구인 기념품 판매소에 이르게 된다.

식물원의 운영 특성

가족 중심으로 운영되고 있는 부차트가든에는 연중 100만 명 이상이 방문하고 있어 명실상부한 세계적인 정원 중의 하나이다. 학술적인 연구를 병행하는 다른 식물원과는 달리 부차트가든은 다양한 화훼식물을 연중 아름답게 조성하고 관리하여 눈으로 보여주는 정원이라는 면에 집중하고 있다. 따라서 타 식물원처럼 학명을 표기한 식물표찰을 의도

로스 분수

여름의 장미원

적으로 사용하지 않고 있으며, 또한 교육프로그램을 운영하고 있지는 않다. 그러나 '식물식별센터'를 통하여 식물원 내에 심겨진 식물에 대한 식별 및 필요한 정보를 얻을 수 있다.

그리고 관람객을 위한 여러 이벤트와 정기적인 행사를 연중 체계적으로 개최하고 있다. 크리스마스를 전후하여 개최되는 야간 조명 쇼를 보기 위하여 세계 각처에서 많은 인파가 몰려들기도 한다.

인기 높은 식당 외에 몇 개의 커피숍을 운영하고 있으며 다양한 품목을 구비하고 있는 기념품점에서 기념품과 씨앗을 구입할 수 있다.

Travel tip

주소 800 Benvenuto Ave., Victoria, BC V8X 3X4, Canada
홈페이지 www.butchartgardens.com
전화 +1 866 652 4422
개원시기 및 시간 연중 오전 9시부터 개원하여, 성수기인 여름철에는 오후 9시 30분까지, 겨울철에는 오후 3시 30분까지 관람이 가능하지만 계절별로 또는 이벤트에 따라서 세부적인 관람시간은 변경되므로 홈페이지를 참고하는 것이 좋다.
면적 22ha

58

대학 식물원의 모범 사례

브리티시콜롬비아대학식물원

University of British Columbia Botanical Gardens

다양한 꽃이 피어 있는 봄철 고산식물원

밴쿠버는 관광도시로서 뿐만 아니라 교육도시로서도 유명한데, 바로 UBC University of British Columbia 대학이 있어서이다. 매년 발표되는 전 세계 우수대학 순위에서 50위 이내의 상위그룹에 속하는 UBC대학은 아름다운 캠퍼스와 우수한 교육시설 및 교수진을 갖추고 있다. 또한 방문하면 할수록 아름다움을 느낄 수 있는 UBC대학식물원을 갖고 있으며 북미에서 가장 아름답게 조성되었다는 일본정원 니토베 Nitobe 기념정원을 보유하고 있다.

식물원의 역사

캐나다 브리티시콜롬비아의 모든 지역으로부터 식물을 수집하고 연구하여 식물상을 파악하고 정확한 이름을 부여하기 위하여 1912년에 주정부의 교육부에서 밴쿠버 동쪽 에손데일 Essondale 에 있는 부지에 약 0.8ha 규모의 농장을 운영하기 시작하였다. 표본실과 도서관도 이때 같이 건설되었다. 스코틀랜드에서 이민 온 저명한 식물학자인 존 데이비슨 John Davidson 이 초기의 농장 업무를 전담하였다. 이후 4년 동안 수많은 자원봉사자, 목동, 답사자, 측량기사, 교사들의 도움을 받아 수집한 9,000여 종류, 25,000개체의 식물을 1916년에 포인트 그레이의 새로운 UBC대학 캠퍼스로 이전하면서 UBC대학식물원이 공식적으로 설립되었다. 이후에 데이비슨은 초대 식물원장과 신설된 식물학과 교수로 부임하게 된다. 1951년에 32년간의 근무를 마치고 데이비슨 교수가 은퇴하고, 식물학과 학과장인 테일러 T. M. C. Taylor 박사의 지도하에 대학 캠퍼스 전체를 식물원으로 지정하고 식물원 발전 계획을 수정하게 된다.

이후 새로운 식물원 운영방침에 따라 그동안 수집되었던 식물과 신규 도입되는 식물들은 캠퍼스 전체에 분산되어 식재되었다. 그러나 예산 부족과 식물의 관리 및 기록 유지가 매우 어려워 대부분의 식물들은 점점 소실되게 되었다. 1963년에 식물원이 다시 본부 토지과에 합병됨에 따라, 초기에 데이비슨 교수가 조성하였던 식물원 흔적은 수목원, 암석원을 제외하고는 모두 사라지게 되었다.

1968년에 로이 테일러 Roy Taylor 박사가 식물원 원장으로 새롭게 임명되면서 현재의 위치로 식물원을 이전하고 초대 원장인 데이비슨 교수의 식물원 운영 목표를 다시 적용하기 시작하였다. 즉 연구를 위한 식물수집을 강화하고 학생들 교육과 훈련을 위하여 온실 및 부대시설의 유지관리를 더욱 지원하며 원예산업계를 대상으로 교육을 실시하고 직접적인 교류를 확대하였다.

그 후 1976년도에 '식물원의 친구들 UBC Friends of the Garden' 이라는 프로그램을 시작하였고, 1985년에는 UBC대학의 농학부 소속으로 편재되면서 1990년대까지 대대적인 관상 자원식물 도입 및 품종개발 연구를 적극적으로 수행하였다. 2000년에 식물원 명칭이 '식물원 및 원예센터' 로 변경되었다가 2002년에 현재의 명칭인 'UBC대학식물원 및 식물연구소 UBC

돌부채속 *Bergenia* 식물

일본정원의 가을 단풍

유럽식물전시원의 봄

Botanical Garden and Centre for Plant Research' 로 변경하였다. 현재 캐나다에서 가장 오래된 대학식물원으로 인정받고 있다.

식물원의 구성

식물원은 크게 북원North Garden과 아시아식물원으로 구성되어 있는데 밴쿠버 남서해안도로가 식물원을 관통하면서 양분하고 있다. 그리고 식물원과 조금 떨어진 대학 캠퍼스에 있는 니토베기념정원(일본정원)도 UBC대학식물원에 속한다고 볼 수 있다. 북원에는 고산식물원, 브리티시콜롬비아 주 자생식물원, 수목원, 숙근초화원, 식용식물원, 약용식물원, 덩굴식물원(정자) 등이 조성되어 있다. 아시아식물원은 동북아시아 및 히말라야 지역에서 수집한 식물들이 미로와 같은 수많은 관람로를 따라 식재되어 있으며 총 8,000여 종류의 식물을 보유하고 있다.

고산식물원에는 수집된 식물들의 원산지를 기준으로 약 1ha의 면적에 대륙별, 국가별로 분류하여 아름답게 전시하고 있어 세계 각처의 식물들을 연중 감상할 수 있는 곳이다. 생장 속도가 느린 왜성침엽수와 특이한 형태의 관목들 뒤에 키 큰 캐나다 자생 수목들을 배경으로 심어 놓아 대조를 보이고 있다. 북아메리카 대륙 부분에서는 용담, 타임류, 패랭이꽃류, 베로니카 등이 아름답게 식재되어 있다. 고산식물들의 생육환경을 조성하기 위해서 다공성 화산암과 모래 등을 이용하여 양지바른 남서 사면에 조성되어 있다.

식용식물원에서는 캐나다의 BC주에서 잘 자라는 채소, 딸기류 및 과수를 유기농법으로 재배 전시하여 주로 도시 어린이들의 자연교육에 활용하고 있다. 관람로를 따라 기하학적으로 전정된 과수 수형을 보는 것도 볼거리 중의 하나이다. 이 식용식물원은 식물원 자원봉사자 그룹인 식물원의 친구들에 의해서 유지관리 되고 있다.

식물원 입구 1ha의 면적에 조성된 자생식물원은 캐나다 BC주의 자생식물을 집중적으로

암석원 전경

수집 식재해 놓았으며 개구리, 곤충 및 새들의 서식지가 있어 분류학, 생화학 분야 등에 관한 정보를 얻기 위하여 유치원생부터 대학원생들이 자주 방문하는 곳이다.

고산식물원 입구에 있는 파빌리온 주변에 숙근초화원이 있는데 여름과 가을에 화려한 꽃들의 색상 조화가 아름답다. 최근에 많이 사용하는 숙근초뿐만 아니라 잠재성이 높은 희귀한 식물들도 식재하여 시민들의 주택 정원조성에 관한 아이디어를 얻어가는 곳이기도 하다.

그 외 약용식물원을 비롯하여 덩굴식물들을 수집해 놓은 정자원Arbour Garden, 새로 도입하였거나 현재 원예적으로 인기가 많은 식물들을 전시한 최신 유행정원, 아시아식물원에서 터널을 지나 고산식물원으로 가는 도중에 조성된 벽정원 등이 있다.

아시아식물원은 수백 년된 시더, 전나무, 북미 솔송나무 등이 등나무, 덩굴장미, 으아리류 등과 어울려 온대우림을 형성하고 있는데, 티베트, 일본, 중국, 한국, 만주 등지에서 도입한 수많은 아시아 식물로 가득 차 있다. 특히 목련, 만병초류, 아시아 단풍나무 등의 수집은 세계적인 수준이다. 이러한 식물 수집은 에딘버러, 큐, 남경, 홋카이도, 아놀드, 하버드식물원(수목원)들과 협력하에 이루어졌다. 아시아식물원에는 미로와 같은 수많은 관람로가 있는데, 식물학과 UBC대학식물원 발전에 기여한 학자 또는 기부자, 종사자 등의 이름을 붙여서 그들의 공적을 기리고 있다.

니토베기념정원 Nitobe Memorial Garden은 본 식물원에서 자동차로 약 5분 거리의 UBC대학 캠퍼스 아시아센터 옆에 있다. 약 1ha의 면적에 캐나다와 일본의 문화적 교류에 큰 기여

식용식물원

북아메리카 식물전시원의 설경

일본정원의 석등

를 한 이나조 니토베 Inazo Nitobe(1862~1933) 박사를 기념하여 조성된 전형적인 일본식 정원으로 북미에서 가장 아름다운 일본정원으로 이름이 높다. 현재 그는 일본의 5,000엔권 지폐 초상화의 주인공이기도 하다. 봄철의 철쭉류 개화, 여름철의 녹음, 가을의 단풍, 겨울의 고즈넉함 등을 즐기면서 20분 정도 산책하는 코스로 적당하다.

UBC대학식물원에서 중점적으로 수집하는 식물군에는 단풍나무속, 으아리속, 산딸나무속, 삼지구엽초, 내한성 유칼립투스, 헤베 *Hebe* 속, 생강나무속, 목련속, 진달래속, 마가목속, 때죽나무과, BC주 자생식물, 고산식물 및 중국식물 등이다.

식물원 입구를 지나서 아시아식물원을 먼저 관람한 후 붉은색이 인상적인 중국식 월문 Moon Gate과 지하 터널을 지나면 북원을 볼 수 있다.

식물원의 운영 특성

UBC대학식물원은 대학 식물원답게 식물연구센터를 운영하고 있다. 단풍나무류, 으아리류, 산딸나무류, 내한성 유칼립투스, 보리수나무류, 목련류, 포플러류, 만병초류, 마가목류, 때죽나무류, BC주 자생식물, 고산식물 및 중국식물 등에 대한 종 다양성과 진화과정, 관상식물의 육종과 품종개발 등에 관하여 27명의 연구진이 활발한 연구를 수행하고 있다.

또한 어린이들의 호기심과 흥미를 유발할 수 있는 어린이식물원 해설안내 시스템을 운영하고 있으며 다양한 교육프로그램도 운영하고 있다.

UBC대학의 약리학부, 예술학부, 농학부, 식물학과 학생들의 교육장소로 활용되고 있

습지원

다. 또한 정원설계 자격증반, 주말반, 정오의 특강 등과 같이 시민을 위한 다양한 교육프로그램을 수행하고 있으며, 1981년부터 자원봉사자들과 학생들로 구성된 홀트라인 Hortline 을 통하여 정원의 조성과 관리에 관하여 전화 상담을 해주고 있다. 특히 기념품, 가드닝 관련 서적, 다양한 식물재료 등을 판매하는 매점은 식물원 자원봉사자 단체인 'UBC대학식물원 친구들' 이 운영하며 그 수익금은 식물원의 연구, 교육 및 발전에 이용된다.

Travel tip

주소 6804 SW Marine Drive, Vancouver, British Columbia, V6T 1Z4, Canada
홈페이지 www.ubcbotanicalgarden.or 또는 www.botanicalgarden.ubc.ca
전화 +1 604 822 9666
개원시기 및 시간 식물원과 판매점은 연중 09:30~17:00까지 관람이 가능하고, 니토베정원은 개원시간이 계절별로 다르다. 식물원, UBC대학박물관 및 니토베정원 등을 한꺼번에 관람할 수 있는 티켓을 구입할 수 있다.
면적 44ha

59

캐나다 최대의 식물원

온타리오왕립식물원

Royal Botanical Gardens Ontario

제라늄이 활짝 핀 식물원의 여름 풍경

식물원 규모면에서 가장 큰 식물원 중의 하나인 왕립식물원은 캐나다 동부 온타리오 주의 토론토에서 나이아가라 폭포로 가는 길목의 벌링턴 시와 해밀턴 시의 경계에 있다. 넓은 면적의 자연보호구역을 이용한 환경 생태 연구와 시민들을 위한 다양한 교육프로그램을 운영하면서 동시에 원예적으로도 아름다운 식물원을 추구하고 있다. 나이아가라 폭포에서 자연의 웅장한 소리를 크게 들었다면 이 왕립식물원에서는 자연의 조용한 속삭임을 나즈막하게 들을 수 있다.

식물원의 역사

왕립식물원은 1941년에 주 정부 조례 제정에 따라 공식적인 독립기구의 식물원으로 개원하였지만, 실질적인 식물원 조성은 1920년부터 해밀턴 시가 시의 북서부 초입부를 아름답게 꾸미기 위하여 정원조성에 필요한 땅을 구입하면서부터라고 볼 수 있다.

1920년대부터 맥퀘스틴Thomas Baker McQuesten을 위원장으로 하는 해밀턴 시 공원관리위원회는 온타리오 주 남서부지역에도 캐나다의 다른 지역에 있는 두 식물원, 즉 오타와Ottawa의 중앙농업시험장과 밴쿠버 시의 UBC대학식물원과 같은 훌륭한 식물원을 조성해야겠다는 신념을 갖고 있었다. 식물재배와 정원설계를 전공한 맥퀘스틴에게는 공원관리위원회가 구입한 북서부 초입 부지를 식물원으로 개발하려고 하는 확고한 의지가 있었다.

1929년에 버려진 자갈밭에 시에서 암석원을 만들기 시작하였고, 같은 해에 맥마스터McMaster 대학의 해밀턴 캠퍼스 공사가 시작되면서 캠퍼스 입구에 정형적인 침상원이 조성되었는데, 해밀턴 시에서 조성 중인 식물원 초입정원의 서쪽 끝부분과 맞물려 있게 되었다. 한편 공원관리위원회에도 식물원 분과가 신설되고 1930년에 162ha 면적을 대상으로 '왕립식물원'이라는 이름을 획득하게 되었다. 그 후 49ha 면적의 헨드리George M. Hendrie의 개인 농장인 헨드리 계곡 농장이 식물원에 기증되는 등 주변의 많은 부지가 식물원으로 편입되었다. 1941년에 초기 식물원 건립에 기여하였던 맥퀘스틴이 온타리오 주 고속도로 및 공원 관련 부서의 장관이 되면서 식물원을 공원관리위원회로부터 독립부서로 발전시켜 486ha 면적을 가진 식물원으로 공식 독립하게 되었다. 즉 처음에는 시 초입에 소규모의 정원 만들기로 시작한 것이 과학적, 교육적, 미학적 기능을 모두 겸비한 현대적이고 세계적인 대규모 식물원으로 발전하게 된 것이다.

2차 세계대전 후, 미국의 저명한 조경학자인 옴스테드 Frederick Law Olmstead 의 영향을 크게 받은 칼 보그스트롬 Carl Borgstrom 이 식물원 원장으로 부임하면서 비약적으로 발전하여 현 식물원의 골격을 완성하게 되었다. 이후에도 계속하여 주변 토지들이 식물원으로 편입되어 1940년대 말에는 면적이 809ha로 늘어났고, 현재 총 1,100ha 면적 중에서 120ha 정도가 식물원으로 개발되어 있다.

양파꽃과 비슷한 알리움

어린이정원의 놀이시설

식물원의 구성

왕립식물원은 온실, 정보센터 및 사무실 등이 있는 방문객센터, 장미원을 중심으로 하는 헨드리정원 Hendrie Park, 숙근초화류를 중심으로 전시하고 있는 레이킹가든 Laking Garden, 암석원, 전 세계에서 가장 많은 종류의 라일락을 수집하여 보유하고 있는 라일락원이 있는 수목원 등 크게 5개 구역으로 구분되어 있다. 각 구역별로 다양하고 아름다운 꽃과 식물의 경관이 연중 끊임없이 제공되고 있어 캐나다 최고의 식물원 중의 하나로 인정받고 있다.

온타리오왕립식물원은 우선 방문객센터가 있는 지역에 주차하고 관

어린이의 호기심을 자극하는 허수아비정원

람을 시작하는 것이 좋다. 이 방문객센터를 중심으로 지중해 식물을 집중적으로 수집하여 전시한 온실, 봄에 수만 개의 튤립과 수선화 등이 개화하는 구근원, 선인장 및 다육식물, 제라늄과 아이비류, 가을 및 겨울의 장식, 난, 실내식물 전시원, 어린이정원, 특정 식물의 개화기와 해충 발생의 관계를 보여주는 생물계절학정원 Synchronous Phenological Indicator Garden, 늦가을과 이른 봄에 개화하는 식물을 수집한 향신료식물원Spicer Court 등이 조성되어 있다. 또한 결혼식이나 세미나를 개최할 수 있는 홀과 기념품을 판매하는 장소 및 도서관이 있다.

헨드리정원은 방문객센터에서 동쪽 방향에 조성되어 있는데 입구에는 시원하게 흘러내리는 벽천과 아름다운 경재화단이 조성되어 있다. 지하통로를 지나면 장미원이 나타나는데 이 헨드리정원의 핵심 관람 요소라고 볼 수 있다. 또한 식물분류원, 약용식물원, 으아리원, 백합원, 향기원, 백리향원, 덩굴식물원, 어린이 원예실습장, 최신 초화품종 전시장, 수선화원, 캐나다 원산 수목원 등이 조성되어 있다. 특히 장미원에 있는 찻집에서 연못에 비치는 푸른 하늘과 구름을 보면서 마시는 차 한 잔의 여유는 관람객의 즐거움을 더해 준다.

레이킹가든에는 1,400여 품종의 아이리스를 볼 수 있는 붓꽃원을 비롯하여 다양한 숙근 초화류들이 집중적으로 수집되어 전시되어 있다. 이 밖에 관상용 그라스류와 단자엽 식물, 시대별로 정원양식의 변화를 보여주는 바바라 레이킹 기념정원The Barbara Laking Memorial Heritage Garden, 작약원, 회양목원, 원추리원, 옥잠화원 등이 조성되어 있어 연중 어느 때에 방문하더라도 아름다운 정원을 감상할 수 있다. 레이킹가든 입구에 있는 'No Mow, No Blow,

여름철 더위를 식혀 주는 분수

나리원

침엽수를 이용하여 만든 해시계

No H_2O' 전시원은 에너지와 물을 전혀 사용하지 않는 친환경 정원의 모델을 제시하고 있다.

1930년부터 1931년에 걸쳐 조성된 암석원은 차를 타고서 이동하여야 한다. 2.4ha 면적에 10만 개의 구근이 식재되는 구근원은 봄철에 화려한 자태를 뽐낸다. 계절별로 다양한 초화를 식재하는 계절초화원, 상록성 관목류로 연중 푸르름을 보여주는 상록관목원이 있다. 특히 벚꽃원, 철쭉원과 더불어 아름다운 바위와 작은 계류가 주변의 비비추, 옥잠화 등과 어울려 있다.

다시 차를 타고 도착한 수목원은 정원이라기보다는 영국식 공원 형식으로 조성되어 있다. 수목원에서는 라일락원, 목련원, 온타리오 주 자생 교목 및 관목원, 산딸나무 및 박태기나무 수집원, 생울타리 전시원, 미로원, 관목을 알파벳 순으로 전시한 관목원 Synoptic Collection of Shrubs, 수양성 나무원, 만병초원, 침엽수원, 자생식물원, 산사나무원, 개나리원, 꽃사과나무원, 가로수원, 너도밤나무원 등이 조성되어 있다. 필자가 방문한 2005년 7월에는 중세시대의 주택, 대장간, 상점 등을 조성하고 옛 복장을 한 배우들이 연극을 공연하는 등 옛 생활상을 재현하는 이벤트를 개최하여 관람객을 맞이하고 있었다. 많은 꽃나무가 일제히 꽃을 피우는 봄철과 단풍이 아름다운 가을철이 특히 관람하기에 좋은 계절이다. 또 식물원에는 4개의 자연보호구역 Cootes Paradise, Hendrie Valley, Rock Chapel, Berry Tract 이 있고 내부에는 약 30km에 달하는 산책로가 있다.

식물원의 운영 특성

온타리오왕립식물원은 캐나다에서 가장 큰 식물원으로서 아름다운 정원과 광대한 자연보호구역을 포함하고 있어 문화, 교육, 과학연구 분야를 선도하는 연구원 기능과 최고의 식물원 기능을 동시에 지향하고 있다. 그리고 살아있는 식물을 수집하여 과학적으로 연구 · 보전하고 대중에게 미적으로 아름답게 전시하며 식물의 유용성을 보여준다는 취지로 식물원을 운영하고 있다.

장미원 주변의 여름화단

수목원 입구에 있는 '자연해설센터' 에서는 학생이나 일반대중을 대상으로 습지, 산림, 초지, 나이아가라 단층 및 경작지 등으로 구성된 자연보호구역과 총 30km에 달하는 생태계 탐방로를 활용하여 자연해설 프로그램을 진행하고 있다.

식물원에서 운영하는 교육프로그램은 크게 가족과 어린이를 위한 프로그램, 성인을 위한 프로그램, 선생님을 위한 프로그램, 원예치료 프로그램 등으로 구분되고, 연중 총 250여 개의 강좌나 특별강연 등이 진행되고 있다. 2006년부터 GSPC The Global Strategy for Plant Conservation 및 UNCB The United Nations Convention on Biological Diversity 의 수행기관으로 지정받아 활동하고 있다.

식물원 운영 목적은 '식물세계, 인간 및 자연 간의 관계에 대한 대중의 이해를 촉진하고 발전시키면서 지역사회와 지구 공동체에 봉사하는 살아있는 박물관이 된다.' 이다.

Travel tip

주소 680 Plains Road West, Burlington, Ontario L7T 4H4, Canada
홈페이지 www.rbg.ca
전화 +1 905 527 1158
개원시기 및 시간 방문객센터를 기준으로 12월 25일과 1월 1일을 제외하고 연중 10:00~17:00까지 개원한다. 암석원과 레이킹가든은 겨울 동안 문을 닫으며 식물원의 다른 야외 지역은 장소와 계절에 따라서 개원하는 시기와 시간대가 다르다.
면적 총 면적 1,100ha 중에서 식물원으로 개발되어 있는 면적은 120ha이고 나머지는 자연보호구역으로 관리되고 있다.

60 시민의 자발적 노력의 결실 토론토식물원

Toronto Botanical Garden

식물원의 여름철 풍경

캐나다에서 몬트리올이 프랑스계 도시를 대표한다면 토론토는 캐나다 최대 도시로서 영국계 도시를 대표한다. 그런데 몬트리올에는 세계적 수준의 규모와 내용을 자랑하는 몬트리올식물원이 있다. 반면에 토론토를 대표하는 식물원이 없음을 콤플렉스로 느껴온 토론토 시민들이 자발적으로 모금운동을 하고 힘을 모아 토론토식물원을 만들었다.

식물원의 역사

토론토식물원의 역사는 1817년에 알렉산더 밀네 Alexander Milne 라는 스코틀랜드인이 에드워드 고원 부지에서 제분업소를 운영하는 것으로 거슬러 올라간다. 그 이후 100년 이상 제분공장으로 이용되다가 잡초가 뒤엉킨 폐허로 변하였다. 1944년에 토론토의 사업가인 루퍼트 에드워드 Rupert Edwards 가 이 땅을 구입하고 '자유롭게 움직이고 숨쉴 수 있는 공간과 사방이 개방된 장소'를 만들겠다는 계획을 세웠다. 그는 꿈을 실현하기 위하여 화려한 정원, 캐나다에서 가장 큰 암석원, 9홀짜리 사설 골프장, 풍부한 야생 생물들이 깃들 수 있는 휴식처 등을 만들기 시작하였다. 그러나 10년 뒤에 에드워드는 이 부지를 공원으로 유지하여 시민들이 자유롭게 이용하도록 한다는 조건하에 토론토 시에 매각하게 되고 그 이후 토론토 시에서 관리해 왔다.

1956년에 에드워드공원이 공식적으로 개원하고 1958년에 토론토정원협회가 공원 내의 건물을 공유하면서 토론토 시민들에게 원예에 관한 지식과 기술을 제공하는 원예센터를 설립하는 것을 꿈꾸게 되었다. 즉 토론토식물원의 모태가 태동한 시점이 된 것이다. 그 이후 원예에

원추리 언덕

관한 다양한 프로그램을 지속적으로 운영해 오다가 2006년에 12개의 주제를 가진 현대적 정원을 약 1.6ha 면적에 조성하여 시민들에게 선보였다. 필자가 2005년 여름에 방문했을 때 명실상부한 토론토식물원으로 태어나기 위한, 즉 공식적인 식물원을 만들기 위한 기금(5백5십만 달러) 조성에 노력하고 있는 모습을 볼 수 있었고, 또한 전시관과 교육장소로 활용할 건물을 신축 중이었다.

또한 수자원을 보호하기 위하여 다양한 방법으로 빗물을 받아서 정수하여 관수용으로 이용하고 재활용하고 있는 점도 토론토식물원의 특징이라고 볼 수 있다.

암석원 형태의 여름 화단

식물원의 구성

12개의 주제정원으로 구성되어 있고 주요 특징은 전형적인 도시주택 정원에 적용할 수 있는 것들로서 시민들이 보고 바로 자신들의 정원에 적용할 수 있는 아이디어를 얻어 갈 수 있도록 조성되어 있다.

식물원의 호수 풍경

우선 식물원 입구에 있는 환영정원 Arrival Courtyard에는 금속 파이프로 짜여진 틀 속에 너도밤나무, 산딸나무 등으로 만든 정형적인 생울타리가 조성되어 있는데 이는 진입로 화단에 심겨진 숙근초 및 잔디밭의 자연스러운 분위기와 대조되어 강한 인상을 연출하고 있다. 밤에는 에너지 절약형 조명으로 은은한 분위기가 만들어진다고 한다.

자수화단은 전통적인 빅토리아 화단양식으로 토론토공원 사무국의 도움을 받아서 유지·관리되고 있다. 매년 다섯 명의 정원사가 꼬박 7일 동안 15,000본의 초화류를 이용하여 아름답게 자수화단을 만들었고 매 3~4주마다 다듬어 주고 있다.

전시정원은 성인과 어린이에게 정원조성에 관하여 실외 교육을 실시하는 실습장의 역할과 동시에 관람객에게 아름다운 화단을 보여주는 기능을 동시에 수행하고 있는 공간이라고 볼 수 있다. 양지와 음지의 환경 차이에 따른 화단조성 기법에 대한 비교도 가능하다. 또 식물의 번식, 전정, 화훼장식 또는 공예 등을 교육하기에 적합한 식물들을 선별하여 식재하고 있으며 친환경적인 방법으로 유지·관리하고자 노력하고 있다.

교재식물학습원

입구정원Entry Garden Walk은 네덜란드의 정원 디자이너에 의하여 설계된 정원으로서 숙근초화, 잔디, 관목, 교목 등을 수형, 질감, 가을의 단풍, 겨울의 자태(실루엣) 등을 면밀하게 고려하여 식재하여 놓았다. 토론토식물원에서 가장 현대적이면서 매력있는 공간으로 인정받고 있기도 하다.

꽃의 정원은 폭포로 수벽이 만들어지는 유리벽, 자연석, 잘 전정된 과수 등과 방향성 관목이나 흰색 꽃을 피우는 숙근초 등이 어울려 우아하면서도 은밀한 분위기를 느낄 수 있는 곳이다. 특히 야경이 아름다운 곳이다.

부엌정원은 다양한 인종이 모여 사는 토론토 시의 특징을 반영하여 해마다 대륙별 또는 인종별로 많이 이용하는 채소들을 전문가의 자문을 받아서 식재하여 전시하고 있다. 예를 들어 2006년에는 일본 사람들이 즐겨 먹는 채소를, 2007년에는 캐리비안 사람들이 즐겨 먹는 채소를 중심으로 조성하였다. 유기적 농법을 이용하고 있으며 화훼류와의 혼식을 통하여 아름답게 조성하고 있다.

매듭정원Knot Garden은 여러 종류의 전정 방법을 볼 수 있는 생울타리와 피라미드 모양과 같은 다양한 토피어리를 중심으로 화단을 조성한 곳이다.

전시정원President's Choice Show Garden에는 도시의 작은 개인정원에 적합한 왜성 상록침엽수와 겨울에 아름다운 색상의 수피를 보여주는 베리 종류가 식재되어 있다. 또한 토론토 지역의 양묘업자들이 개발하거나 처음 도입한 초화류나 장미, 관목류 등을 시범적으로 심어 관람객의 반응을 평가하여 보는 장소로 활용할 수 있도록 소형 화단을 만들어 놓고 있는 점이 매우 인상적이었다.

통나무를 이용한 나무숲 놀이터

교육정원은 어린이들이 자연, 환경 및 원예에 관한 흥미를 직접 체험할 수 있도록 조성된 곳으로 에드워드공원에 있다. 이 밖에 다양한 허브 식물들을 전시한 허브원, 토론토 지역의 자생식물들을 수집하여 전시한 자연정원Nature's Garden 등이 볼 만하다.

어린이정원의 튤립 모양의 디딤돌

식물원의 운영 특성

토론토식물원은 토론토 시에서 운영하는 에드워드공원의 일부분에 자리 잡고 있지만, 시민들의 자발적인 비영리단체에 의하여 운영되는 별도의 조직이라고 볼 수 있다. 이를 두고 토론토식물원과 에드워드공원과의 관계를 "결혼한 것은 아니지만 같은 집에 살고 있는 좋은 친구 관계"라는 말로 표현하고 있다.

토론토식물원은 모든 연령대의 시민들에게 원예 강좌, 워크숍, 이벤트, 식물원 투어, 도서관 이용 등과 같은 프로그램을 실내외에서 이용할 수 있도록 하고 있다. 특히 제임스 보이드 어린이센터The James Boyd Children's Centre나 에드워드공원에 위치한 교육정원에서는 어린이들을 위한 프로그램이 연중 진행되고 있다.

또 2005년에 개보수한 원예센터The George and Kathy Dembroski Centre for Horticulture는 녹색 지붕을 조성하는 기법 등으로 에너지 절약형 건축물로 선정되었다. 이 건물은 많은 방과 스튜디오가 정원과 연결되어 있고 결혼식, 회의실 장소 등으로 이용되고 있다.

토론토식물원은 전적으로 개인, 회사, 재단의 지원에 의존하고 있다. 즉 식물원 운영예산의 96.3%는 교육프로그램 수강료, 회원들의 회비, 이벤트 수입금 및 많은 시민들의 기부금으로 조성되고 있다.

식물원의 미션은 '토론토식물원은 자원봉사자들의 활동에 의한 비영리단체로서 가드닝, 원예, 조경 및 건강한 환경에 대한 이해와 열정을 높이고 존경하도록 만드는 것을 목적으

식물과 곤충의 관계를 보여주는 나비모형

로 한다.' 이다. 또한 1958년에 시민가든센터로 출발한 토론토식물원은 지금까지 수많은 정원사를 배출해 왔고 앞으로도 '토론토를 세계에서 원예 분야에서 가장 앞선 도시로 발전시키기 위하여 노력한다.' 라는 비전을 갖고서 노력하고 있다.

토론토식물원에서는 연간 5,000명의 어린이와 10,000명의 성인을 대상으로 식물, 원예, 정원조성, 환경 등에 관한 100여 개의 강좌가 개설되어 운영되고 있다.

Travel tip

주소 777 Lawrence Avenue East, Toronto, Ontario M3C 1P2, Canada
홈페이지 torontobotanicalgarden.ca
전화 +1 416 397 1340
개원시기 및 시간 공원과 연결되어 있으며 연중 동틀 때부터 해질 때까지 개방한다. 즉 모두 노지정원으로 구성되어 있어 겨울을 제외한 봄부터 가을에 방문하는 것이 좋다.
면적 에드워드공원 전체 면적을 공유하고 있다.

오스트레일리아
69
66
62
65
67
63
64
61
68
70
71

오세아니아

61

도심 속 아름다운 휴식처

멜버른왕립식물원

Royal Botanic Gardens Melbourne

식물원의 핵심 조경 요소인 호수 풍경

오스트레일리아에서 시드니 다음으로 큰 도시인 멜버른은 캔버라로 수도를 옮긴 1927년 전까지 오스트레일리아의 수도였다. 멜버른은 지금까지도 빅토리아풍의 역사적인 건물이나 문화가 많이 남아 있어 '남반구의 런던'이라고 불리는 유서 깊은 도시이면서도 외국인이 많이 거주하고 있는 다문화 도시이다. 멜버른은 '정원의 도시'라는 별명이 붙을 만큼 수많은 정원과 공원이 있다. 도심에 자리 잡은 튜더 왕조 시대의 마을 미니어처가 있는 피츠로이정원도 유명하지만, 멜버른을 대표하는 정원은 도심을 흐르는 야라 강 남쪽에 자리 잡은 멜버른왕립식물원이다.

식물원의 역사

멜버른왕립식물원은 도시가 형성된 지 불과 11년 뒤인 1846년 당시 부총독이었던 찰스 라 트롭 Charles La Trobe이 야라 강 남쪽 기슭에 2ha에 이르는 부지를 선정하면서 조성되기 시작하였다. 식물원은 1857년 유명한 식물학자인 뮐러 Baron Ferdinand von Mueller가 식물원장으로 취임하면서 본격적으로 발전하기 시작했다. 뮐러는 16년간 원장으로 재임하면서 세계 방방곡곡에서 식물을 체계적으로 수집했을 뿐만 아니라 과학센터 및 빅토리아 식물표본관을 신축하여 원예학과 식물연구의 과학적 기반을 마련하였다.

그 뒤를 이어 1873년부터 1909년까지 멜버른왕립식물원장으로 재임한 윌리엄 길포일은 영국의 자연풍경식 정원 양식을 도입하여 식물원의 공간 조형을 대대적으로 바꾸었다. 그는 잔디밭을 넓히고 직선의 동선을 곡선으로 바꾸어 굽이치는 산책로로 만들고, 식물원 중앙의 호수를 장식적으로 바꾸어 풍치를 더하게 했다. 또한 동백이나 진달래, 철쭉과 같이 꽃이 피는 나무를 많이 심어 화사하고 아름다운 경관을 조성하였다. 멜버른왕립식물원은 그가 디자인한 영국식 풍경과 바람의 사원 Temple of the Winds과 같이 멋진 파빌리온들이 오늘날에도 그대로

칸나가 돋보이는 잔디밭

어린이정원 앞의 토피어리

립스틱 바인 Lipstick Vine

다양한 색과 꽃 모양이 아름다운 화단

남아 있어서 우미한 풍광을 연출하고 있다.

현재 멜버른왕립식물원은 역사적, 과학적, 사회적 가치를 인정받아 국가유산목록과 오스트레일리아 내셔널 트러스트에 등록되어 있으며, 식물원이 보유한 많은 나무들이 빅토리아 주 내셔널 트러스트의 중요수목 목록에 등재되어 있다.

식물원의 구성

멜버른왕립식물원은 우거진 숲과 아름드리나무, 그리고 곳곳에 있는 시원한 잔디광장과 물새들이 떼지어 날아다니는 호수가 있어 자연적이고 시원한 풍경을 자랑한다. 곡선으로 휘어진 산책로는 관람객들을 곳곳으로 인도하며 서로 다른 아름다운 조망을 선사한다. 특히 곳곳에 조성되어 있는 넓은 잔디광장은 자칫 단조로워질 수 있는 식물원의 풍경을 한결 아름답고 여유롭게 만드는 역할을 하고 있다.

멜버른왕립식물원은 키 큰 나무숲 너머로 고층건물이 보이는 도심에 있지만 식물원 내부에 들어서면 조용하고 고즈넉한 분위기여서 시민의 휴식처로서 더없이 좋은 곳이다. 식물원 입구가 모두 9개나 되어 어디서나 자유롭게 출입할 수 있어 편리하다. 아침이나 저녁 무렵에는 애견을 데리고 산책을 나온 사람들을 자주 볼 수 있고, 특히 주말에는 가족 단위로 많은 사람들이 호수가 보이는 넓은 잔디에서 놀이를 하거나 휴식을 취하는 모습을 볼 수 있다.

멜버른왕립식물원은 온화한 기후로 말미암아 이국적인 열대식물과 온대식물을 두루 갖추고 있다. 식물은 식물종과 지역적 특색에 따라 26개의 정원을 만들어 전시하고 있으며 총

10,000여 종류, 50,000주의 식물이 식재되어 있다. 그중 중요한 것을 꼽는다면 참나무원, 동백나무원, 허브원, 양치식물원, 오스트레일리아 숲, 건조지역식물정원, 종자장미원, 캘리포니아원, 수자원보호원, 소철원, 남중국식물정원, 회색원(흰색이나 회색 잎을 가진 식물 전시), 숙근류화단, 뉴칼레도니아식물원, 뉴질랜드식물원, 유클립투스나무원을 들 수 있고 열대온실도 있다.

꽃대가 높이 솟은 용설란 종류

오스트레일리아는 물이 부족한 국가이다. 특히 멜버른의 강수량은 시드니나 브리즈번의 반밖에 안되기 때문에 물에 대한 관심이 많은데, 이를 반영하여 수자원보호정원을 조성한 것이 이채롭다. 여기에는 물이 부족해도 잘 자라는 꽃과 식물을 전시하여 식물재배에 귀중한 자원인 물을 현명하게 사용하는 방법을 보여주고 있다.

어린이정원 Ian Potter Foundation Children' s Garden은 입구부터 어린이들의 흥미를 자극하고 직접 체험 욕구를 자극할 수 있도록 독특하게 설계되어 있다. 어린이정원에 들어가자마자 있는 만남의 장소에는 특이하게 생긴 줄기로 시선을 끄는 퀸즈랜드병나무 등 색이나 형태가 다양한 식물들을 심어 놓았고, 나선형의 분수를 설치하여 따듯한 날에는 여기서 물놀이를 즐길 수 있도록 하였다. 정원 구성도 어린이들이 직접 흙을 파고 식물을 심어 보고 식물을 자세하게 관찰하고 그것을 직접 그려 보거나 과일이나 채소를 다루어 볼 수도 있도록 하였다. 또한 나무나 바위에 올라가거나 식물 터널을 통과하면서 식물을 관찰하고 그런 자연 세계에서 그들의 가능성을 발견할 수 있도록 특이한 시설과 프로그램을 갖추어 놓았다.

식물원의 남서쪽 코너에 있는 길포일의 화산 Guifoyle' s Volcano은 화산의 분화구 같이 생긴 일종의 저수지이다. 이것은 식물원의 2대 원장이었던 길포일이 1876년 식물원의 관개시설의 하나로 만들어 놓은 것인데 수십 년 동안 식물원에 물을 대는 저수지 역할에 충실했던 곳이다. 최근 이곳을 물을 저장하고 재사용하는 혁신적인 물관리 방식을 보여주는 곳으로 개조하고 주변에 적은 양의 물로 키울 수 있는 식물들을 심고 주변을 재조성하여 멋진 디자인과 실용적 기능을 함께 가진 매력적인 장소로 변모시켰다.

동화 속 주인공 조형물

멜버른왕립식물원의 또 다른 특징은 파빌리온이다. 곳곳에 배치되어 있는 파빌리온은 쉼터를 제공하면서 조경적 아름다움을 배가시키고 있다. 이와 함께 빅토리아 식물표본관, 기상관측시설, 천문대, 방문객센터, 열대식물온실, 기념품점 등이 있어 다양한 볼거리와 편리함을 제공한다.

식물원의 운영 특성

멜버른왕립식물원은 연구와 교육에도 많은 비중을 두고 있다. 빅토리아 주 식물표본관에는 거의 120만 점의 식물표본을 비치하고 이를 연구와 교육자료로 제공하고 있다. 식물표본관에 있는 식물표본은 대부분 오스트레일리아 식물 특히 빅토리아 주에 서식하는 식물들이다. 멜버른천문대 역시 식물원에서 관리하며, 빅토리아천문협회의 전문가를 가이드로 하는 투어를 통해 관람이 가능하며, 달과 별을 관찰하기 위한 투어는 밤에 이루어진다.

멜버른왕립식물원은 여러 가지 교육프로그램과 이벤트가 연중 진행된다. 학생교육 프로그램으로는 유아교육 프로그램, 초등학생 프로그램, 중 · 고등학생 프로그램 등이 있다. 유아교육 프로그램은 동식물관찰 및 화분제작, 정원조성방법, 봄의 동식물, 가을의 동식물, 원주민 문화, 공룡식용식물, 크리스마스 행사 등을 포괄한다. 초등학생 프로그램은 정원조성기술, 아트플레이, 소동물, 정원개론, 식용식물, 정원문학, 크리스마스 행사, 동식물의 생태, 정원식물재배, 남중국식물과 문화, 식물생리, 별과 행성관찰 등이 포함되어 있다. 중 · 고등학생 프로그램은 식물의 적응, 식물의 다양성, 식물표본, 식물의 번식, 환경교육, 멜버른식물원의 미래 전략, 식물의 진화, 원주민

식용식물을 심은 키친가든

건조지역식물정원

재배식물 및 활용, 열대우림, 동식물의 생태, 변화하는 경관 – 야라 강과 식물의 경관 속에서의 역할, 별과 행성 관찰, 외국식물의 이용 등 다양한 프로그램으로 구성되어 있다.

이 밖에 일반인을 위한 원주민 유산 해설안내, 오스트레일리아 발견 해설안내, 동식물 관찰 해설안내, 초콜릿 및 향신료 식물 해설안내, 차와 동백나무 해설안내 프로그램도 마련되어 있다. 뿐만 아니라 넓은 잔디 광장에서는 결혼식이나 각종 이벤트가 열려 주말에는 웨딩드레스나 전통결혼예복을 입은 행복한 커플들을 종종 볼 수 있다.

Travel tip

주소 Private Bag 2000, Birdwood Avenue, South Yarra, Victoria 3141, Australia
홈페이지 www.rbg.vic.gov.au
전화 +61 3 9252 2300
개원시기 및 시간 아침 7시 30분부터 해가 질 때까지 연중무휴 개원한다. 그러나 어린이정원, 열대온실이나 기념품점, 카페는 문을 열고 닫는 시간이 다르다.
면적 약 38ha

62

아름다운 정원에 희귀식물이 숨어 있는

서부오스트레일리아식물원

West Australian Botanic Garden

서부오스트레일리아식물원은 전 세계에 잘 알려져 있는 오스트레일리아 서부의 휴양도시 퍼스 Perth의 아름다운 스완 강 Swan River이 내려다보이는 강변 언덕에 자리 잡고 있다. 주로 서부오스트레일리아 식물을 과학적인 체계에 따라 대표적인 식물 개체 또는 식물 군락 형태로 수집하고 있는데, 서부오스트레일리아의 식물은 전 세계 어느 지역에 비해서도 매우 독특하다. 서부오스트레일리아식물원은 이런 독특한 지역의 식물상에 초점을 맞추어 수집하고 보전하고 있는 측면에서 아주 특별한 식물원이다. 특히 전 세계적으로 유명한 퍼스의 아름다운 킹스 파크 King's Park 내에 조성되어 있어 식물보전과 아름다운 공원 및 정원이 조화를 이루고 있다.

서부오스트레일리아식물원은 지역의 다양한 식물상과 아름다움을 보여주는데 힘을 쏟고 있으며 약 12,000종류로 알려진 서부오스트레일리아의 고유식물 중에서 3,000종류 이상을 수집하고 있다.

식물원의 역사

서부오스트레일리아식물원의 역사를 보기 위해서는 식물원이 위치하고 있는 킹스 파크에 대해서 먼저 알아볼 필요가 있다.

1697년 네덜란드의 빌렘 드 블라밍 Willem de Vlamingh이 이끄는 탐험대는 같은 네덜란드의 지도 제작자 빅터 빅터준 Victor Victorszoon에 의해 그 이전에 스완 Swan이라고 명명된 강을 탐험하였다. 그들 중 니프탕 게리트 콜래르트 Nyptangh Gerrit Colaer 선장 일행이 현재의 킹스 파크 지역의 엘리자 산 Mt. Eliza에 올라 지름이 5m에 달하는 유칼립투스를 발견하였다. 식물원의 역사에 유칼립투스가 등장하는 것은 현재 킹스 파크 입구의 멋진 가로수가 유칼립투스인 것과 무관하지 않다.

1827년에는 제임스 스털링 James Stirling 선장과 뉴사우스웨일스 New South Wales 식물원장이자 식물학자인 찰스 프레이저 Charles Fraser가 엘리자 산에 올라 이 일대의 경관적 가치에

식물원과 스완 강의 아름다움을 한눈에 볼 수 있는 로터리웨스트 산책로

대해서 기록을 남겼다. 1829년 스완 강 식민지가 정착된 후 총독 제임스 스털링James Stirling과 탐사대장 존 셉티무스 로는 지금의 킹스 파크 일대를 '공공의 목적'을 위해 사용하도록 정하였다.

1872년 프레더릭 웰드Frederick Weld 총독과 탐사대장 말콤 프레이저Malcolm Fraser는 공식적으로 1,831ha의 보존지역 중 175ha를 공원 부지로 지정하였다. 1890년에 면적이 추가되어 총 400.6ha로 공원 면적이 확대되어 오늘날에 이르고 있다.

1957년 서부오스트레일리아왕립협회는 식물원을 설립할 것을 정부에 촉구했다. 이후 일련의 노력으로 1965년에 킹스 파크 내의 17ha의 면적에 '여성 선구자 기념 분수'를 중심으로 하는 식물원이 개원하였다.

1993년에는 킹스파크후원회Friends of King's Park가 창립되어 식물원 발전의 계기를 마련하였으며 이때 오스트레일리아 식물들의 발아에 산불이 긍정적인 영향을 준다는 연구 결과가 확인되었다. 이 연구 결과는 오스트레일리아 전체에 상당한 영향을 미치게 되었는데, 식물 관리, 폐광지 복원, 토지 관리, 숲 복원 등 다양한 분야에 적용되었다.

2004년에는 킹스 파크 및 식물원 관리계획이 5년간 계획으로 시작되었으며 2012년에는 세계 환경의 날을 기념하여 킹스 파크 교육센터가 개원하였다.

3,200여 km를 여행해 온 바오밥나무

킹스 파크와 식물원을 상징하는 바닥표지

프레이저 거리구역 Fraser Avenue Precinct 의 꽃시계

식물원의 구성

식물원의 주요 정원은 서부오스트레일리아의 고유 식물들을 주제로 한 아카시아정원, 그레빌레아 및 아케아정원, 방크시아정원 등과 연못과 수생식물들이 잘 어우러져 있는 워터가든Water Garden, 서부오스트레일리아의 자연 식생을 잘 보여주는 로 가든 Roe Gardens, 그리고 멸종위기식물을 보존하고 있는 보존원 Conservation Garden 등이 있다.

킹스 파크의 핵심지역인 식물원과 주변의 스완 강의 아름다움을 한눈에 잘 볼 수 있는 로터리웨스트 산책로 Lotterywest Walkway 는 식물원의 새로운 명소이다. 서부오스트레일리아 로터리 클럽의 후원으로 만들어진 이 산책로는 우리말로 흔히 '우듬지 길 Treetop Walk' 로 번역되는 다리를 포함한다. 이 다리는 큰 나무들의 꼭대기를 거치게 되어 나무를 가까이에서 보는 동시에 숲을 위에서 볼 수 있는 새로운 경험을 할 수 있다. 또 식물원 중심의 정원들과 스완 강의 경치를 함께 볼 수 있는 가장 아름다운 곳이기도 하다.

식물원에서 꼭 놓치지 말아야 할 식물 중에 하나가 '자이언트 바오밥나무 The Giant Boab' 이다. 이 나무는 호주의 희귀식물 중 하나로 높이 14m, 줄기의 지름이 2.5m, 무게 36톤에 이르며 나이는 750년이나 된다. 2008년 식물원에서 3,200여 km 떨어진 서부오스트레일리아 킴벌리 Kimberley 지역의 워문 Warmun 에서 이 나무를 옮겨왔는데, 이때 전 세계 언론 매체의 주목을 받기도 하였다. 나무 한 그루를 수집하기 위해서 들인 노력으로는 기록적인 것임에 틀림없다.

킹스 파크의 상징이 되고 있는 유칼립투스 가로수

식물원의 운영 특성

현재 킹스 파크로 이름이 바뀌기 전에 퍼스 파크Perth Park의 당초 목표는 잔디, 나무 그늘과 화단이 있는 유럽 스타일의 정원을 만드는 것이었다. 기후 환경과 양분이 부족한 토양 등 유럽과는 아주 다른 환경을 인식하게 된 후 목표를 바꿔 식물원으로 설립되었다. 그 결과 서부오스트레일리아의 식물을 집중적으로 수집하는 목표를 갖게 되었다. 이 목표는 식물원을 전 세계에서 가장 독특한 식물원으로 만들어주고 있다. 그 이유는 오스트레일리아 식물 25,000여 종류 중 절반은 전 세계 어디에서도 볼 수 없고 오직 오스트레일리아의 서부에서만 볼 수 있는 독특한 식물들이기 때문이다.

제2차 세계대전 참전용사를 추모하여 만든 해시계

오스트레일리아의 대표적 식물인 캥거루 포 Kangaroo Paw

킹스 파크에서 보이는 스완 강과 퍼스 시

킹스 파크 및 식물원의 개발과 유지 관리 등에 대해서는 주정부 법(BGPA법, 1999)이 마련되어 있기도 하다. 이 법의 목적은 식물원, 가정 정원 및 공공 조경에 적용할 수 있는 서부오스트레일리아 식물의 범위 확대, 일반적인 원예에서 식물 사용 촉진, 킹스 파크에 대한 인식 확대 등으로 명시되어 있기도 하다.

식물원은 킹스 파크와 밀접하게 연계되어 운영되는데, 여러 아름다운 식물원의 정원과 공원의 잔디밭은 시민들의 휴식과 야외활동뿐만 아니라 음악회, 결혼식 등의 다양한 이벤트에도 이용되고 있다.

서부오스트레일리아식물원의 운영과 관련해서 또 다른 중요한 공원이 있다. 킹스 파크에서 자동차로 10여 분 떨어진 곳에 위치한 볼드 파크 Bold Park 이다. 이곳에 서부오스트레일리아 생태연구센터가 있는데 서부오스트레일리아식물원과 기능면에서 서로 보완하고 협조하고 있다. 식물원이 식물종 위주의 보존과 연구를 수행하고 있는 반면 생태연구센터는 환경과 생태보존 분야의 연구를 진행하고 있다. 이 두 기관은 서로 긴밀한 관계에서 공동 연구를 수행하기도 한다.

Travel tip

주소 Fraser Avenue West Perth 6005, Western Australia, Australia
홈페이지 www.bgpa.wa.gov.au/kings-park/botanic-garden
전화 +61 8 9480 3600
개원시기 및 시간 연중무휴로 입장이 가능하다. 단, 방문객센터는 09:00~16:00까지 운영되고, 로터리웨스트 산책로는 09:00~17:00까지만 이용이 가능하다.
면적 공원 전체는 400.6ha, 식물원은 17ha이다.

63

오스트레일리아 최초의 식물원

시드니왕립식물원

Royal Botanic Gardens Sydney & Domain

오페라 하우스와 바다가 보이는 식물원 풍경

오스트레일리아의 관문인 시드니는 오스트레일리아 최대의 도시이자 경제의 중심지이며 세계 3대 미항 중의 하나로 꼽히는 아름다운 항구도시이다. 이곳을 방문한 관광객이라면 누구나 둘러보는 오페라 하우스 옆에 위치한 방대한 면적의 시드니왕립식물원도 명소로 꼽히는 곳이다. 아름다운 시드니 항의 해안가에 자리 잡고 있는 식물원의 특별한 입지는 관람객에게 아주 독특한 경관 체험을 제공한다. 끝없이 펼쳐지는 푸른 바다의 파노라마와 시원한 바닷바람에 묻어나는 바다 내음, 그리고 청량한 파도 소리와 햇볕에 반짝이는 물비늘이 주는 시각적 즐거움, 시드니의 세계적 명물인 오페라 하우스의 건축미와 하버 브리지의 미관, 식물원 내부의 자연곡선이 주는 편안함과 더불어 수목과 잔디밭의 푸르름이 자아내는 생명력은 잊지 못할 감동을 선사한다.

식물원의 역사

원래 식물원 부지는 원주민 카디갈족 The Cadigal 이 배를 띄우고 성인식과 같은 의식을 치르는 곳이었다. 1788년 당시 총독이었던 아더 필립이 이곳을 총독의 소유지로 지정하고 곡물을 재배하는 농장으로 사용하였다. 이후 총독이 바뀌면서 이곳에 정부 청사(현재 시드니박물관)가 들어서고 자생종과 외래종 식물을 수집해 정원을 만들고, 방앗간을 비롯한 여러 가지 시설들이 들어섰다. 1810년 라클란 매커리 Lachlan Macquarie 총독이 이 부지를 영국식 공원으로 만들고자 특별 영지 Domain로 지정하고 담장을 쌓고 주변에 도로(현 미세스 매커리 로드)공사를 시작하였다. 1816년 영지의 일부에 식물원이 조성되기 시작하고 이어 지속적으로 확장하고 다듬은 다음 1831년에 일반에 공개하였다. 이리하여 남반구에서는 브라질의 리우데자네이루식물원에 이어 두 번째 식물원이 만들어진 것이다. 이는 1841년에 일반에 공개된 영국의 큐왕립식물원보다 10여 년 앞서 공개된 것이다.

1821년 식물학자였던 찰스 프레이저가 공식적으로 식민지정부의 식물학자로 지정되었고 식물원을 감독하는 임무를 맡았다. 이때부터 시드니식물원은 오스트레일리아 최초의 식물연구기관으로서, 또한 국내외에서 수집된 식물의 적응 장소로 자리 잡게 되었다. 식물원은 2대 원장이었던 찰스 무어Charles Moore가 48년간 재직하면서 척박한 토양 및 불량한 수질, 그리고 자금난과 싸우며 헌신적인 노력을 기울인 덕분에 오늘의 기틀을 마련할 수 있었다. 개원 이래 도서관(1852), 식물표본관(1901), 피라미드온실(1971), 식물원후원회 설립(1982), 장미원(1988), 열대온실(1990), 양치식물관(1993), 허브원(1994), 오리엔탈정원(1997), 희귀식물 및 멸종위기 식물정원(1998), 카디잼 오라정원(1999), 궁전장미원(2006) 등을 조성하여 오늘의 모습을 갖추게 되었다.

1959년에 왕립식물원 Royal Botanic Gardens으로 명칭이 확정되었고, 1980년에는 왕립식물원 및 영지트러스트법 The Royal Botanic Garden & Domain Trust Act 이 제정되었다. 1998년 왕립식물원재단이 설립되었고, 1999년에는 뉴사우스웨일스 주의 역사유적으로 등록되었다. 2011년에는 왕립식물원과 마운트토마식물원 The Blue Mountains Botanic Garden Mount Tomah(1987년 설립), 마운트아난식물원 The Australian Botanic Garden Mount Annan(1988년 설립) 등과 영지를 포함하여 왕립식물원 및 영지트러스트로 공식적인 명칭을 다시 바꾸었다. 이후 세 개의 식물원은 상호 긴밀한 협조하에 조직과 자원을 공유하고 있다.

식물원의 구성

시드니왕립식물원은 200년 가까운 역사를 지닌 만큼 식물에 관한 연구, 수집 및 전시, 교육, 운영시스템 모든 면에서 체계적이고 조경적 아름다움이 뛰어난 식물원이다. 식물표본관은 1770년부터 수집한 120만 점의 광범위한 식물표본을 보유하고 있다. 도서관 역시 식물과 원예 및 생태와 관련된 도서와 잡지, 지도, 비디오, 식물슬라이드, 사진 등을 많이 보유하고 있고 이를 연구에 활용할 수 있도록 제공하는 등 오스트레일리아 식물연구의 본산이라 할 수 있다.

식물원은 영지까지 포함하면 총 64ha가 되지만 식물원만은 30ha의 규모로 온실까지 포함하여 18개의 주제 정원이 조성되어 있다. 식물원에는 8,900종류의 식물이 식재되어 있고, 나무만해도 5,000여 그루가 된다. 오스트레일리아에서 가장 오래된 나무인 1816년에 심은 마

양치식물관

다육식물정원

잔디광장과 피라미드온실

열대온실 내부

호가니나무*Eucalyptus robusta* 도 이 식물원에 있다.

18개의 주제정원은 베고니아정원, 허브원, 장미원, 야자수숲, 양치식물관, 열대온실, 다육식물정원, 동백나무정원, 열대우림숲, 멸종위기 및 희귀식물정원, 울레미소나무숲 Wollemi Pine 처럼 식물종에 따라 구분한 정원이 주를 이루지만, 중국·한국·일본·베트남·타이완·부탄 지역 식물을 수집해 놓은 오리엔탈정원, 오스트레일리아 자생식물 암석원처럼 지역별로 식물을 구분하여 수집해 놓은 정원, 그리고 역사적·문화적 의미를 부여한 카디 잼 오라(카디갈어로 나는 카디에 있다는 뜻) Cardi Jam Ora, 개척자정원 Pioneer Garden, 올드 밀정원 Old Mill Garden, 정부청사정원 Government House Grounds 으로 구성되어 있다.

낯설게 느껴지는 카디 잼 오라는 식물원 부지를 포함한 시드니 지역의 원주민인 카디갈족과 그들의 식용식물, 이곳에서 자라던 식물의 스토리를 전시한 정원과 유럽에서 온 이주자들이 처음으로 만든 농장의 스토리를 전시한 정원으로 식물원 부지가 갖는 역사적 의미를 조명하고 있다. 시드니왕립식물원에서는 원주민의 유적과 역사를 알리기 위해 정원을 만드는 것에 그치지 않고 초중등학교 학생을 대상으로 '원주민의 식품', '원주민들과 식물' 등과 같은 강좌를 개설하여 교육하고 있으며, 원주민과 관련된 여러 주제의 책을 출판하고 있다. 또 특별한 투어프로그램을 운영하고, 이벤트도 개최하는 등 원주민의 유산을 이해하고 발견하기 위한 노력을 기울이고 있다.

또 하나 관심거리는 울레미소나무 숲이다. 울레미소나무는 '공룡나무' 또는 '살아있는 화석'으로 불리는 고대부터 살아온 나무인데, 현재 뉴사우스웨일즈의 블루마운틴에서 단지 세 그루만 자생하는 세계적으로 희귀한 식물이다. 이 나무는 1994년 뉴사우스웨일스의 국립공원을 관리하는 공무원인 데이비드 노블이 깊고 좁은 협곡에서 처음 발견하였다. 멸종위기에 있는 희귀한 이 소나무를 마운트아난식물원에서 지속적으로 연구하면서 육종하고 있다. 세계 도처에서 울레미소나무 구입 요구가 많아 현재 이곳 산하의 3개 식물원에서 이를 판매하고 있다.

미세스 매커리의 부시랜드산책길 Mrs. Macquaries Bushland Walk 은 시드니왕립식물원에서 시드니 항 너머 오페라 하우스와 하버 브리지를 가장 잘 조망할 수 있는 곳으로 안내한다. 시드니 항 해안가를 따라 조성된 이 길에는 항구 남쪽 바닷가에 남아 있는 관목과 덤불을 이용해서 만든 관목숲이 있다. 이 길을 따라가면 1816년 미세스 매커리가에 바위로 의자를 만들어 놓은 조망 지점에 도달한다. 그 의자에는 총독의 아내였던 그녀의 이름을 딴 매커리로 Macquaries road가 완성된 1816년 6월 13일이 새겨져 있다. 이날은 시드니왕립식물원의 설립일이기도 하다.

시드니왕립식물원에는 조각과 분수 등 당대의 유명한 예술가들이 만든 예술품 36점이 곳곳에 자리 잡고 있어서 식물원의 분위기를 한층 우아하게 만들어 준다.

시드니왕립식물원을 본 후 왕립식물원 및 영지트러스트 산하에 있는 다른 두 식물원도 가보기를 권한다. 마운트토마식물원은 세계문화유산에 등록된 그레이터 블루 마운틴Greater Blue Mountain의 해발 1,000m에 위치한 오스트레일리아에서 가장 높은 지역에 있는 식물원이다. 이곳에는 주로 남반구 저온지대에 서식하는 식물을 수집하여 놓았다. 보호구역까지 합하면 총 252ha이나 식물원으로 개발된 부지는 28ha이다. 이 식물원은 시드니에서 서쪽으로 105km 떨어져 있어서 가는데 약 2시간이 소요된다. 마운트아난식물원 The Ostralian Botanic Garden Mt. Annan은 416ha로 오스트레일

타는 듯한 붉은 꽃이 환상적인 산호나무 *Erythrina*

리아에서 가장 넓은 부지를 가진 식물원이다. 주로 오스트레일리아의 식물들을 수집하여 전시하고 있는데 2,000 종류 이상을 보유하고 있다. 시드니에서 남서쪽으로 57km 떨어져 있고 약 1시간이 소요된다.

선인장 *Ferocactus robustus*

식물원의 운영 특성

식물원에서는 다양한 교육프로그램이 유료로 운영되고 있다. 초등학생을 위한 교육프로그램으로는 식물재배, 알렉산더 트레일 투어, 자원 재활용 교육, 열대우림 식물교육, 건조지역 식물교육, 원주민과 식물교육, 동양정원 문화교육 등이 있고, 중학생을 위한 프로그램으로는 식물분류, 식물적응, 사례학습, 식용식물 교육, 원주민과 이주민 관계 교육이 운영되며, 고등학생을 위해서는 식물의 진화와 적응, 식물번식 기술, 오스트레일리아 자생 식용식물의 이용 등을 교육한다.

또한 식물원에서는 마가렛 플락턴 상 전시회, 중국 분재전, 애완동물전, 오스트레일리아 국경일 행사, 야외 영화상영, 기념품 세일 이벤트, 고전극 퍼포먼스, 세익스피어 희극 공연, 울레미소나무 생일파티, 열대센터 체험행사, 식물표현 워크숍, 정원설계 강좌, 멸종위기식물 강좌 등 다양한 이벤트와 강좌가 개최되고 있으며, 결혼식도 할 수 있다.

식물원후원회와 자원봉사자들의 도움이 없이는 이처럼 방대한 식물원 운영이 어렵다. 1982년에 만들어진 시드니식물원후원회 Friends of the Gardens와 700여 명의 헌신적인 자원봉사자가 식물원 발전에 다양한 기여를 하고 있다.

Travel tip

주소 Mrs Macquries Road, Sydney, NSW 2000, Australia
홈페이지 www.rbgsyd.nsw.gov.au
전화 +61 2 9231 8111
개원시기 및 시간 도메인은 24시간 개방되어 있으며, 식물원 개방시간은 월별로 다르다. 11월~2월은 07:00~20:00, 3월은 07:00~18:30, 4월과 9월은 07:00~18:00, 5월과 10월은 07:00~17:30, 6월과 7월은 07:00~17:00, 8월은 07:00~19:30까지이다.
면적 30ha

64

오스트레일리아 독립2백주년기념온실이 빛나는

아들레이드식물원

Adelaide Botanic Garden

거대한 놀리나*Nolina recurvata*와 스테인드글라스가 아름다운 야자수온실

아들레이드는 작은 도시이지만 도시 전체가 아름답고 곳곳에 관광 명소가 있다. 시내에는 29개의 공원이 있어 도시 면적의 절반을 차지한다고 한다. 그 밖에 아들레이드동물원, 독일인 마을 한돌프 Handhorf, 와인 농장이 있는 바로사 밸리 Barossa Valley 등이 유명하다. 또 가까이에 빅터 항구 Victor Harbour와 캥거루 섬이 있고, 연중 사람살기에 적당한 좋은 날씨와 아름다운 자연, 그리고 전통 있는 명문 교육 도시로도 불리운다. 이러한 아들레이드 시 한복판에 아들레이드식물원이 있다.

식물원의 역사

1855년에 개원한 아들레이드식물원은 시내 중심가에서 도보로 접근할 수 있다. 빅토리아풍으로 조성된 조경과 많은 식물의 수집, 아름다운 온실 등으로 시민들의 발길이 끊이지 않는 곳이다. 1875년에 독일의 브레멘에서 수입한 스테인드글라스와 유리를 사용하여 야자수온실 The Palm House을 건축하였는데, 단아하고 건축미가 뛰어나 오늘날까지 그 아름다운 자태를 자랑하고 있다. 1881년에는 산토스 경제식물박물관 Santos Museum of Economic Botany을 조성하여 시민에게 개방하였다(내부를 완전히 새롭게 보완하여 2009년에 재개원하였다). 1988년에 오스트레일리아 독립2백주년기념온실 Bicentennial Conservatory을 완공하였다.

식물원의 구성

아들레이드식물원은 다양한 주제원과 계절별로 피고 지는 꽃들이 있어 아들레이드 시민들이 자주 찾고 있다. 주요 볼거리에는 2백주년기념온실, 브레멘야자온실, 빅토리아수련온실, 장미원, 호수가 보이는 전망 좋은 식당, 키오스크, 와인산업

전시관, 10월에 흰꽃으로 화려하게 개화하는 등나무 등이 있다.

1988년에 세워진 2백주년기념온실 주변에서는 자연생태계가 살아있어 다양한 곤충, 소동물 및 새들을 만날 수 있다. 2백주년기념온실은 남반구에서 가장 큰 단동single span온실이라는 기록을 갖고 있다. 외부 모양은 곡선형인데 길이 100m, 폭 47m, 높이 27m 규모이다. 아들레이드 시의 랜드마크 역할을 하기도 한다. 내부에서는 오스트레일리아 북부지역, 파푸아뉴기니 및 인도네시아 등지의 열대우림지역 식물 중에서 멸종위기에 처한 식물들을 주로 수집하여 전시하고 있다. 그리고 온실 내에는 하부 관람로뿐만 아니라 상부 관람로가 설치되어 있어 열대우림의 상층 수관부를 관찰할 수 있다. 소정의 입장료를 지불하여야 한다.

지중해성 기후에 따라 식물을 배치한 지중해식물원 SA Water Mediterranean Garden에는 5개의 지중해 기후형에 따른 식물배치, 지중해 기후를 표현하는 작은 실개천, 지중해의 지형 변천에 관한 해설판 등이 있다. 또한 물을 효율적으로 사용하는 지중해식물 정원조성 사례를 볼 수 있다.

여러 주제원 중의 하나인 오스트레일리아 자생식물원의 가장 큰 특징은 물 소비를 최소화할 수 있도록 설계되었다는 점이다. 그리고 아들레이드 지역 및 오스트레일리아 여러 지역의 자생식물 중심, 생태계에 피해를 주지 않는 비공격적 식물 중심, 농약이나 비료와 같은 화학제제 사용의 최소화, 에너지 사용의 최소화, 지역에서 생산되고 지속가능한 재료를 사용하여 조성한 것이 특징이다.

브레멘야자수온실은 1990년대 초반에 대대적인 보수공사를 하였지만 옛모습의 단아한 아름다움이 그대로 남아 있다. 내부에는 마다가스카르 섬에서 수집한 식물들을 보호 및 전시하고 있다. 오스트레일리아와 마다가스카르 섬은 1억 5천만 년 전에 존재하였던 곤드와나Gondwana 대륙의 일부였다. 따라서 마다가스카르 섬 식물은 오스트레일리아 식물의 고대 조상식물이거나 관련성이 매우 높을 것으로 생각되고 있다. 그 주변에는 선인장 및 다육식물원이 조성되어 있다. 빅토리아수련온실에는 잎의 직경이 165cm에 달하고 직경 30cm 및 높이 12cm에 달하는 커다란 꽃을 피우는 아마

빅토리아수련온실

분수 속 유리 조형물

존빅토리아수련을 볼 수 있다. 원산지 아마존에서는 잎의 직경이 최대 2m까지 자라고 꽃의 직경이 40cm까지 자란다고 하며 특히 잎의 크기는 수심의 영향을 크게 받는다고 한다. 즉 수심이 잎자루 길이에 영향을 주는데, 잎자루가 길수록 큰 잎과 큰 꽃을 피운다고 한다. 1881년에 대중에게 선보인 산토스 경제식물박물관은 아들레이드식물원이 자랑하는 핵심 시설로 1년간의 보수를 거쳐 2009년에 다시 문을 열었다. 내부는 천정이 높은 빅토리아풍으로 장식되어 있으며 외관은 전통 그리스풍이다. 매주 수요일부터 일요일까지 오전 10시부터 오후 4시까지만 관람을 할 수 있다.

아들레이드식물원에는 장미원이 유명한데 국제장미원, 국가장미시험원 National Rose Trial Garden이 있다. 2백주년기념온실 바로 옆에 있는 국제장미원에서는 장미향기를 맡으면서 다양한 장미 품종을 감상할 수 있다. 5,000주 이상의 장미가 심겨져 있는데 각종 장미 콘테스트에서 수상한 품종들이 표시되어 있다. 장미시험원은 북반구 기후에 적합하도록 육성된 장미를 오스트레일리아에 도입하여 판매하기 전에 적응성 시험을 하는 곳으로 1996년부터 운영해오고 있다. 보건식물원 Garden of Health에는 서구 또는 동양을 막론하고 신석기 시대부터 현재까지 인간의 건강에 도움을 주고 약용으로 이용되어 온 식물 약 300여 종류, 2,500주가 식재되어 있다. 이 보건식물원을 활용한 다양한 교육프로그램이 수행되고 있다. 관조의 정원 Garden of Contemplation과 치유의 정원 Garden of Healing으로 구성되어 있다.

또 아들레이드식물원에서 반드시 보아야 할 것 중의 하나가 살아있는 화석식물로 알려진 울레미소나무 Wollemi Pine이다. 전 세계적으로 몇 그루밖에 볼 수 없는 원시 소나무과 식물이다. 또한 식물원에는 여러 유명 작가들의 조각 작품들을 만날 수 있고, 숌부르크기념관 Schomburgk Pavilion에는 기념품점, 카페 및 방문객센터가 있다. 아들레이드식물원에 인접하여 아들레이드의 하이드 파크 Adelaide' s Hyde Park라고 불리는 34ha 면적의 식물공원 Botanic Park

오스트레일리아 독립2백주년기념온실

수련으로 가득찬 연못

화단으로 둘러싸인 수경시설

이 조성되어 있어 산책하기에 좋다.

식물원의 운영 특성

주정부 산하 식물원으로 운영되고 있다. 식물원에는 간단한 식사를 즐길 수 있는 카페와 우아한 만찬을 즐길 수 있는 레스토랑이 있다. 햇살이 좋은 날에 초록 잔디에 누워 빈둥빈둥 시간을 보내기에도 좋은 편안한 식물원이기도 하다. 매일 오전 10시 30분에 방문객센터에서 출발하는 무료 해설안내를 받을 수도 있다.

Travel tip

주소 North Terrace, Adelaide, SA 5000, Australia
홈페이지 www.environment.sa.gov.au/botanicgardens
전화 +61 8 8222 9311
개원시기 및 시간 주중에는 07:15부터, 주말과 공휴일에는 09:00에 개원하고 문을 닫는 시간은 계절마다 다르다. 입장료는 2백주년기념온실을 제외하고는 모두 무료이다. 주차는 식물원 주변 도로변에 유료티켓 주차를 하면 된다.
면적 41ha

65

건조한 서부오스트레일리아의 오아시스

아라루엔식물원

Araluen Botanic Park

식물원 입구의 연못과 퍼골라

서부오스트레일리아의 유명한 휴양도시인 퍼스 Perth에서 자동차로 30여 분 떨어진 퍼스 산 Perth Hills에 위치한 아라루엔식물원은 건조한 기후의 서부오스트레일리아에서 오아시스와 다름없다. 아라루엔식물원은 서부오스트레일리아 달링 Darling Range 지역의 독특한 미세 기후를 이용한 특별한 식물원이다. 식물원이 위치한 퍼스 산은 남북 방향의 계곡을 형성하며 서부오스트레일리아에서는 볼 수 없는 독특한 기후를 형성하고 있다. 이와 같은 지형과 환경적 특성을 잘 이용해 식물원을 조성하였다. 서부오스트레일리아의 기후는 매우 건조한 데 반해 아라루엔식물원 지역은 퍼스 산의 영향으로 많은 강수량과 냉온대의 기후를 나타내며 또한 양분이 풍부한 토양을 갖고 있다. 이러한 환경적인 장점을 활용하여 오스트레일리아에서 잘 볼 수 없는 외국의 온대식물들을 수집하는데 주력하고 있다. 또한 지역에 자생하는 식물들과 자연 식생 및 야생동물을 보호하는 역할도 수행하고 있다.

식물원의 역사

오스트레일리아의 사업가이자 정치가로서 오스트레일리아 청년협회 The Young Australia League 창립자인 보스 사이먼 J. J. Boss Simon은 이 청소년 단체를 위해 1929년 휴일캠프를 설립했다. 그는 로리스톤 Roleystone에 위치한 59ha의 깊고 그늘이 많은 골짜기를 캠프를 위한 최고의 장소로 생각했다. 작은 시냇물들이 긴 계곡을 통과하고 여기저기 지나면서 서늘하고 촉촉한 기후를 만들고 있는데 이것이 그에게는 이상적인 꿈의 정원이라 여겨졌다. 사이먼이 이름붙인 '아라루엔' 이라는 이름은 오스트레일리아 원주민 말로 '노래하는 물', '달리는 물' 또는 '백합꽃들이 있는 곳' 등을 뜻한다. 오스트레일리아 청년협회 회원들과 자원봉사자들이 도로와 길, 계단, 테라스를 만들었다. 아라루엔의 건물과 구조물들은 퍼스의 건축가인 베네트 W. G. Bennett가 지역의 돌과 목재를 이용해 만들었다.

오스트레일리아 청년협회는 상황이 변화함에 따라 1985년에 아라루엔을 팔았다. 이후 강력한 지역 사회의 지원으로 주정부는 1990년에 아라루엔을 매입했으며 식물원 복원을 목적으로 서부오스트레일리아 계획위원회 West Australian Planning Commission(WAPC)와 함께 일할 아라루엔식물원 재단 The Araluen Botanic Park Foundation이 설립되었다.

1995년부터 2010년까지 재단은 식물원을 위원회로부터 임대하여 관리하였다. 많은 것들이 이 시기에 이루어졌는데, 특히 오래된 건물, 정원, 길, 계단, 테라스 등이 복원되었으며 장관을 이루는 폭포와 계류, 주차장 등을 재구성하였다. 방문객들에게 시원한 느낌을 주는 식물원 중앙의 녹색 잔디밭인 '심장 Heart' 도 이 시기에 만들어졌다.

2010년에 아라루엔을 포함한 퍼스 산 지역의 관할이 정부 환경보존과 Department of Environment and Conservation(DEC)로 변경되었다. 환경보존과는 식물원 주변의 자연림을 직접 관리하게 되었으며, 재단은 식물원의 정원으로 조성된 14ha의 면적만을 관리하도록 계약하였다.

거울연못에 비친 수련 꽃

이로써 식물원 내 정원들의 복원 또는 미래를 위한 새로운 계획들이 지속적으로 발전할 수 있게 되었다.

식물원의 구성

퍼스 산의 남북으로 형성된 계곡에 위치한 아라루엔식물원은 독특한 미세 기후를 가지고 있어 해외 및 오스트레일리아 서부의 냉온대 식물을 기르기에 완벽한 환경을 가지고 있다. 이러한 환경을 이용해 창립자인 사이먼은 초기부터 해외 및 오스트레일리아 각지의 냉온대 식물을 수집하는데 집중하였다. 특히 북반구 온대지방에서만 볼 수 있는 동백나무 종류와 장미 품종 등 오스트레일리아에서는 매우 특이한 식물 수집으로 인해 국제적으로 명성을 얻고 있다. 이를 증명하는 예로 국제동백협회The International Camellia Society(ICS)에서는 전 세계에 29곳에만 지정되어 있는 '우수동백정원Camellia Gardens of Excellence'의 하나로 아라루엔식물원을 지정하였다.

또한 장미의 경우에도 장미와 관련된 유명한 미국의 잡지인 '로사 문디Rosa Mundi'에 의해 2008년 세계에서 가장 훌륭한 장미 수집으로 평가받았다.

아라루엔식물원은 설립자 사이먼이 초기부터 노력을 집중해 온 동백류 및 철쭉류 수집의 정신을 계승하여 이들 북반구 식물을 지속적으로 확대 수집하고 있다. 또한 1900년대 초 식물원 지역에서 다량으로 벌채되어 희귀해진 자라Jarrah 나무의 증식에도 노력하고 있다.

봄철 식물원 곳곳을 수놓는 수백만 송이의 튤립은 식물원의 살아있는 색을 보여주고 많은 방문객들을 불러모으는 중요한 요소로 자리 잡고 있다. 또 입구 연못에 하늘과 함께 반사된 유칼리나무, 산에서 내려오는 계류로부터 작은 폭포로 이어져 연못에 이르는 긴 물길과 주변의 꽃들도 빼놓을 수 없는 식물원의 아름다움이다.

벽난로가 있는 쉼터

방문객들은 정원 또는 산책로를 거닐면서 '회색 캥거루Western Grey Kangaroo'와 같은 특별한 서부오스트레일리아의 동물들을 만날 수도 있고 마치 큰 웃음을 터뜨리듯 재미있게 우는 쿠카부라 Kookaburra 라는 새를 볼 수도 있다. 이와 같이 아라루엔식물원은 식물뿐만 아니라 서부오스트레일리아의 여러 야생동물들의 천국이기도 하다.

연못 주변에 조성된 야외 교실

거울연못으로 흐르는 계류

식물원의 운영 특성

아라루엔식물원은 비영리 재단인 아라루엔식물원 재단이 정부와 계약을 맺어 운영하고 있어 일반적인 국공립식물원 또는 사립식물원과는 아주 다른 운영 형태를 갖고 있다. 특히 자원봉사자, 후원자 및 회원들이 운영상 매우 중요한 역할을 수행하고 있다. 이들은 재정지원뿐만 아니라 식물관리, 이벤트 운영 및 서비스, 기념품 판매점 근무 등 다양한 지원활동을 수행한다.

또한 식물원 발전계획의 수립 및 실행에 있어서 정부 '환경보전과' 직원들이 적극적으로 협력하는 것도 식물원 발전에 큰 힘이 되고 있다.

아라루엔식물원은 공원형 식물원이기 때문에 다양한 볼거리와 체험을 제공하고 있다. 매년 3월에는 '아라루엔 프리멘탈 고추 축제' 를 여는 등 매해 흥미로운 행사를 개최하고 있는데 봄에 꽃이 가장 많은 기간에 개최되어 많은 방문자들이 참가하고 있다.

공원에는 가족과 함께 즐길 수 있는 바비큐 파티장이 준비되어 있다. 뿐만 아니라 이곳만이 가지고 있는 고유한 과거를 느낄 수 있는 체험인 '아라루엔 열차' 를 경험할 수 있는 열차 차고를 개조한 기프트 샵, 스위스풍의 카페 등 서비스 공간이 마련되어 있다. 또한 결혼식 등 다양한 서비스 활동을 식물원에서 진행한다.

Travel tip

주소 362 Croyden Road, Roleystone WA 6111, Australia
홈페이지 www.araluenbotanicpark.com.au
전화 +61 8 9496 1171
개원시기 및 시간 크리스마스를 제외하고 연중 09:00~18:00까지 개원한다.
면적 14ha

66

건조지역의 황량함이 아름다운

오스트레일리아건조지역식물원

Australian Arid Lands Botanic Garden

건조지역의 특성을 잘 보여주는 식물원 전경

오스트레일리아의 메마른 사막 한복판에 가보면 그 어떠한 생명체도 살 수 없는 불모지처럼 보이지만 사실은 그 반대이다. 온도가 극한 상태로 올라가고 가뭄이 10년 동안 지속되는 사막환경에 적응하여 살아가는 수많은 생명체들의 고향이기도 하다. 호주 남서부 사막지역 생태계는 매우 연약하여 파괴되기 쉽고 복잡하며 지구상의 어느 곳에서도 볼 수 없는 독특한 것이기도 하다. 이러한 사막에도 꼭 가볼만한 식물원이 있다. 바로 오스트레일리아건조지역식물원이다.

식물원의 역사

공식적으로는 1993년에 개원하였지만 개원 과정에는 수많은 우여곡절이 있었다. 포트 아우구스타 Port Augusta 시의회의 공원정원분과 위원장인 존 와 John Zwa 가 1981년에 250ha 면적의 해안가에 식물원 설립을 최초로 제안하였다. 시의회와 아들레이드식물원, 여론의 도움으로 주정부에서 예산을 바로 책정하지는 않았지만 1983년에 식물원 설립안을 긍정적으로 채택하였다. 그리고 다음해에 '식물원 설립을 위한 친구들' 모임이 형성되고 기금마련 및 예산확보를 위한 로비활동을 하였다.

1990년대에 이르러 마스터 플랜이 나오고 처음으로 정식 직원이 채용되었으며, 방문객센터와 같은 식물원의 주요 기반시설이 조성되고 에레모필라 *Eremophila* 속 식물과 지역 토속식물들의 본격적인 수집을 시작하였다.

2000년부터 주정부 및 연방정부로부터 재정 지원이 시작되었으며, 남오스트레일리아 광산협회와 '식물원친구'들이 공동 수상에 빛나는 애리드스마트 전시원 AridSmart Display Gardens 을 개보수하고 여러 편의시설들을 확충하거나 신축하였다. 2006년도에 풀타임 큐레이터가 임용되었으며, 현재는 포트 아우구스타 시로부터 매년 예산을 지원받고 자원봉사자들의 활동으

흑인소년이라는 별명을 가진 잔디목 Grass Tree

건조지역에 적합한 정원 사례

로 식물원을 체계적으로 운영하고 있다.

식물원의 구성

오스트레일리아 건조지대의 식생을 연구하고 보전하는 것이 주목적이지만, 스펜서Spencer 만의 해안가에 위치하기 때문에 회색 맹그로브를 비롯한 해양 생태계와 건조한 사막지대의 생태계가 교차하여 풍부한 생물상을 보여주는 것도 이 식물원의 특징이다. 이 식물원은 연간 강수량이 250mm 이하이고 오스트레일리아 남부지방의 식생을 보여주는 유일한 식물원이다. 총 면적은 250ha 정도로 매우 넓은데 개발지역, 미개발지역, 연구지역, 보전지역으로 구분하여 관리하고 있다.

애리드스마트 정원에서는 물을 아주 적게 소비하면서 일반 가정집 정원에 적용할 수 있는 6개의 주제원을 보여주고 있다. 여섯 개 주제원의 명칭은 사막정원Desert Garden, 말리원Mallee Garden, 건조지역정원Arid Courtyard Garden, 에레모필라정원Eremophila Courtyard Garden, 플린더스원Flinders Ranges Garden, 해안식생원Coastal Garden 등이다.

이 애리드스마트 정원에는 연중 강우량이 300mm 이하인 지역에서 자라는 식물 중에서 다양한 토성에서도 잘 자라고, 번식이 잘 되며, 관상가치가 높은 식물들만으로 조성되어 있다. 즉 철저하게 물, 비용 및 식물을 절약하는 정원을 목표로 조성되었다.

식물원 내에는 총 12km 정도의 관람로가 조성되어 있는데, 에레모필라 관람로Eremophila Loop(800m, 30분)에는 물을 최대한 절약하면서 아름다운 정원이 가능하다는 것을 보여주는 에레모필라정원을 비롯하여 원주민들이 오랜 세월 동안 약용이나 식용으로 이용하여 온 식물 및 희귀식물들을 만날 수 있다. 곳곳에서 붉은색 모래언덕과 오스트레일리아 사막지대의 식물과 동물을 만날 수 있고, 플린더스관람로Flinders Ranges를 포함하고 있는 관람로는 1.4km 길이에 약 40분 정도 걸린다.

적벽관람로Red Cliff Loop(4.5km, 2시간)는 띄엄띄엄 숲이 있는 길로서 모래언덕 식생과 더불어 스펜서 만 해안가에서 자라는 맹그로브 군락을 관찰할 수 있다. 그리고 운이 좋으면 스펜서 만에서 놀고 있는 돌고래 무리를 볼 수도 있다. 이 세 코스 중 어느 길을 택하더라도 편안한 신발과 마실 물을 충분하게 지참하는 것은 필수이다. 방문객센터에는 해설안내판을 중심으로 영상물상영관, 기념품, 정원 관련 도서, 토착 식료품 등을 판매하는 매점이 있고, 커피나 음료수와 간단한 먹을거리를 판매하는 블루부시 카페가 있다.

해시계

식물원의 운영 특성

식물원의 총 면적은 250ha로 매우 넓다. 원장, 큐레이터 1명, 식물기록원 1명, 원예담당 5명, 행정담당 2명 등이 식물원 관리와 운영을 담당하고 있다. 순수하게 오스트레일리아 자생식물만을 수집, 증식, 연구하고 있으며 서식지외 보전프로그램을 수행하고 있다. 방문객을 위한 해설안내 프로그램, 방문객센터, 다양한 해설안내판, 어린이 및 성인을 위한 교육프로그램 등을 운영한다. 식물원후원회와 25명 정도의 자원봉사단이 활동하고 있으며, 연간 55,000명 정도의 관람객이 방문하고 있다.

Travel tip

주소 PO Box 1704 Port Augusta, SA 5700, Australia

홈페이지 www.aalbg.sa.gov.au

전화 +61 8 8641 9118

개원시기 및 시간 크리스마스를 제외하고 연중 07:30부터 일몰 때까지 문을 열며 입장료는 무료이다. 방문객센터와 블루부시 카페는 주중에는 09:00~17:00까지, 주말에는 10:00~16:00까지 문을 연다. 단체방문객을 대상으로 해설안내를 실시하고 있다.

면적 250ha

67

캔버라 시민의 편안한 휴식처

오스트레일리아국립식물원

The Australian National Botanic Gardens

털북숭이 모양의 잔디목이 이국적인 암석원

오스트레일리아의 수도인 캔버라는 기하학적 가로망이 뻗어 있는 전형적인 계획도시이다. 1908년 수도로 선정되어 전 세계에서 공모한 도시계획을 바탕으로 1913년에 착공하여 1927년에 멜버른에서 수도를 캔버라로 옮겼다. 연평균 기온은 13도 정도로 사람이 살기에 온화한 기후를 보이는 이곳에는 정부청사, 의사당, 대학교, 사관학교, 국립도서관, 동물원, 식물원, 박물관, 천문대 등이 있다.

식물원의 역사

식물원은 1949년에 설립되어 연구 등에 활용되다가 1970년에 연방정부의 총리가 직접 지원하여 국립식물원으로 확충하여 시민들에게 개원하였다. 초기에는 캔버라식물원으로 불렀지만, 지금은 오스트레일리아국립식물원으로 격상되었다.

식물원의 구성

캔버라 시의 검은산Black Mountain 기슭에 자리 잡은 오스트레일리아국립식물원은 오스트레일리아의 자생식물을 체계적으로 가장 잘 전시해 놓은 것으로 알려져 있다. 주요 볼거리 및 주제원에는 온대우림계곡Rainforest gully, 암석원, 시드니식물원, 유칼립투스 숲, 매 주말 아침에만 개방하는 온실, 호주국립표본실, 말리나무원The Mallee Collection, 태즈매니아식물원The Tasmanian Collection 등이 있다.

식물원 입구에 있는 방문객센터와 멸종위기식물원을 지나면 우선 온대우림계곡이 방문객을 맞이한다. 자연적으로 깊이 패인 계곡지형을 이용하여 우림지역에서 자생하는 고사리류, 헤고류, 박쥐란, 고무나무 등이 마치 열대우림에 들어와 있는 듯한 착각을 불러일으킨다. 다음에는 암석원이 방문객을 조용히 맞이한다. 커다란 바위와 배수가 잘되는 마사토 등으로 조성된 암석원에는 오스트레일리아에서 자생하는

오스트레일리아의 특산식물인 스웨인소니아 *Swainsonia*

건조식물전시원

기둥 모양의 독특한 해설안내판

여러 건조식물을 관찰할 수 있는데 특히 잔디목(또는 흑인소년의 나무)이라고 불리는 식물이 인상적이다. 이 식물은 한국의 한택식물원 오스트레일리아 식물 온실에서도 볼 수 있다.

다음으로 시드니 지역에 자생하는 식물을 수집한 시드니식물원을 거쳐 오스트레일리아 식물의 대명사로 여겨지는 유칼립투스와 방크시아 *Banksia* 를 관찰할 수 있는 곳이 있다. 필자들이 방문하였을 때 유칼립투스 나뭇가지 사이로 보이는 파란 하늘을 보는 것은 매우 기쁜 일이었다.

유리온실에는 오스트레일리아에서 수집한 식물 중에서 오스트레일리아의 열대 또는 아열대 지역에서 수집한 식물을 전시하여 놓았다. 양치식물류, 개미식물, 난 등과 같은 열대우림 지역의 착생식물을 주로 볼 수 있다. 박쥐란 종류, 아스플레늄 종류, 난류, 고사리류, 석송류, 소철 및 나무고사리류, 오스트레일리아 자생 바나나 *Musa banksii*, 개미식물Ant Plants, 수련 등이 주요 식물이다. 이어서 단자엽식물원, 태즈매니아섬 식물원 등에서는 식물뿐만 아니라 도룡뇽을 여기저기서 쉽게 관찰할 수 있다.

이 식물원에서는 자연 공간을 최대한 활용하고 물 사용의 효율성을 극대화하고자 노력하고 있다. 식물원 내의 협곡에 생기는 미세기후를 활용하고, 방문객센터의 지붕에서 모은 빗물을 활용하여 작은 폭포 모양의 계류를 만들어 볼거리를 조성하기도 하였다. 한번 사용한 물을 다시 모아서 계류 등을 만들어 볼거리를 조성하고 있다. 식물원에서 사용하는 물 중 가장 많은 양을 차지하는 식물관수용 물을 가능한 줄이기 위하여 컴퓨터를 이용하여 자동관수 시스템을 갖추고 있다.

유칼립투스 숲

식물원의 운영 특성

이 식물원은 120만 점 이상의 식물표본을 보유한 국립 오스트레일리아 표본관과 국립 오스트레일리아 생물다양성 연구센터를 공동 운영하고 있다. 그리고 오스트레일리아의 전 지역에 자생하는 식물을 수집하여 분류학적 전시를 통하여 과학적 연구에 활용하는 동시에 시민들의 교육 및 휴식의 공간으로도 활용할 수 있도록 하였다. 또한 멸종위기에 처한 식물의 증식과 보전 방법에 관하여도 연구과제를 수행하고 있다. 유치원생부터 고등학생에게 적합한 식물, 환경 및 자연에 관한 교육프로그램을 운영하고 있다. 오스트레일리아 식물에 관한 강의, 세밀화와 같은 식물예술분야 강좌도 운영하고 있다.

식물원에는 카페, 서점, 방문객센터 등이 있는데 허드선 Hudsons 카페는 새소리와 함께 즐기는 아침 식사 장소로도 유명하다. 식물원 입장료는 무료이지만, 소정의 주차료를 받고 있다.

Travel tip

주소 Clunies-Ross St., Black Mtn. (Acton), Canberra, ACT 2601, Australia
홈페이지 www.anbg.gov.au/anbg
전화 +61 2 6250 9450
개원시기 및 시간 크리스마스를 제외하고는 매일 08:00~17:00까지 개원한다(1월에는 주중에는 18:00, 주말에는 20:00까지 연장하여 개원한다). 방문객센터, 서점, 허드선 카페 등의 개원시간은 조금씩 다르다.
면적 90ha

68

미래사회 식물원의 기능을 보여주는

질롱식물원

Geelong Botanic Garden

식물원 입구의 21세기정원

빅토리아 주에서 두 번째로 큰 도시인 질롱은 멜버른에서 남서쪽으로 75km 떨어진 아담한 도시이다. 오스트레일리아에서 가장 아름다운 해안도로라고 하는 그레이트 오션 로드 Great Ocean Road가 통과하는 곳이지만 대개는 그냥 지나치게 된다. 질롱식물원은 질롱 제일의 관광명소로 꼽히는 이스턴 비치 바로 옆에 있다. 오스트레일리아에서 네 번째로 오래된 식물원인 질롱식물원은 질롱 제2의 관광명소로 인정받을 정도로 아름다운 식물원이다. 질롱식물원을 둘러본 후 바로 경사진 도로를 내려가면 이스턴 비치의 아름다운 해안풍경을 여유롭게 즐길 수 있다.

식물원의 역사

1851년 질롱의 동쪽 외곽 지역에 81ha의 방대한 지역이 공원부지로 할당되면서 질롱식물원은 시작된다. 그러나 이곳은 바람이 강하고 물이 부족한 지역이어서 처음에는 2ha의 묘포장을 만들어 식물을 관리하였다. 그 후 묘포장 주변 부지에 침엽수를 심어 공원을 조성하였는데 그것이 바로 이스턴 공원이다. 질롱식물원은 이스턴 공원 내에 있고, 여기에는 질롱식물원 외에 컨퍼런스 센터, 골프 클럽, 놀이터 등이 포함되어 있다. 질롱식물원은 지속적으로 규모를 확장하여 오늘날에는 6.2ha에 이르는 규모로 발전하게 되었으며, 2002년에는 21세기정원을 새로이 조성하였다. 21세기정원은 식물원의 역할을 역사적으로 조명함으로써 과거를 돌아보고 미래사회에서 식물원의 바람직한 기능을 모색하는 의미있는 정원으로 특히 수자원이 부족한 오스트레일리아에서 어떻게 식물을 가꿀 것인지 보여주는 모델이기도 하다.

현재 이스턴 공원과 질롱식물원은 빅토리아 주 문화유산으로 등록되어 있고 19세기 빅토리아 주의 식물상이 보존된 곳으로 선정되어 국가유산 National Estate으로도 등록되어 있다.

식물원의 구성

긴 장방형의 부지를 가진 질롱식물원은 크게 두 부분으로 나누어 조성되어 있다. 하나는 전통정원 Heritage Garden이라고 불리는 160년이 넘는 역사를 지닌 원래의 식물원이고, 다른 하나는 식물원 입구에 새로 조성된 21세기정원이다.

온대식물정원

침엽수가 울창한 이스턴 공원으로 들어서면 이색적인 오스트레일리아 자생종 나무인 퀸즈랜드 병나무 Queensland Bottle Tree와 하늘로 치솟은 나무형상의 금속조형

식물원 로고로 쓰이는 용혈수

질롱의 상징인 목각인형이 서 있는 중앙보행로

물이 설치된 식물원 입구를 만나게 된다. 바로 시선을 끄는 것은 배 모양으로 바닥을 파고 조성한 하경정원이다. 이곳은 잔디와 선인장이 식재되어 있는 건조지역정원이다. 그 주위에는 디아넬라 *Dianella*, 질롱에서 자라는 꽃, 건조지역에서 자라는 다육식물, 사막지역에서 자라는 선인장류가 식재되어 있다. 여기에서 가장 눈에 띄는 것은 용혈수Dragon Tree이다. 이 나무는 140년이나 된 오래된 나무로 질롱식물원의 로고로 쓰이고 있다.

21세기정원은 가장 건조한 시기에 적은 양의 물로도 유지가 가능하도록 설계되어 물 부족 국가인 오스트레일리아에서 미래정원의 모델로 제시되는 의미있는 정원이다. 21세기정원을 통과하면 오래된 것임을 한눈에 알아차릴 수 있는 고풍스런 철문이 나타나는데 이것이 원래의 식물원 입구이다. 입구에 들어서면 질롱식물원 발전에 기여한 다니엘 분스와 그가 키운 꽃으로 몰래 압화를 만들었다는 여성을 본뜬 목각인형이 관람객을 맞아준다. 목각인형은 질롱의 상징으로 식물원뿐만 아니라 이스턴 비치의 곳곳에 재미있는 표정과 모습으로 변주되어 장식물로 활용되고 있다.

식물원은 중앙에 직선의 보행로가 쭉 뻗어 있고 양옆에 화려한 꽃이 만발해 있는 화단과 키 큰 야자수가 줄지어 서 있어 시원스러운 느낌을 준다.

식물원의 가장자리에는 오스트레일리아 토착식물과 열대우림에서 자라는 나무들, 잣나무, 동백나무, 참나무 등 교목이 식재되어 있고 그 식물군의 인근에 넓은 잔디밭을 조성하여 여유 있는 공간을 연출하고 있다. 식물원 안쪽 깊숙이 들어가면 분수를 설치하고 그 주변에 식용식물정원, 온대식물정원이 있어 아기자기한 분위기이다. 이 식물원은 1850년대 식물원장이었던 다니엘 분스가 디자인한 모습과 배치를 거의 그대로 간직하고 있다.

질롱식물원은 제라늄과 펠라고니움, 그리고 샐비어를 집중적으로 수집하여 전시하고 있다. 1972년에 지은 제라늄온실에 가면 전 세계에서 수집한 각종 제라늄과 펠라고니움의 다채로운 모습을 볼 수 있다. 제라늄과 식물은 1576년 남부유럽에서 처음 발견한 것으로 기록되어 있고, 오스트레일리아에서는 쿡선장과 동반하여 항해한 조셉 뱅크스 경이 1770년에 처음 발견했다는 기록이 있다. 제라늄과에 속한 펠라고니움은 정원의 가장자리를 장식하거나 키 작은 나무들 사이에 심어 아름다운 꽃색으로 다채로움을 주는데 건조한 곳에서도 잘 자라므로 오스트레일리아 정원에서 많이 볼 수 있다.

제라늄온실

질롱식물원은 모두 6개의 화단에 샐비어를 심고 집중적으로 관리하고 있다. 온대와 아열대지역에서 자라는 샐비어는 멕시코와 중앙 및 남아메리카 지역을 포함하여 전 세계에 약 900여 종류가 있는 것으로 알려져 있다. 21세기정원에는 남아프리카에서 들여온 건조한 곳에서도 잘 자라는 샐비어를 심어 전시하고 있다. 우리나라에서는 빨간색의 샐비어만 보아서인지 파란색, 보라색, 이중색 등 다양한 색과 모양의 샐비어가 신기하게 느껴진다.

질롱식물원의 오래된 나무들은 이 식물원 최대의 유산이다. 그중에는 내셔널 트러스트 기념수목에 등록된 보호수만 해도 38종이나 된다. 은행나무, 칠레와인야자 *Jubaea chilensis*, 넓은잎남양삼나무 Bunya Bunya, *Aroucaria bidwillii* 등이 그러한 나무인데 그중에서도 1873년에 심었다고 하는 세콰이어가 가장 볼만하다.

식물원의 운영 특성

질롱식물원은 식물관련 교육프로그램을 운영하고 있으며 다양한 이벤트를 제공하고 있다. 경관이 빼어나기 때문에 산책, 가족소풍, 결혼식, 회사 행사 등을 하기에 이상적인 장소로 많은 시민들이 애용하고 있다.

Travel tip

주소 Eastern Park Circuit, East Geelong 3219 VIC, Australia
홈페이지 www.geelongauatralia.com.au/gbg
전화 +61 3 5227 4379
개원시기 및 시간 연중무휴로 07:30~17:00까지 문을 여는데 주말과 공휴일에는 19:00까지 연장한다.
면적 6.2ha

69

퀸즈랜드 최고의 아열대식물원

쿠차산식물원

Brisbane Botanic Gardens Mt. Coot-tha

오스트레일리아 식물구역에 설치된 토템

퀸즈랜드의 주도인 브리스번은 오스트레일리아에서 세 번째로 큰 도시로 관광객들이 많이 찾는 도시이다. 한국에서 직항로가 개설되어 있을 정도로 한국인도 많이 드나드는 곳이다. 이곳은 세계적으로 유명한 관광지인 골드코스트와 대보초 大堡礁; Great Barrier Reef 로 가는 관문이기도 하다. 브리스번에는 두 개의 시립식물원이 있는데 하나는 브리스번 시 중심가에 있고 또 하나는 중심가에서 7km 떨어진 해발 300m의 쿠차 산에 있다. 도심의 식물원이 역사는 오래되었지만 식물수종이나 규모 및 연구활동에서 쿠차산식물원이 앞서 있다. 쿠차산식물원에서 도로를 따라 전망대로 올라가면 쿠차 산 자연보호구역의 숲은 물론 브리스번 시내, 모레톤 만, 스트라디브로크 섬과 남부지역 산맥까지 한눈에 볼 수 있다.

식물원의 역사

브리스번의 첫 번째 식물원인 시립식물원은 1855년 브리스번이 생길 때 식량 마련을 위해 작물을 재배하던 강변 지역에 조성되어 있었다. 브리스번 시가지는 저지대에 위치하여 홍수의 피해를 입기 쉬운 지형이다. 1870년부터 2011년까지 9차례의 큰 홍수가 나서 강변 지역에 있었던 식물원도 여러 차례 직접적인 피해를 입었다. 그래서 홍수를 피할 수 있는 높은 지역인 쿠차 산 동쪽 비탈 지역에 새로운 식물원이 조성된 것이다. 쿠차 산은 1,500ha가 넘는 넓은 지역에 유칼립투스 숲과 열대우림의 골짜기와 개울이 있는 브리스번의 중요한 자연녹지지역이다.

1970년에 쿠차산식물원 조성 공사가 시작되어 1976년에 일반인에게 공개되었다. 이미 시립식물원에서부터 세계 각지의 식물을 심어 본 결과 이곳이 아열대식물을 재배하는데 적합한 환경이라는 결론을 얻었으므로 아열대식물을 중점적으로 수집하고 연구해 온 결과 오늘날 쿠차

식물원에서 자주 눈에 띄는 도마뱀

양치식물관

산식물원은 퀸즈랜드 최고의 아열대식물원으로 성장하게 되었다.

쿠차산식물원에 있는 퀸즈랜드 식물표본관에는 70만여 점의 식물표본들이 수집되어 있는데 이 표본들 중에는 1700년대의 제임스 쿡James Cook 선장과 함께 활동했던 식물학자 뱅크스 Joseph Banks와 솔랜더 Daniel Solander가 수집해 놓은 표본과 같이 역사적으로 중요한 것들도 포함되어 있다. 퀸즈랜드는 오스트레일리아의 어느 주보다도 다양한 식물군을 가지고 있어 약 13,000여 종류의 식물이 자연에서 발견되고 있고, 조류와 이끼류, 그리고 10,000종류가 넘는 균류 등이 존재하는데 일 년에 약 65종류의 새로운 식물이 소개되고 있다고 한다. 이 새로운 식물들은 퀸즈랜드 식물표본관에서 발행하는 잡지 'Austrobaileya'에 의해서 전 세계에 소개되고 'HERBRECS'라는 데이터베이스에 저장된다. 이러한 활동으로 쿠차산식물원은 퀸즈랜드 식물학과 원예학의 요람으로의 역할을 충실히 수행하고 있다.

식물원의 구성

쿠차산식물원은 52ha에 이르는 넓은 면적에 5,000여 종류의 식물이 20,000그루 이상 식재되어 있다. 식물군에는 아열대 기후 지역에서 자라는 식물뿐만 아니라 건조지대, 열대, 온대에서 자라는 식물들이 포함되어 있고, 토착식물과 외래식물의 구분도 고려되어 있다. 쿠차산식물원은 크게 두 지역으로 나뉘는데 서쪽지역은 테마별로 혹은 지질학적 분류에 따라 식물군이 전시되고, 동쪽지역은 오스트레일리아의 식물만을 전시하고 있는데 이곳이 전체 식물원의 반 이상을 차지하고 있다.

서쪽지역에는 온대지역 · 건조지역 · 열대우림지역 · 아프리카지역 별로 식물들이 전시되어 있다. 또한 침엽수원, 유실수원, 허브원, 일본정원 등 다양한 테마정원과 함께 열대온실, 선인장과 브로멜리아드 온실, 분재원, 양치식물관 등이 함께 있어서 관찰의 재미를 더해준다. 다양한 선인장과 다육식물을 전시하는 건조지역 식물구역에 위치한 돔 형태의 열대온실은 쿠차산식물원의 상징적 아이콘으로 대중적 인기를 모으고 있는 온실이다.

이들 온실 중 다른 식물원에서 찾아보기 힘든 것이 2002년에 만든 양치식물관이다. 양치

돔 천정이 반사된 열대온실 연못

식물원 입구의 조각상과 야자수

류는 2억 년 전의 화석에서 발견될 정도로 원시적인 식물종인데 작고 예민한 종부터 제법 큰 나무고사리까지 다양하다. 이곳은 양치류가 자라기 위한 최적의 조건 – 고온다습한 바람으로부터의 방풍, 촉촉한 흙, 흐린 빛 등 – 을 제공하고 있는데 나무나 바위 위에서 자라는 양치식물부터 물속에서 자라는 나무고사리, 그리고 거대종들까지 80종류가 넘는 다양한 종류의 양치류들을 전시하고 있다.

큰 호수 옆에 있는 대나무 숲은 쿠차산식물원이 만들어지기 전부터 이곳에 있던 것으로 산들바람에도 흔들리는 대나무 잎들이 부딪치는 소리를 들을 수 있다. 대나무는 꽃을 피우고 나면 죽기 때문에 귀하게 여겨지는데 여기에 있는 대나무들은 100년이 넘었지만 아직 꽃을 피우지는 않았다.

브리스번 시를 내려다볼 수 있는 전망대 부근에는 다양한 부겐벨리아가 전시되어 있다. 부겐벨리아는 남아메리카 원산 식물로 1766년부터 1769년까지 부겐벨리아선장의 탐험선에 동승한 식물학자에 의해 브라질의 리우데자네이루에서 배에 실려 전해진 것이다. 부겐벨리아는 환경조건이 열악한 곳에서도 잘 자라며 일 년 내내 화려한 꽃을 피우므로 관상용으로 사랑받는 식물이다. 아열대식물을 전시하는 식물원이면 어디에서나 부겐벨리아를 볼 수 있지만 쿠차산식물원만큼 다양한 부겐벨리아를 수집하여 놓은 곳을 찾아보기 어렵다.

동쪽의 오스트레일리아 식물지역은 1974년부터 조성되었는데 약 27ha의 넓은 면적을 차

네오레겔리아 *Neoregelia* 종류의 꽃

무싸엔다 에리트로필라 *Mussaenda erythrophylla*

지하고 있다. 다양한 정원이 볼거리를 제공하는 서쪽 구역과 달리 이곳은 유칼립투스 숲, 넓은잎남양삼나무 숲, 그레빌레아 Grevillea 숲, 아열대 및 열대우림지역 식물 숲, 히스가 무성한 황야 등이 넓게 차지하고 있어 제법 많이 걸어야 관람할 수 있다. 이곳에는 자생서식처에서 멸종위기에 있거나 희귀한 식물 40종류 이상을 보호하고 있다. 오스트레일리아 식물지역의 호숫가에는 1988년 월드 엑스포가 개최될 때 만들어진 린 무어 Lyn Moor의 토템이 볼만하다.

식물원의 운영 특성

쿠차산식물원은 식물의 수집뿐만 아니라 퀸즈랜드 식물종과 생태계에 관한 연구와 학술발표, 정보를 제공하는 중심적인 역할을 하고 있다. 같은 부지 안에 있는 퀸즈랜드 식물표본관, 도서관, 강당, 그리고 천문관에서 이러한 활동들이 활발하게 이루어지고 있다. 식물교육

수련이 피어 있는 연못

건조지역식물정원

에도 관심을 기울여 어린이들을 위한 야외학습과정이 다양하게 제공되고 있고 성인을 대상으로 한 강의와 워크숍 등도 이루어지고 있다.

식물원 내의 넓은 잔디밭에서는 결혼식을 비롯한 각종 이벤트와 행사도 할 수 있고 도처에 가족단위 피크닉을 위한 시설이 갖추어져 있다. 호숫가에 있는 카페에서는 사람들을 멀끔하게 바라보는 도마뱀을 보면서 여러 가지 음식과 아이스크림을 즐길 수 있다.

Travel tip

주소 Mount Coot-tha Rd, Toowong Brisbane, Queensland 4066, Australia
홈페이지 www.brisbane.qld.au/botanicagardens
전화 +61 7 3403 8888, +61 7 3403 2552
개원시기 및 시간 매일 08:00~17:30까지 개원하는데, 4월~8월까지는 17:00까지이다. 또한 식물원 내의 열대온실과 양치식물관은 09:00~16:00까지 연다. 분재전시관은 토요일과 일요일에는 10:00~15:00까지, 평일에는 10:00~12:00까지, 점심시간 후 13:00~15:00까지 관람할 수 있다.
면적 52ha

70

가장 오스트레일리아다운 식물원

크랜번왕립식물원

Royal Botanic Gardens Cranbourne

오스트레일리아에서만 자라는 잔디목

크랜번은 멜버른 도심에서 남동쪽으로 43km 떨어진 작은 도시이다. 크랜번의 남쪽에 자리 잡은 크랜번왕립식물원은 이 도시에서 첫손으로 꼽히는 명소이기도 하지만 가장 오스트레일리아다운 식물원이기도 하다. 오스트레일리아에는 시드니, 멜버른, 태즈매니아 그리고 크랜번까지 4개의 왕립식물원이 있는데, 크랜번을 제외한 나머지 3개의 왕립식물원들이 영국식으로 조성된 것이라면 크랜번왕립식물원은 오스트레일리아 고유의 자연 생태와 토착식물을 가장 잘 보여준다. 크랜번왕립식물원은 총 363ha의 광대한 부지에 자연 상태 그대로의 덤불숲과 히스군락지, 습지와 나무숲을 보존하고 있어 오스트레일리아의 식물 생태를 있는 그대로 볼 수 있다. 그중 15ha에 조성된 오스트레일리아식 정원은 오스트레일리아에서만 볼 수 있는 식물과 자연 생태와 풍경을 재현하고 여기에 예술적 설치물을 조화롭게 배치하여 오스트레일리아를 가장 잘 보여주는 식물원이다.

식물원의 역사

크랜번왕립식물원이 설립된 것은 1970년이다. 크랜번 지역은 원래 소의 방목지였고, 모래를 채취하는 곳이었다. 그러나 인근에 히스와 숲지대, 또 자연 습지가 있어서 이들을 그대로 보존하고 활용하면서 토착식물을 실제 환경에서 키울 수 있다는 점이 부각되어 식물원 부지로 결정되었다.

자연보호구역을 유지하면서 오스트레일리아의 식물과 자연을 재현하는 정원 조성에 대한 구상은 1980년부터 시작되었으나, 오스트레일리아식 정원 조성이 구체적으로 추진된 것은 1994년에 건축가 테일러와 쿨리티 Taylor & Cullity가 식물원의 설계를 맡으면서부터이다. 오스트레일리아식 정원 전체에 담긴 주제는 '물'인데, 호주 내륙의 건조지대에서 해안가의 습지대까지 오스트레일리아의 다양한 자연 환경을 체험하면서 물의 중요성을 깨달을 수 있도록 설계하였다. 이는 설계가들의 '자연에 대한 경외심, 자연을 인간적인 형태로 바꾸는 인간의 타고난 능력, 그리고 양자의 조화로운 관계를 아름답게 표현하기'라는 이념이 바탕이 된 것이다. 그래서 오스트레일리아 정원의 서쪽은 자연을, 동쪽은 그것에 끼친 인간의 영향을 표현하고 있다. 두 가지의 상반

붉은모래정원과 어울리는 설치물 '덧없는 호수'

주차장정원

다양성정원

된 요소들은 물을 통해서 조화를 이룬다.

오스트레일리아식 정원은 2005년 3월에 일반인에게 공개되었는데, 정원 자체는 최고의 공공개방 공간으로, 방문객센터는 최고의 건축으로, 미래정원은 최고의 환경적 조경으로 선정되는 수상의 영예를 안았다. 2011년에는 세계적으로 명성이 있는 런던의 첼시플라워 쇼에서 식물원 분야의 금메달을 수상하였다. 오스트레일리아의 토착식물만으로 조성하고, 건조지역부터 도시화된 해변까지 관통하는 물의 여행으로 상징적 스토리를 전개해 나가는 식물원의 특성이 돋보인 것이다.

2013년에는 당초 9ha였던 오스트레일리아식 정원을 6ha 더 확장하고 여기에 11가지 새로운 주제정원을 조성하여 공개하였다. 크랜번왕립식물원에는 호주 전역에서 수집한 1,700여 종류 이상의 식물 17만 그루가 식재되어 있다.

록풀수로

식물원의 구성

크랜번왕립식물원은 자연보호구역과 오스트레일리아식 정원 두 부분으로 구성되어 있다. 식물원의 대부분을 차지하고 있는 것은 손을 대지 않은 자연 상태 그대로 보존되고 있는 250ha의 자연보호구역이다. 이곳은 습지Wetland Complex, 초원숲Glassy Woodland, 히스숲Heath Woodland, 습지히스Wet Heath, 늪지덤불Swamp Scrub, 초원Grassland 등 6가지 다른 식물서식지로 구성되어 있다. 식물서식지 안으로는 들어갈 수 없으나 주변에 둘레길이 조성되어 있고 피크닉을 할 수 있는 시설도 있으므로 오스트레일리아의 자연을 충분히 즐길 수 있다.

식물원 부지의 북서쪽에 조성되어 있는 오스트레일리아식 정원은 식물원 전체 면적의 4%에 불과하지만 총 15ha로 결코 작지 않은 면적이다. 여기에는 각종 주제정원과 시설이 들어서 있는데 크게 두 부분으로 나뉜다. 서쪽이 자연 그대로의 세계를 보여준다면 동쪽과 새로 공개된 북쪽은 인간이 자연에 미친 영향을 보여주고 있으며, 두 부분을 관통하는 '물'이라는 주제가 자연과 인공 세계를 중재하는 역할을 담당한다.

크랜번왕립식물원의 독특함은 입구의 주차장에서부터 드러난다. 자동차가 있는 정원이라는 아이디어에 따라 설계된 주차장은 사이사이에 있는 화단에 갈대, 사초, 쇠뜨기, 작은잎브러쉬나무 Melaleuca 등 습지식물을 심어 '물'이라는 주제를 자연스레 떠올리게 한다. 주차장에서 방문객센터까지 이어지는 길에도 오스트레일리아의 토착식물이 심어져 있는데, 코알라의 주식이기도 한 흰줄기의 유칼립투스가 줄지어 있는 모습이 인상적이다.

호기심을 자극하는 어린이정원

오스트레일리아식 정원에 들어서면 가장 시선을 집중시키는 곳이 오스트레일리아 대륙 중앙의 광활한 대지를 연상시키는 뚜렷하고 선명한 붉은모래정원이다. 오스트레일리아 중부의 드넓은 평지를 형상화한 이 정원은 태양이 작렬하는 오스트레일리아 내륙의 황야를 연상시키는 짙은 석양빛 대지 위에 듬성듬성 회색빛 식물이 자라고 있는 모습을 보여주는데 토양의 색과 식물의 색이 대조를 이루어 강렬한 인상을 준다.

물이 증발한 흔적이 남은 건조지대에서 영감을 얻었다는 조각 작품인 '덧없는 호수 Ephemeral Lake' 에서도 건조한 대륙인 호주에서 물이 지니는 의미를 효과적으로 표현하고 있다. 이 조형물이 식물원 설계의 핵심인 물이라는 주제를 상징적으로 표현하고 있다면, 식물원 동쪽의 록풀수로 Rockpool Waterway는 물의 실제적 모습을 보여준다. 여기에는 넓은 수로 사이사이 배치된 바위와 수생식물을 지나며 흐르는 물이 4개의 작은 폭포를 이루고 있다. 붉은모래정원과 록풀수로를 구분하는 90m에 이르는 거대하고 붉은 철제 조형물 절벽 Escarpment Wall은 오스트레일리아 대륙 중앙의 거대한 암석들을 상징한다. 록풀수로는 벤드강 River Bend과 연결되면서 강으로 흘러들어 해안까지 이어지는 모습을 보여준다.

오스트레일리아식 정원 조성의 주된 목적 중 하나는 오스트레일리아 토착식물을 정원에 심고 키우는 것을 장려하여 이를 대중화시키는 것이다. 이를 위한 전시정원이 두 군데 있다. 하나는 남동쪽에 각각 다른 다섯 가지 주제로 조성된 다양성정원, 물절약정원, 미래정원, 주택정원, 어린이정원 등이며, 다른 하나는 북쪽에 있는 5가지 주제의 전시용 정원이다. 이들 정원은 정원 설계에서부터 토착식물을 활용하는 사례까지 보여준다.

다양성정원 Diversity Garden은 오스트레일리아 내에 존재하는 85개의 생태 구역을 경사면에 구분하고 그 구역에 서식하는 식물과 광물들로 채워 넣어 오스트레일리아 생태의 다양성을 보여준다. 각 생태구역은 식물학적인 모자이크를 구성하여 관람객들로 하여금 오스트레일리아의 85개 생태구역을 여행하는 느낌을 갖게 한다.

오스트레일리아는 건조지역이 많아서 1인당 물 소비량이 매우 높은 대륙이다. 오랫동안 지속되어 온 가뭄과 물 부족 현상은 그들에게 수자원 관리에 대한 경각심을 일깨워 주었고 그것이 오스트레일리아식 정원의 주제가 되었다. 물절약정원 Water Saving Garden은 건조한 오스트레일리아에서 물을 절약하려는 노력을 잘 보여주는 정원으로 수분이 적어도 성장할 수 있는 식물들을 중심으로 꾸며 물의 소비를 최소화하면서 정원을 가꿀 수 있는 가능성을 보여

물의 중요성을 상징적으로 보여주는 물절약정원

주고 있다.

미래정원The Future Garden은 상업적 혹은 심미적 목적으로 식물을 인공적으로 조작했을 때 나타날 현상과 문제를 탐색해보는 정원이다. 이식, 교배, 배양, 생의학공학 등 발전된 원예적 기술을 통한 새로운 식물의 탄생과정을 보여주는 한편 생명공학과 같은 발전된 과학기술의 남용으로 나타날 수 있는 위험에 대한 경각심도 일깨운다. 또한 우리에게 자연보호에 대한 책임과 위험에 처해 있는 생물들에 대한 보존을 강조하는 한편 오스트레일리아 토착식물의 상업화의 가능성도 시도해 보는 정원이다.

주택정원은 오스트레일리아의 주택정원의 역사적 변모를 한눈에 알아볼 수 있도록 꾸민 정원이다. 전통적인 정원, 1950년대의 정원, 1960~70년대의 정원, 오늘날의 정원 등으로 나누어 오스트레일리아식 정원의 역사를 보여주는 한편 토착식물을 전통적인 정원 설계에서 활용할 수 있는 방법을 보여준다.

어린이정원은 주택의 뒷마당 같은 공간을 활용하여 어린이들의 상상력과 호기심을 자극할 수 있는 놀이정원으로 꾸몄다. 이 정원의 하이라이트는 거대한 공룡모형 호르타사우루스Hortasaurus로 파도치는 듯한 경사로를 따라 나무로 만든 집으로 인도하여 그곳에서 정원의 모습을 감상할 수 있게 하고 있다. 이곳에 사용된 재료는 모두 붉은고무나무Red-Gum와 같은 자연재료이거나 재생재료 또는 폐목으로 환경을 고려한 것이다.

북쪽의 5개 전시정원은 오스트레일리아 식물을 주택정원에 어떻게 활용할지를 보여주고, 각 정원은 방문객들에게 정원 설계와 관리의 실제를 알려준다.

오스트레일리아식 식물원에서 물의 중요성을 강조하는 또 다른 구역은 붉은모래정원의 서쪽 끝에 위치한 건천구역Dry River Bed이다. 오스트레일리아의 중부지역은 거대한 강이 오랜 시간에 걸쳐 말라버린 것이다. 몇 년째 비가 내리지 않는 경우도 있는 호주 중부에서는 한 번 비가 내리기 시작하면 홍수에 의해 강기슭의 모양이 달라지고 강이 빠르게 메마르면서 주변의 모래에서 식물들이 자라는 등 식물의 분포도 달라진다. 이곳에서는 그러한 식물생태의 예를 찾아볼 수 있다. 그 옆의 건조지대정원The Arid Garden은 오스트레일리아 건조지대에서 자라는 200여 종류의 에레모필라*Eremophila* 속의 식물들을 심어 놓았다.

또 하나의 특이한 정원은 정자정원Arbour Garden이다. 이곳에는 철제물을 격자 모양으로 줄지어 세우고 여기에 덩굴식물을 올려 긴 식물터널을 조성하였다. 이는 정원을 수직적으로 조성하는 한 사례를 제공하는 것이기도 하다.

오스트레일리아식 정원 가운데에 위치한 이상하고 신기한 정원Weird and Wonderful Garden에는 오스트레일리아 토착식물 중 기이한 형태를 가진 것들을 전시해 놓았다. 그 옆에는 아치 모양의 큰 바위와 물이 어울려 환상적이고 기상천외한 풍경을 연출하고 있어 특히 가족단위의 관람객에게 인기가 많다.

아마도 오스트레일리아의 토착식물이라고 했을 때 가장 먼저 떠오르는 것은 유칼립투스일 것이다. 식물원 서쪽 끝에 위치한 유칼립투스 산책로는 오스트레일리아의 토착식물을 대표하는 유칼립투스를 기념하기 위해 조성된 정원이다. 이 산책로에는 빨간 꽃을 피우는 스칼렛 블레이즈 Scarlet Blaze, *Acacia leprosa*, 화려한 주황빛 꽃을 피우는 방크시아, 짙은 향을 내는 보로니아 메가스티그마 *Boronia megastigma* 등도 볼 수 있고, 또한 극히 이례적인 두 가지 식물도 볼 수 있다. 하나는 선사시대 소철*Macrozamia communis*이며 다른 하나는 마치 불에 그슬린 듯한 잔디목 Grass Tree, *Xanthorrhoea* 이다. 이 나무들은 수백 년 된 것들이다.

밀짚꽃 종류 *Xerochrysum bracteatum*

주택정원 모델

식물원의 운영 특성

어떤 식물원이라도 화재는 식물원에 막대한 피해를 주기 때문에 주의해야 하지

개화한 방크시아와 방문객센터

만 이 식물원에서는 화재예방에 특히 신경을 쓰고 있다. 2005년 3월과 4월에 일어난 화재로 12ha의 자연보호구역의 식물들이 전소되는 피해를 입은 적이 있다. 건조하고 더운 날씨는 화재가 나기 쉽고 일단 화재가 나면 진화하기 어렵고 그 피해도 막대하므로 화재의 위험이 많은 날은 자연보호구역을 개방하지 않는다.

연중 다양한 이벤트와 프로그램이 운영되고 있다. 매일 가이드 투어가 가능하며, 학생들을 위한 각종 교육프로그램을 운영하고 있다. 유칼립투스 축제, 빅토리아 시니어 축제 등이 열리며 부활절이나 오스트레일리아 국경일, 어머니날 같은 특별한 날에도 이벤트가 열린다. 이러한 교육프로그램과 축제는 새로 조성한 이안포터 호숫가에서 열리며, 1,500명 분의 식사를 제공할 수 있는 준비도 되어 있다.

Travel tip

주소 1000 Ballarto Road, Cranbourne 3977, Australia
홈페이지 www.rbg.vic.gov.au/rbg-cranbourne
전화 +61 3 5990 2200
개원시기 및 시간 매일 09:00~17:00까지 문을 열며, 크리스마스는 쉰다. 화재가 발생할 위험이 있는 날은 자연보호구역을 출입 통제한다.
면적 363ha

71

오랜 역사의 흔적을 보여주는

태즈매니아왕립식물원

Royal Tasmanian Botanical Garden

아름다운 나리연못의 전경

태즈매니아왕립식물원은 오스트레일리아 남쪽의 섬인 태즈매니아의 주도인 호바트 Hobart에 위치하고 있다. 호바트 시내로부터 약 2km 떨어진 숲지대인 퀸즈 도메인 Queens Domain에 식물원은 위치하고 있는데 이 지역은 자연적 · 문화적으로 중요한 유산이다. 부지 내 채석장에서 채굴된 사암은 정부청사 및 화약고뿐만 아니라 식물원 내에 유적으로 남아 있는 중요한 세 개의 시설물들인 총감독관 숙소, 방문객 숙소 및 아서 벽 The Arthur Wall의 건축재로 사용되었다.

외부인 항해선들에 의해 강의 입구가 발견되기 전에, 현지 원주민들은 인근 강에서 공급되는 풍부한 조개를 기반으로 현재의 태즈매니아왕립식물원 자리에 거주지를 형성하였던 것으로 보인다. 식물원 내와 인접한 해안을 따라 분명한 패총이 여전히 남아 있는 것으로 이 지역의 긴 역사를 알 수 있다.

식물원의 역사

태즈매니아왕립식물원은 1818년에 설립되었는데 이는 오스트레일리아에서 두 번째로 가장 오래된 것이다. 태즈매니아식물원의 역사는 식료품 원료 또는 과일나무와 포도 등 식민지 개발에 경제적 도움이 될 가능성이 있는 식물을 도입하는데 필요한 묘포장과 같은 역할로 시작하였으며 이는 오스트레일리아의 다른 식민지시대 식물원의 역사와 다르지 않다.

이어서 식물원의 역할은 일반적인 이민자들이 겪었던 생각을 반영하여 모국에서 전통적으로 키워 왔던 나무와 식물들을 도입해서 재배하는 시험과 태즈매니아 고유식물들에 대한 재배가능성에 대한 시험을 수행하게 되었다. 이 시기에 식물원에서는 태즈매니아 곳곳의 정원과 공원에 많은 식물들을 공급하였으며 이들이 오늘날까지 태즈매니아의 문화적 · 경관적 유산으로 남아 있다.

1850년대에는 이전과 달리 태즈매니아식물원이 태즈매니아의 고유식물들을 유럽이나 오스트레일리아 본토로 공급하는 역할을 하게 되었는데, 이때 퍼져 나간 유명한 식물들이 나무고사리 *Dicksonia antarctica* 와 노폭소나무 Norfolk Island Pine 등이다. 또한 20세기의 식물원들이

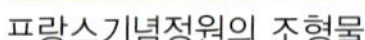

아남극식물전시관

대부분 그러했듯이 새로운 지역의 식물자원들을 수집하는데 집중하였다. 뉴질랜드와 같은 남반구의 식물들을 수집하였고 이 시기에 수집된 소나무류와 같은 냉온대 식물들은 오늘날 식물원의 핵심적인 배경을 형성하고 있다.

태즈매니아왕립협회의 후원하에 40년 간 관리되기 전에 식물원은 원래 정부위원회에 의해 관리되었다. 그 후 1950년부터 식물원은 '식물원법Botanical Gardens Act' 에 따라 다시 정부에서 관리하게 되었다. '식물원 Botanical' 이란 이름은 태즈매니아왕립협회가 관리하던 시기의 역사적 유물이며 '왕립Royal' 이란 칭호는 1967년에 수여되었다.

태즈매니아왕립식물원의 190년 역사 속에 20명의 총감독관(1990년부터 원장Director으로 명칭이 바뀜)이 있었다. 각각의 총감독관들은 시대적인 영향과 서로 다른 개인의 능력을 식물원에 반영하였다. 각 시대와 총감독관들의 흔적이 식물원 곳곳에 오늘날까지 남아 있다.

식물원의 구성

190년의 역사를 가진 식물원답게 태즈매니아식물원에는 아주 다양한 식물들, 정원, 그리고 시설물들이 있다.

유형별로 보면 먼저 일본정원 Japanese Garden, 중국정원 Chinese Collection, 프랑스기념정원과 분수 French Memorial Garden and Fountain 등 특정 국가의 문화와 식물을 반영하여 만들어진 정원들이 있다.

다음으로는 특정 지역의 식물상을 보여주는 정원 또는 시설물들이 있는데, 그중 가장 인상적인 것이 아남극식물전시관Subantarctic Plant House이다. 미세하게 환경이 조절되는 이 시설에서는 남극 주변에 분포하는 흥미롭고 특별한 식물들이 보호되고 있다. 호바트식물수집원 Greater Hobart Collection에서는 호바트 주변의 원시 숲에서 자라는 많은 식물들이 수집되어 있는데, 이 정원은 학생들을 포함한 일반 시민들에게 훌륭한 교육의 소재로 이용되고 있다. 태즈매니아 동부 해안식물수집원Tasmanian East Coast Collection 또한 특색있는 식물상을 재현한 정원이다. 아주 아름다운 풍경과 독특한 식물로 유명한 태즈매니아 동부 해안을 식물원에 재현하고 있다.

특별한 식물 종류를 수집하기 위한 정원과 시설물들도 있다. 먼저 온실 The Conservatory 에는 다양한 꽃을 피우는 베고니아들이 수집되어 있고, 휴식을 취할 수 있는 의자들이 곳곳에 있어 아름다운 꽃들을 여유롭게 감상할 수 있다. 허브원 Herb Garden 에서는 방문자는 길을 따라 걸으면서 요리와 약에 사용되는 다양한 식물들의 향기를 체험할 수 있다. 선인장온실 Cactus House에는 전 세계의 다양한 다육식물들이 수집되어 있다. 태즈매니아 양치식물원은 1964년에 조성된 후 1974년에 총감독관인 월터 토비아스 Walter Tobias가 정원 내부에 폭포를 만들어 현재의 모습을 갖게 되었다. 이 정원은 아름다운 작은 폭포들과 독특한 태즈매니아의 양치식물들이 조화를 이루고 있다. 메이 태즈매니아 고유식물원 A.P. May Tasmanian Plant Collection은 1991년에 태즈매니아 고유식물들을 집중적으로 수집하기 위하여 조성되었다. 에파크리드정원 Epacrid Garden은 오스트레일리아의 독특한 식물인 에파크리

식물원에서 볼 수 있는 다양한 꽃들

온실에 다양하게 수집된 베고니아류

드를 수집하는 특별한 정원이다. 에파크리드는 남반구에만 있는 독특한 식물인데 북반구의 에리카 *Erica* 에 필적하는 식물로 아름답고 꿀이 풍부한 꽃이 아주 매력적인 식물이다.

900종류 이상의 일년생, 이년생 및 관목 샐비어가 수집되어 연중 다양한 꽃들을 피우는 샐비어정원 Salvia Collection과 190종류 이상의 후크시아 Fuchsia 가 수집되어 있는 후크시아온실 Fuchsia House도 이국적인 아름다움을 보여준다. 후크시아온실은 1958년에 처음으로 지어졌는데 건물 자체도 아주 특별한 모습을 보여준다.

그 외에 여러 아름다운 정원들이 있는데, 1840년에 만들어진 나리연못 The Lily Pond, 태즈매니아의 유명 텔레비전 가드닝 프로그램의 진행 장소로 이용되고 있는 베기잔디밭 The Vegie Patch, 벽유적 Historic Walls, 장애인정원 Easy Access Garden, 혼합화단 The Friends Mixed Border 등도 식물원의 아름다운 경관을 이루는 중요한 요소들이다.

식물원의 운영 특성

태즈매니아왕립식물원은 식물원이 할 수 있는 모든 기능을 수행하는 것으로 보인다. 다양한 식물의 수집, 아름다운 정원의 조성이 끊임없이 확대 발전하고 있다.

특히 태즈매니아 야생식물의 수집 및 보호활동을 통해 희귀 및 멸종위기식물을 보존하는 최근의 노력이 인상적이며 이를 통해 130종류 이상의 희귀 및 멸종위기식물을 보존하고 있다. 이 활동 중의 하나로 태즈매니아광물협회와 태즈매니아 전기야금회사와 같은 기업의 후원을 받아 태즈매니아 희귀 및 멸종위기식물 복원을 위한 데이터

절굿대가 피어 있는 나리연못

방문객센터에서 잘 보이는 위치에 조성한 꽃시계

베이스 구축을 진행하고 있다.

2004년에는 영국의 큐왕립식물원 Royal Botanic Gardens, Kew 이 주도하는 '새천년 종자은행 프로젝트 Millennium Seed Bank Project(MSBP)' 에 참여하였으며 이를 계기로 2005년에 태즈매니아 종자보전센터 Tasmanian Seed Conservation Centre(TSCC) 를 개설하는 등 다양한 식물 보전 활동을 수행하고 있다.

이와 같은 과학적 활동 외에 태즈매니아왕립식물원은 시민들을 위한 행사와 축제의 장소로 중요한 장소가 되었다. 공적인 행사뿐만 아니라 일반인들의 개인적인 모임과 행사에도 식물원의 다양한 시설물 또는 정원을 대여하여 사용할 수 있다.

Travel tip

주소 Queens Domain, Hobart TAS 7000, Tasmania, Australia
홈페이지 www.rtbg.tas.gov.au
전화 +61 3 6236 3050
개원시기 및 시간 연중무휴로 개방한다. 개원시간은 08:00로 연중 같은데, 폐원시간은 계절마다 달라 4월~9월에는 17:30, 5월~8월까지는 17:00, 10월~3월까지는 18:30에 문을 닫는다.
면적 13.5ha

72

뉴질랜드 최초의 식물원

더니든식물원

Dunedin Botanic Garden

허브원 전경

더니든은 뉴질랜드 남섬 남동부 오타고 항만의 안쪽에 있는 항구도시이다. 산림자원과 농경지로서의 가능성 때문에 1848년 스코틀랜드 자유교회의 정착지로 선정되어 개발되었다. 더니든이라는 명칭은 에든버러를 뜻하는 게일어에서 왔다. 대부분의 사람들이 스코틀랜드에서 온 이주자들이기 때문에 스코틀랜드의 고유문화가 짙게 흐르고 있다. 더니든 시 북쪽에 더니든식물원이 위치한다.

식물원의 역사

더니든식물원은 1863년에 개장한 뉴질랜드 최초의 식물원이다. 도심인 옥타곤에서 북쪽으로 2km 가량 떨어져 있으며, 주변에 오타고대학이 있다. 처음엔 지금의 오타고대학 자리인 리스 강 일대에 위치해 있었으나, 1868년 홍수 피해를 입어 1869년 현재의 자리로 이전하였다. 20세기 초 데이비드 태녹 David Tannock의 관리하에 대규모로 확장되어 28ha의 규모를 갖추게 되었으며 도심부를 둘러싼 그린벨트에 포함되어 있다.

2010년 7월, 뉴질랜드정원협회New Zealand Gardens Trust; NZGT로부터 국제 주요 식물원 중 하나로 선정되는 영광을 얻었다. 뉴질랜드에서 더니든식물원을 포함한 5개의 식물원만이 이 상을 수상했다. 2011년 현재 6,800여 종류의 식물이 자라고 있으

현대적 조형물

며 밀식조, 방울새, 산비둘기 등의 조류도 관찰할 수 있다.

식물원의 구성

더니든식물원은 자연을 배울 수 있는 교육의 장 마련과 즐거움을 느낄 수 있는 아름다운 환경 제공을 목적으로 조성되었다. 식물학적, 원예학적으로 잘 구성되어 있다는 평을 받고 있으며 봄철 철쭉과 진달래가 필 때 가장 아름답다. 카카빅 Kaka Beak 이라는 뉴질랜드 고유의 식물을 식물원의 로고로 삼고 있다.

언덕을 따라 길게 조성된 이 식물원은 크게 위쪽 정원 Upper Garden 과 아래쪽 정원 Lower Garden 으로 나뉘어진다. 두 정원은 서로 다른 분위기를 연출한다. 아래쪽 정원의 거의 모든 지역과 위쪽 지역의 경사진 정원까지 볼거리로 가득 차 있다. 주 정원인 아래쪽 정원은 허브원, 장미원, 오리연못, 일본정원, 원형건물 등으로 구성되어 있다. 또한 아래쪽 정원은 울프 해리스의 선물로 알려진 분수와 세실 토마스가 만든 피터팬 동상이 유명하다. 이보다 더 현대적인 장식물도 설치되어 있는데 정원 북쪽 입구에 있는 마리오 족이 만든 장식물이 그것이다. 정원 사이로 리스 강의 지류인 작은 시내가 흐른다. 그 서쪽에는 카페와 방문객센터가 있다.

위쪽 정원은 러브록 거리 Lovelock Avenue 에 의해 분할되어 있다. 아프리카정원, 습지원, 작은 새 사육장, 진달래 골짜기가 있으며 매년 10월 진달래 축제가 여기서 열린다.

아래쪽 정원 중심부에 에드워드 양식의 유리건물의 겨울정원이 있다. 이곳에서는 열대

식물원 입구의 방문객센터

사막과 아열대지역에서 자라는 식물들을 기르고 있다. 이 우아한 온실은 사업가 로버트 글래딘의 유산으로 1908년에 지어졌다. 영국의 건축가 맥킨지와 몬커의 디자인을 기반으로 한 이 건물은 첫 번째 공공온실로 알려지고 있다. 이곳에서는 해충종합관리시스템을 통해 해충들을 제어하고 있다.

아래쪽 정원의 한가운데에 클라이브 리스터 정원이 있다. 이 정원은 1995년 8월 사망한 클라이브 리스터 교수의 유산으로 설립되었다. 그의 정신을 반영한 디자인으로 조성하여 1998년 문을 열었다. 정원 중앙에는 화려한 석조다리가 있는 연못이 있고 주변에는 노루오줌 *Astilbe*과 꽃창포가 심어져 있다. 또한 헬레보루스 속*Helleborus*, 비비추*Hosta*, 청양귀비*Meconopsis*, 앉은부채*Arisaema*, 알리움*Allium*과 같은 초본식물들이 클라이브 리스터 중앙지역에 심어져 있다. 석조다리에 가면 편안한 쉼터를 제공 받을 수 있으며 자연과 함께 명상할 수 있는 공간이 마련되어 있다. 정원 주변을 상록수와 대나무가 둘러싸고 있으며, 중요 식물로 알리움, 가막살나무*Viburnum*, 올레아리아*Olearia semidentata* 등이 있다.

아래쪽 정원의 남쪽 잔디 지역에 동백원이 있다. 이 정원은 1980년대부터 심기 시작한 동백나무들이 자란 대형 정원이다. 현재 500종류가 넘는 동백나무가 자라고 있다. 또 이곳에는 약 20,000개의 품종이 있는데 대부분은 동백나무에서 파생된 것이다. 중요 식물로 차나무 *Camellia sinensis*, 호주애기동백*Camellia transnokoensis*, 애기동백*Camellia sasanqua*, 겨울동백*Camellia hiemalis* 등이 있다.

그 외에도 시내 언저리를 따라 구불구불 조성된 세계에서 가장 큰 암석원이 있다. 북서

붉은 꽃이 화려한 다육식물

쪽에 접해 있는 이 암석원의 넓이는 0.2ha이다. 조성에 사용된 암석은 마운트 카길에서 나온 화산 현무암이다. 높은 산, 강과 계곡, 숲 또는 목초지에서 가져온 토탄과 모래가 다양한 서식지에 있는 식물들을 기를 수 있게 한다. 중요 식물로는 매자나무*Berberis*, 위성류아재비*Calluna*, 파키스테지아*Pachystegia*, 베어베리*Arctostaphylos*, 리토도라*Lithodora*, 폴록스*Phlox*, 버드나무*Salix* 등이 있다.

아래쪽 정원에서 위쪽 정원으로 가는 길은 수목원이다. 수목원은 식물을 언제든지 관람할 수 있는 좋은 장소이다. 이곳에는 많은 종류의 낙엽수와 상록수가 있다. 첫 번째 수목은 암석원 위의 경사면에 1870년대에 심어졌다. 소나무를 포함하여 다양한 식물들이 전시되어 있다. 그중 폰데로사 소나무*Pinus ponderosa*는 최근에 심어진 다른 식물들을 제치고 가장 잘 자라고 있다. 소나무, 전나무, 가문비나무, 측백나무를 포함하는 침엽수뿐만 아니라 낙엽성의 관상수, 유칼립투스와 같은 상록수도 자라고 있다. 이런 많은 종류의 식물들을 보유하고 있기 때문에 계절에 관계없이 식물들을 관람할 수 있다. 뿐만 아니라 다양한 종류의 잎사귀, 과일, 껍질 등을 관찰할 수 있는 건 덤이다.

이 정원은 아시아, 미국, 히말라야의 기후에서 자라나는 식물이 모인 곳이다. 더니든 기후에 적응할 수 있어야 하기 때문에 주로 온대식물들을 기른다. 호주, 남아프리카, 멕시코, 미국 남부, 북아시아, 상하이, 히말라야, 북미, 지중해 등의 지역식물과 뉴질랜드 고유식물을 위쪽 정원에서 만날 수 있다. 그 밖에 다양한 꽃들을 볼 수 있는 철쭉원이 있다.

식물원의 운영 특성

더니든식물원에서는 주민들과 함께하는 음악회와 워크숍, 컨퍼런스 등이 다양한 주제로 자주 열린다. 식물원 음악당에서 재즈 콘서트, 오타고 교향곡 밴드 등이 수시로 열리며 클래식, 민속, 재즈 등 분야도 다양하다.

식품의 광란이라고 이름 붙여진 원예이야기 '사체'는 식물정보를 정원 애호가에게 제공하는 것을 목표로 하고 있다. 과일과 너트, 나무, 관목, 허브, 덩굴과 다년생 채소를 통합, 숲 생태계를 기반으로 하는 유기식물 기반식품 생산시스템에 대한 워크숍이다. '마법의 미스터리 투어', '기본 식물의 전파' 등도 워크숍 형태로 이루어진다.

현무암으로 조성된 암석원

또 일종의 후원단체인 '식물원의 친구'를 운영하고 있다. 일반인의 관심을 유도하고 더니든식물원의 개발 촉진, 일반 교부금에서 재정 지원을 할 수 없는 시설 제공, 식물원의 완벽한 보존 등을 목표로 하고 있다.

이 식물원도 식물원정보센터에서 식물원의 얼굴인 자원봉사자팀을 운영하고 있다. 고객서비스, 홍보와 투어 안내뿐만 아니라, 해외 방문자수 기록, 향후 개발 조언 등에 참여한다.

Travel tip

주소 North Dunedin, Dunedin 9016, New Zealand
홈페이지 www.dunedin.nz.com/botanic-garden.aspx
전화 +6 3 471 9275
개원시기 및 시간 연중무휴로 개원한다.
면적 28ha

73

국제표준에 의해 검증된 젊은 식물원

오클랜드식물원

Auckland Botanic Garden

연못과 어우러진 식물원 전경

오클랜드는 뉴질랜드 북쪽에 위치한 항구도시로, 훼손되지 않은 자연과 현대 건축물이 어우러져 절묘한 조화를 이루는 아름다운 도시다. 1865년 웰링턴 시가 수도로 지정되기 전까지는 뉴질랜드의 수도였다. 마오리 원주민이 가장 많이 살고 있고, 남태평양의 다른 섬에서 온 폴리네시아인도 살고 있다. 여름철에도 기온이 높지 않고 건조하며 겨울철에는 비가 많이 내린다. 오클랜드식물원은 사우스 오크랜드 마누레와Manurewa에 있다. 서던 모터웨이에서 가까워 방문하기 편리하다. 시내 중심지에서 차로 약 30분 거리이다.

식물원의 역사

1967년 5월 42ha의 토지를 구입하여 1973년부터 오클랜드지역의회 회장 씨톰 피어스가 식물원을 조성하기 시작했다. 1982년 2월부터 일반에 공식적으로 개방했다. 국제표준에 의해 검증된 젊은 식물원으로, 지난 25년 동안 여러 상을 수상했다. 많은 방문자수는 그 품질과 인기를 반영한다. 10,000여 종류의 식물이 자라며 특히 멸종위기에 처한 뉴질랜드 토종식물의 보존 연구에 노력하고 있다. 2005년 3월에는 '포터어린이정원'을 개원했으며, 2007년까지 매년 11월 중순에 남반구 최대 정원 이벤트 엘러슬리 플라워쇼Ellerslie Flower Show가 열렸다. 2010년 NZRA로부터 우수공원상을 수상했다. 아이들의 상상력을 자극하고 식물의 다양성과 환경의 경이로운 감각에서 영감을 받을 수 있도록 디자인되었다는 평을 받았다.

식물원의 구성

광활한 면적의 오클랜드식물원은 환경친화적인 설계 · 운영이 특징이다. 식물원에 들어서면 전형적인 뉴질랜드

다양한 식물들이 어우러진 식물원 전경

키와 색깔을 고려하여 조성한 화단

전통양식의 쉼터가 있는 암석원

풍의 분위기에서부터 북미, 남아프리카, 남태평양, 그리고 유럽풍까지 색다른 이국적 풍취를 한눈에 느낄 수 있다.

뉴질랜드 고유의 식물 생태계로 조성한 토착식물원, 남반구의 여러 식물을 모아놓은 곤드와나수목원Gondwana Arboretum을 비롯하여 식용식물원, 장미원, 동백원, 목련원, 남부아프리카정원, 허브원, 다년생식물원, 야자나무원, 관목원, 어린이정원, 샐비어원, 암석원 등으로 구분되어 있다. 부속시설로 방문객센터, 도서실, 카페 등이 있다.

방문객센터를 들어서면 뉴질랜드 고유식물을 테마로 한 고유식물원을 만난다. 이곳에서는 뉴질랜드 고유의 식물 생태계를 알아볼 수 있는데 특히 희귀고유식물 컬렉션은 이 정원의 자랑거리이다. 하류쪽 호수를 지나 식물원 안쪽으로 걸어 들어가면 이국적인 분위기가 가미되기 시작한다. 두 개의 개울이 꼬불꼬불 흐르는 가운데 세계 각지의 종려나무가 고유수종과

식물원과 잘 어울리는 조형물

더불어 묵묵히 햇살을 받고 있다.

식물원의 서쪽 경계에 위치한 야자나무원은 뉴질랜드에서 가장 큰 정원이다. 분위기가 조용하여 아열대 휴양지로 꼽힌다. 주요 식물은 히비스커스 등이다.

정원 북쪽 경사면에 자리 잡고 있는 곤드와나 수목원에는 고대 남부 곤드와나 대륙에서 자라던 다양한 나무 종이 서식한다. 주요 식물로는 아라우카리아 *Araucaria bidwillii*, 아가티스 *Agathis macrophylla* 등이 있다.

장미원, 동백원, 목련원은 색채의 축제장이다. 봄꽃 길을 지나 아프리카정원에 가면 세계 최고 화초 왕국이라 불리는 남부아프리카 지역의 식물 컬렉션이 눈길을 끈다. 동백원에는 아시아 식물 중 동백나무가 모여 있다. 헬레보루스 *Helleborus* 등이 주요식물이다.

상류쪽 호수와 암석원을 지나면 진한 향이 감도는 허브원이 나온다. 의약품이나 염료, 방충제, 화장품, 향료에 쓰이는 허브의 용도를 설명한 개성적인 안내판도 설치되어 있다.

이 밖에도 여름에 더욱 빛을 내는 심홍색의 샐비어와 좀처럼 보기 힘든 알로에 종인 베라 Vera는 보는 이로 하여금 감탄을 자아내게 한다. 샐비어원에서는 200종류 이상의 샐비어를 만날 수 있다. 1987년에 작은 정원에서 시작해서 현재 유럽, 아시아, 중동, 지중해, 아프리카, 발칸 반도, 멕시코를 포함한 미주 지역의 대표 샐비어가 서식하는 큰 정원이 되었다. 목련원은 뉴질랜드에서 가장 큰 목련 서식지로 태산목, 초령목 *Michelia*, 망글리에티아 *Manglietia* 등이 있다.

아프리카정원 입구

세련되게 조성한 연못

4시를 가리키고 있는 해시계

벚꽃 계곡에는 야생 능금나무와 벚나무, 수선화가 모여 있다. 포터어린이정원은 아이들의 놀이 공간으로 아이들이 식물을 재미있게 학습하도록 도와준다. 이 정원은 가족, 학교 단위 내방객이 많이 찾아온다. 주요 식물로 케레루나무 The Kereru Tree, 푸리리나무 The Puriri Tree 등이 있다. 도시나무정원에는 일반 가정집에서 흔히 볼 수 있는 나무들이 서식하고 있다. 아프리카정원은 주로 남아프리카공화국의 케이프 식생대에 서식하는 식물을 보유하고 있다. 주요 식물로 극락조화 *Strelitzia reginae*, 프로테아 *Protea* 등이 있다. 장미원에는 다섯 가지 테마 정원이 혼합하여 있으며 표준적인 장미와 원시식물뿐만 아니라 다양한 장미들이 서식하고 있다. 여성참정권정원은 뉴질랜드 여성의 참정권 운동을 기념하여 만든 정원이다.

식물원의 운영 특성

오클랜드식물원의 비전은 '지역사회의 웰빙과 식물에의 감사' 다. 식물의 보존에도 적극적인 역할을 수행하고 있다. 뉴질랜드 원시식물 보존에 중점을 두고 식물 종을 보존하기 위해 오클랜드식물원 경영계획 2001을 수립하기도 했다.

아이들을 위한 다양한 체험활동 프로그램을 운영하고 있는데, 경험을 통해 환경학습을 하는 '학교 여행' 이라는 프로그램이 인기있다. 5세에서 12세 어린이를 대상으로 하는 이 프로그램은 동기 부여와 경험을 통하여 학습 영역의 범위를 통합하여 진행된다. 숙련된 직원과

개미집이 인상적인 아프리카정원

교사가 진행하는데 정원의 친구와 적, 숲의 생태 등 환경관련 주제를 가지고 현장에서 학습한다.

원예 도서관 운영, 원예 전단지나 정원사의 일기 등을 공개하며 폭넓은 원예 지식을 제공하는 데 힘쓴다. 매주 수요일 식물원 가이드 투어를 방문자들에게 제공하고, 어린이 워크숍을 따로 운영하며 학교 단체그룹의 원예체험 활동을 제공한다. 2010년부터는 성인 워크숍도 진행하기 시작했다. 매년 11월 중순이면 식물학계에서 중요한 위치를 차지하는 엘레슬리 플라워쇼 Ellerslie Flower Show 가 열린다.

Travel tip

주소 102 Hill Red, Manurew, New Zealand
홈페이지 www.aucklandobotanicgardens.co.nz
전화 +64 9 267 1457
개원시기 및 시간 연중개원하며 3월 중순~10월 중순은 08:00~20:00까지, 10월 중순~3월 중순은 08:00~18:00까지이다.
면적 42ha

74 쿡 해협이 한눈에 들어오는

웰링턴식물원

Wellington Botanic Garden

아름다운 수국 산책로

웰링턴은 뉴질랜드의 수도로 북섬의 남쪽 끝에 위치한다. 주요 상업중심지이자 항구도시이기도 하다. 도시 중심 가까이에 해발 196m의 빅토리아 산이 솟아 있다. 1853년에 지방자치체가 되었으며, 1865년 중앙정부의 소재지가 오클랜드에서 이 도시로 옮겨졌다. 곳곳에 들어선 박물관과 갤러리뿐만 아니라 맛있는 음식과 와인을 만나기 위해 한 해에도 수백만 명 이상의 관광객이 이곳을 찾는다. 식물원은 웰링턴 중심가 근처, 손던 Thorndon 과 켈번 Kelburn

사이의 구릉에 있다.

식물원의 역사

웰링턴식물원을 조성하려는 활동은 1869년 알프레드 루담이 정부 사유지를 정원으로 지정함으로써 결실을 맺었다. 웨이슬랜드의 땅을 포함하여 약 27ha의 면적이었으며 뉴질랜드협회가 웰링턴식물원의 관리를 맡게 되었다. 이 조직은 뉴질랜드왕립협회 Royal Society of New Zealand의 전신이다. 이 조직을 이끄는데 핵심적인 역할을 한 사람은 정부 감독자인 제임스 헥터였다. 그는 1865년 존이라는 식물학자를 웰링턴으로 데려와 식물원 조성에 참여시켰다. 그리고 식물원에서 나오는 경제적 이익 취득, 다양한 식물 연구, 여가를 즐길 수 있는 쉼터 제공 등을 설립 목표로 삼았다. 1875년에 앤더슨 공동묘지를 정원에 포함시킴으로써 약 31ha의 넓이를 가진 정원이 되었다.

정원이 만들어진 지 얼마 안됐을 때 많은 외국 식물들을 수입해서 심었는데 그중 침엽수가 가장 많았다. 이때 처음 심었던 나무는 현재 중앙정원의 트리하우스 근처에 있다. 1875년까지 120종류가 넘는 나무들을 심었는데, 이때 심은 나무들이 모두 살아남지는 못했지만 살아남은 나무들은 125년 이상 된 나무들로써 식물학적으로 중요한 표본이 된다.

그 후 경제성에 관한 잠재력을 평가하는 프로그램의 일환으로 침엽수를 심어 발전시켜 나갔으며 1891년 웰링턴시의회가 관리를 맡아, 식물원의 다양화에 노력하며 발전시켜 나갔다.

웰링턴 케이블카 정상, 그리고 시내 중심에서 몇 분 거리 밖에 안 되는 곳에 있는 아름답고 평화로운 식물원은 도심 속의 고요함을 찾을 수 있는 곳으로 웰링턴 시민의 휴식처로 사랑받고 있다.

식물원의 구성

웰링턴식물원은 31ha 규모의 언덕 전체에 넓게 펼쳐져 있다. 봄철과 이른 여름엔 수많은 튤립이 한꺼번에 만개해 장관을 이루고 정원 중심부에는 카터천문대가 있어 날씨가 좋은 날에는 굴절 망원경으로 신기한 천체를 볼 수도 있다. 웰링턴 케이블카박물관, 뉴질랜드기상청 같은 기관도 자리 잡고 있다.

특별 정원과 뉴질랜드 고유 관목숲 및 잔디밭으로 구성되어 있으며, 이곳을 지나 산을 따라 올라가면 빅토리아 산의 정상에 오를 수 있다. 웰링턴 시, 항구, 쿡 해협 등이 한눈에 들어오는 뛰어난 전망을 자랑한다.

식물원은 자생 숲과 침엽수, 다양한 식물을 보호하며 비자생종 식물도 많이 자라고 있다. 대규모 빅토리아풍 유리온실, 베고니아온실, 레이디노우드 장미원 Lady Norwood Rose Garden, 허브원, 호주정원, 카페, 레스토랑, 어린이 놀이 공간, 오리연못 등을 갖추고 있다.

장미원의 분수

천체를 관찰할 수 있는 카터천문대와 해시계

메인 가든 구실을 하는 대규모 유리온실에서는 계절별로 피어나는 화초뿐 아니라 희귀종 식물 수십 종이 제각기 색과 향을 뽐내고 있다. 베고니아정원에는 열대식물을 비롯한 베고니아, 난, 히페아스트럼 *Hippeastrum*, 연꽃 등이 서식한다. 베고니아정원 안에는 가게가 있어 선물과 공예품, 정원용품, 액세서리, 책, 카드 및 수제 보석을 살 수 있다.

수상 경력이 있는 노우드장미원은 110여 개의 장미 화단을 보유하고 있다. 공식적으로 3,000여 종류 이상의 장미들이 서식한다. 특히 4~11월에 꽃이 만발해 장관을 이룬다. 호주정원에는 방크시아, 그레빌레아, 캥거루발톱을 비롯한 여러 종류의 오스트레일리아 식물들이 있다. 평화정원은 핵무기 확산 방지를 목적으로 2차 세계대전 이후 만들어진 정원이다.

이외에도 식물원 곳곳에 헨리 무어, 앤드류 드럼먼드 Andrew Drummond, 크리스 부스

푸른 하늘 아래 활짝 핀 장미

Chris Booth 같은 조각가들의 대형 조각품이 설치되어 있다. 식물원 안의 카페와 레스토랑에서는 휴식을 취하면서 식사를 할 수도 있다. 웰링턴 상업지구의 램턴 부두 Lambton Quay부터 식물원 정상부까지 케이블카가 운행된다.

쿡 해협이 내려다보이는 언덕에 펼쳐진 장미원

식물원의 운영 특성

웰링턴시의회는 무료 콘서트, 스케이트 보드 경연대회 등 많은 이벤트를 이 식물원에서 진행한다. '봄이 활짝 피었습니다' 란 제목의 봄축제는 봄꽃을 구경하며 천천히 걷는 프로그램이다. 또 삶에 유용하게 쓰이는 식물들을 찾아보고 이를 식물 전문가가 옆에서 알려주는 식물 찾기 프로그램도 진행한다. 다운 힐을 따라 웰링턴 정원에서부터 도시까지 걸으며 웰링턴식물원의 특별한 식물들에 관한 얘기를 들려주는 '정원에서 도시까지' 프로그램도 인기있다. 또 '걸으면서 느껴 봅시다' 란 제목으로 진행되는 어린이 프로그램은 정원을 걸으며 식물들을 만지고 느끼고 냄새를 맡아보는 체험프로그램이다.

종이의 재료가 되는 식물들을 관람하며 언제 종이가 처음 만들어졌는지, 왕들은 화장실에서 어떤 휴지를 사용했는지, 초기 돈은 어떤 종이로 만들었는지 등 다양한 종이 관련 이야기들을 들려주는 프로그램도 있다. 어린이가 좋아하는 반딧불이 축제는 그룹별로 걸으며 식물원 안에 있는 반딧불이를 관찰할 수 있는 프로그램이다. 한 달에 한번 시행하며 6세 미만 어린이는 참가할 수 없다.

Travel tip

주소 Tinakori Rd., Wellington, New Zealand
홈페이지 www.wellington.govt.nz/services/gardens/botanicgardens/botanicgardens.html
전화 +64 4 499 1400
개원시기 및 시간 월요일부터 금요일까지는 08:30~16:00까지, 토요일과 일요일은 09:30~16:00까지 개원한다.
면적 10ha

75

정원도시 속의 아름다운 식물원

크라이스트처치식물원

Christchurch Botanic Garden

영국 서덜랜드 공작 부인의 기여로 조성된 장미원

크라이스트처치는 인구 34만의 뉴질랜드 남섬 최대의 도시다. 1830년대부터 크라이스트처치가 세워지고 1850년에는 뉴질랜드의 최초 도시가 되었다. 1976년에는 영연방 경기 대회가 개최되었다. 정부에서 실시하는 자연보호 정책으로 3ha당 1ha를 공원 또는 보호구역으로 지정하여, 도시 전체가 숲을 이루고 있다. 크라이스트처치식물원과 해글리공원 등 넓고 아름다운 공원이 많아서 '정원도시'라는 별명이 붙었다. 우아하고 고풍스런 영국식, 고딕식 등의 각기 다른 건축양식을 접할 수 있으며 웅장한 건축물과 우아한 공원들로 아름답게 꾸며진 고전적이고 매력적인 도시이다.

식물원의 역사

1863년 7월 빅토리아 여왕의 장남 앨버트 에드워드 왕자와 알렉산드라 덴마크 공주의 결혼을 기념하기 위해 영국 떡갈나무 한 그루를 심은 것이 이 식물원의 시작이다. 그 이후로 주변의 습지를 메우고 모래 언덕을 밀어가며 조경 작업을 한 결과 마침내 에이번 강을 따라 총 30ha에 이르는 공간에 10여 개의 우아한 정원을 갖춘 식물원이 탄생하게 되었다.

해글리공원에 인접해 있으며, 식물원 안에 에이번 강이 흐른다. 뉴질랜드 고유식물과 해외에서 식물을 도입하여, 10,000종류 이상의 식물을 수집하여 전시하고 있다.

식물원의 구성

롤레스톤 애비뉴에 있는 캔터베리박물관 옆으로 이 식물원에 들어서면 형형색색의 꽃밭과 시원스런 잔디밭이 펼쳐진다. 진달래 목련원, 허브원, 헤리티지장미원 Heritage Rose Garden, 뉴질랜드 식물원, 앵초원 Primula Garden, 수상정원 Water Garden, 암석원 등이 있다.

박물관을 지나 숲길을 가면 이 식물원이 자랑하는 장미원이 있다. 장미원에는 2011년 현재 250종류 이상의 장미가 저마다 고운 자태와 진한 향기를 뽐내고 있다. 장미원은 일반적인 정원의 형태를 갖추고 있는데, 큰 나무를 피해 햇볕이 잘 드는 장소에 정원을 만들었다. 1909년에 조성된 직사각형 모양의 이 정원은 영국의 서덜랜드 공작 부인이 소유한 장미원에 기반을 둔 것이다.

1987년에 조성된 허브원에는 다양한 식용, 약용식물이 있다. 뉴질랜드정원은 뉴질랜드 고유식물만 모아놓은 곳이다. 1900년대

식물원을 지나고 있는 에이번 강

화려한 베고니아온실

에 만들어졌는데, 몇십 년 사이에 이 정원은 뉴질랜드 토종식물들을 기르는 정원으로 탈바꿈하였다.

7개의 온실에서는 갖가지 선인장, 다육식물, 양란, 식충식물 등 각양각색의 식물이 자라고 있어 보는 이의 눈을 즐겁게 한다.

향기원은 온실단지 남서쪽에 자리 잡고 있는데, 1990년에 켄터베리 여성단체의 재정적 지원으로 조성되었다. 이 향기원에는 향기가 나는 나무, 관목, 구근식물들이 있다. 헤리티지장미원은 1950년 이후 꾸준히 크라이스트처치식물원의 인기 정원이었다. 1999년 리모델링하면서 많은 식물들과 장미를 기르는 데 필요한 장비들이 이곳으로 오게 되었다. 현대적인 개량 장미에서부터 고대정원, 야생장미까지 다양하다.

앵초원은 1955년 작은 개울물을 이용하여 만든 정원이다. 작은 나무에서부터 큰 관목, 다양한 앵초류까지 그늘에서 자라기 유리한 음지식물이 주로 자라고 있다.

암석원은 1939년에 로드 갤웨이에 의해 조성되었으며, 헬퍼 가든의 북쪽에 위치해 있다. 큰 나리연못에 인접해 있는 이 정원은 포트 계곡에서 가져온 화강암을 기반으로 만들었으며, 다양한 식물들이 있어 계절에 관계없이 인기가 많다.

수상정원은 크게 자란 관목 사이에 위치해 있다. 이 정원은 바람으로부터 식물들을 지켜주는 역할을 한다. 또 식물 뿌리들이 겹치지 않게 적당한 간격으로 배치되었다. 습한 환경에서 잘 자랄 수 있는 식물들이 자라고 있다.

1906년 존 피콕 John Peacock 백작이 기증한 후 1997년 재설치된 분수대는 식물원을 상징하는 기념비적 건축물이다.

밴즈맨 Bandsmen 기념홀은 제1차 세계 대전에서 목숨을 잃은 군악대원들의 희생을 기념하기 위하여 건립된 최초의 기념홀이다. A. 루트 렐 형제에 의해 설계된 이 기념홀은 1926년

9월에 공식적으로 문을 열었다. 봄에는 수선화 수십만 송이가 피는 쾌적한 지역이다. 브라스 밴드, 현악 사중주, 파이프 밴드에서 음악 엔터테인먼트까지 열리는 인기 있는 장소가 되고 있다.

케이트 셰퍼드 기념 거리는 에이번 강에 인접한 매력적인 거리이다. 뉴질랜드 여성의 참정권 100년을 기념하기 위해 1993년에 문을 열었다.

피콕 백작이 기증한 분수

아름다운 선인장 꽃

식물원의 운영 특성

매년 2월에 열리는 '정원 축제' 때는 거리가 꽃과 녹음에 휩싸인다. 또한 이 정원 축제의 일부로 개최되는 '크라이스트 가든 어워드'는 일반 가정의 정원 콘테스트다. 평가 부문은 종합 부문, 도로 부문, 잔디 부문 등 많이 있고 참가자와 관광객들이 활기를 띤다. 매주 일요일 잔디밭에서 로컬 음악 콘서트가 열리고, 수선화 잔디에서 빅 밴드 콘서트도 열린다.

자원봉사자들은 정규교육을 받고 토요일 정원의 특별 투어나 9월의 도보 투어에 참여하며 잔디묘목장에서 작업을 돕기도 한다.

현재 크라이스트처치식물원은 개원 150주년을 맞아 사진 공모전을 진행하고 있다. 참가자들은 정원의 4계절을 담아 제출하고 수상작은 공개 전시된다. 또한 이 식물원은 학생을 대상으로 체험학습도 진행한다. 학생들의 수준에 맞게 생물의 다양성과 경이로움의 발견, 생물의 가치 등 다양한 주제로 진행된다.

Travel tip

주소 Botanic Gardens, Rolleston Ave., New Zealand
홈페이지 www.ccc.govt.nz/citylsisure/pakrswalkways/christchurchbotanicgardens/index.aspx
전화 +64 3 941 8999
개원시기 및 시간 매일 오전 07:00에 개장한다.
면적 30ha

케냐
81
76
남아프리카공화국
77
78
80
79

아프리카 

76

자연 속 비밀의 쉼터

월터시슬루국립식물원

Walter Sisulu National Botanic Garden

2012년까지 5년 연속 가우텡 Gauteng 주에서 가장 피크닉하기 좋은 장소로 선정된 곳은 어디일까? 우리가 주변에서 흔히 접할 수 있는 도심 속 대공원이 아니다. 바로 월터시슬루국립식물원이다. 총 면적 300ha에 달하는 월터시슬루국립식물원은 신비한 협곡과 드넓은 야생초원을 비롯하여 잘 다듬어진 넓고 쾌적한 잔디밭과 2.2km에 달하는 다양한 산책로 등 흔히 볼 수 없는 독특한 경관을 지니고 있다. 여기에 더하여 저렴한 가격의 점심과 차를 제공하는 울창한 숲속 레스토랑과 유익한 환경교육 프로그램은 하루 종일 지루함이라곤 전혀 찾아볼 수 없는 자연박물관이다. 특히 입구에서 남쪽 깊숙한 방향으로 울창한 숲을 헤치고 걷다 보면 넓은 초원을 캔버스로 병풍처럼 펼쳐진 거대한 규모의 비트푸어치 Witpoortjie 폭포를 마주하게 된다. 운만 좋다면 이곳에서 식물원의 상징인 날개길이 3m의 검은 독수리도 볼 수 있다.

남아프리카공화국의 수도 요하네스버그는 왠지 모를 스산함과 삭막함이 느껴진다. 이런 느낌에서 벗어나고 싶다면, M47도로를 따라 북서쪽 외곽으로 40여 분을 달려보라. 이곳에 위치한 월터시슬루국립식물원은 요하네스버그의 삭막함과는 다른 다정한 자연의 포근함을 안겨 줄 것이다.

식물원의 역사

로데포르트 Roodepoort와 크루거스도르프 Krugersdorp 시의회는 남아프리카공화국 국립생

약용식물원의 수조

앙글로 Anglo 산책로 중앙에 위치한 해시계

검은 독수리가 서식하는 비트푸어치 폭포

물다양성연구소 South African National Biodiversity Institute에 99년 동안 토지를 임대하는 조건으로 해당 부지에 식물원을 설립하게 된다. 이후 1982년 7월 여덟 번째 국립식물원으로 지정 – 이 책에 소개되지 않은 프리토리아국립식물원 Pretoria National Botanic Garden이 아홉 번째로 지정된 마지막 국립식물원이다 – 되어 국가적 관리를 받게 되었다. 초기에는 트란스발국립식물원 Transvaal National Botanic Gardens이라는 이름으로 개방되었지만, 일반인들로선 특별한 절차를 거치지 않고서는 접근하기 어려운 학술 목적의 식물원이었다. 그러다가 1987년에 이르러서야 비트바테르스란드 국립식물원 Witwatersrand National Botanical Garden이라는 이름으로 일반에게 개방되었다. 20여 년이 지난 2004년 3월에 넬슨 만델라 Nelson Mandela 전 대통령과 함께 조국의 민주화를 위해 투쟁하였던 남아프리카민족회의 African National Congress of South Africa의 영웅적 지도자였던 월터 시슬루 Walter Sisulu의 업적을 기리는 목적에서 월터시슬루국립식물원이라는 지금의 정식 명칭을 얻게 되었다. 현재에는 잘 보존된 자연성과 다양한 편의시설로 방문객들의 사랑을 받으며 가장 피크닉하기 좋은 명소 중의 하나가 되었다.

식물원의 구성

입구를 따라 들어서자마자 넓게 펼쳐진 잔디밭과 콘서트를 위한 야외무대는, 주말이면 많은 사람들이 즐겨 찾는 자연 속 피크닉을 위한 명소임을 알려준다.

이 넓은 잔디밭을 우측에 두고 산책로를 따라 계속 걷다 보면 다양한 테마의 아기자기한 작은 정원들이 곳곳에 기다리고 있다. 우선 잔디밭 남쪽 끝자락에 연결된 약용식물원 People's Plant Garden은 다양한 식용작물들과 약용식물들을 전시하고 있으며, 산책로를 끼고 반대편에는 지구의 지질역사와 함께했던 식물들의 일대기를 바닥의 포장을 이용하여 알려주는 지질식물원 Geological Garden이 위치하고 있다.

이곳은 전체 볼거리의 10%도 채 안 되는 곳이므로 흥미로운 정보들 속에서 시간을 빼앗겨서는 안된다. 이곳을 벗어나 산책로를 따라 조금만 걷다 보면 바로 소철원 Cycad Garden이 나타나고, 야조원 Birds and Butterfly Garden과 다즙식물암석원 Succulent Rockery Garden, 수생식물

사탕옥수수꽃으로 불리는 탐부키 톤 Tambuki Thorn

바위에 납작하게 붙어 서식하는 사철채송화류

약용식물원

원 Water Garden이 쉼없이 방문객의 눈길을 빼앗으며 그 모습을 드러낸다. 이들 테마정원들을 산책하다 보면, 이곳에 둘러싸인 거대한 녹나무과의 흰색취목 White Stinkwood을 볼 수 있는데 이곳이 바로 방문객의 허기를 채워줄 월터시슬루국립식물원의 독수리식당이 위치한 곳이다. 울창한 나무들 밑으로 펼쳐진 넓은 데크와 그 위에 놓인 야외테이블에서의 간단한 샌드위치와 차 한 잔은 앞으로 다가올 더 많은 볼거리를 위한 방문객의 충전소가 된다. 이곳 식당에서 잠시 휴식을 취한 뒤, 마치 정글과도 같은 울창한 숲과 하천, 그리고 협곡을 따라 구성된 양치식물로 Fern Trail는 끝없는 정글탐험과도 같은 길을 예상케 한다.

이곳을 잠시 헤매다 보면 곧 600여 종류에 달하는 다양한 식물들이 서식하고 있는 록키하이벨드초원 Rocky Highveld Grassland에 도착하게 된다. 이곳에서 고개를 들어보면 월터시슬루국립식물원의 병풍에 해당하는 비트푸어치 폭포가 그 위용을 갖추고 방문객을 맞이한다. 70m 높이의 비트푸어치 폭포와 그 주변 지역은 1800년대부터 휴양 목적으로 사용되어 왔던 곳으로, 요하네스버그 역에서 기차를 타고 비트푸어치 역에 도착한 방문객들이 이곳까지 걸어서 찾아온 데서 그 이름이 유래하였다. 폭포 옆 절벽 위에 위치한 둥지 속에는 검은 독수리 Verreaux's Eagles가 살고 있으며, 이외에도 220여 종류의 조류를 비롯하여 자연보호구역에서 성장한 다양한 파충류들과 영양, 자칼 등의 작은 포유류들이 곳곳에 서식하고 있다.

발길을 재촉하여 산악경관로 Mountain View Walk를 따라 걷다 보면 큰 나무들로 드리워진 쾌적한 그늘과 많은 야외 탁자가 있는 수목원에 이르게 되고 이곳에서 잠시 준비해 온 간식

을 먹어보는 것도 좋다

좀 더 식물원을 볼 요량으로 외곽 순환산책로를 걷다 보면 야생화원 Wild Flower Area이 나타나고 곧 2.2km에 달하는 지질산책로 Geological Trail 트레킹 코스가 눈에 보인다. 여유있는 방문객이라면 이곳을 산책해 보는 것도 좋겠지만, 시간이 없는 방문객은 입구 방향으로 발길을 돌리는 것이 더 나을 것이다. 아직도 봐야 할 곳이 많기 때문이다. 입구쪽으로 방향을 돌려 걷다 보면 1990년대 초에 완공된 사솔댐 Sasol Dam이 보이고, 이 댐으로 만들어진 작은 습지연못을 발견하게 된다. 이 연못 속에는 이 지역의 토착종인 수련 Water Lily (*Nymphaea nouchali* var. *caerulea*)과 작은 노란수련 *Nymphoides indica* 등을 볼 수 있다. 이 습지연못을 중심으로 다양한 조류들을 관찰할 수 있는 야조대 Bird Hide가 있는데 관찰을 위한 요새 속에 몸을 숨기고 있다 보면, 사람들을 전혀 의식하지 못한 채 맘껏 여유를 즐기고 있는 여러 종류의 새들을 관람할 수 있다. 특히 10월 초 이곳 습지연못에서는 붉은가슴뻐꾸기 Red-chested Cuckoo, 클라스뻐꾸기 Klass's Cuckoo, 검은뻐꾸기 Black Cuckoo 등 다양한 종류의 뻐꾸기들을 볼 수 있다.

이곳을 마지막으로 입구로 방향을 돌리면 다양한 교육프로그램과 정보를 제공하는 물재생정원 Waterwise Garden과 어린이정원, 세미나홀, 방문객센터를 관람할 수 있으며, 입구에 이르러 우측방향에는 120여 석을 지니고 있는 네슬레 Nestle 환경교육센터가 남아프리카 식물군락의 다양한 정보를 제공하며 교육적 효과를 극대화해준다. 관심이 있는 방문객이라면 이곳에서만도 여러 시간을 할애해 볼 만하다.

개화한 에레무루스 Eremurus

식물원의 운영 특성

남아프리카공화국 식물협회 Botanical Society of South Africa에서는 식물원을 거닐면서 설명하는 '자연이야기 코스 Nature Talks and Courses'라는 프로그램을 운영하면서, 야생동식물들의 다양한 환경적 정보와 지질사적 특성, 지구온난화와 같은 환경문제 등을 전해주고 있다. 숙달된 가이드와 함께하는 식물원 투어는 사전예약을 통해서만 가능하며, 최소 20명 이상이 신청할 경우에만 진행이 된다. 한편 인근 디지털 사진 대학과 연계하여 매년 9월부터 이듬해 8월까지 계절별 사진 콘테스트를 개최하기도 하며, 10월경에는 테디베어 피크닉 Teddy Bear Picnic을 개최하여 음악회, 동물쇼,

드넓은 콘서트 잔디광장

어린이 마술쇼, 열차타기, 페이스 페인팅, 샌드 아트, 테디베어 워크숍 등 가족 구성원 모두가 참여하여 즐길 수 있는 피크닉 행사를 마련하고 있다.

허기를 채워줄 식당으로 120석 규모의 독수리식당이 있는데, 일반적으로 점심은 일품요리를 비롯하여 가벼운 샌드위치와 차 등이 제공되며, 일요일 정오에는 울창한 나무들 밑으로 넓게 펼쳐진 야외데크 위에서 뷔페로 구성된 점심이 제공된다. 이 식당은 크리스마스에도 운영되며, 연중무휴로 운영되기 때문에 특별한 이벤트가 필요한 방문객들에게는 추억에 남을 만한 다양한 이벤트와 기억을 선사할 것이다. 또한 입구 우측에 위치한 묘포장을 겸한 상점에서는 다양한 나무와 분재용 식물을 비롯하여 전구, 바구니, 냄비, 벽걸이, 비료 및 퇴비 등과 같은 각종 정원용품도 판매하며, 정원문화의 대중화에 기여하고 있다.

Travel tip

주소 End of Malcolm Rd, Poortview, Roodepoort, Gauteng, South Africa
홈페이지 www.sanbi.org/gardens/walter-sisulu
전화 +27 86 100 1278
개원시기 및 시간 연중무휴로 08:00~18:00(17:00 이후에는 입장 불가)까지 관람이 가능하다.
면적 약 300ha

77 사막의 독특한 식물박물관 커루사막국립식물원

Karoo Desert National Botanic Garden

케이프타운 시내에서 N1 고속도로를 타고 60km쯤 동북쪽을 향해 가면 유난히 눈에 띄는 경관이 펼쳐진다. 전원적 풍경의 마을들을 배경으로 도로 양측에 포도밭들이 오랫동안 시선을 잡아끄는데, 이곳이 바로 스탈렌보쉬 Stellenbosch, 팔 Paal, 프렌치훅 Franschhoek으로 이어지는 와인 산지들이다. 특히 팔은 남아공에서 유럽인이 세 번째로 정착한 곳으로, 남아공

아프리카 원주민 머리를 닮은 나무알로에 *Aloe dichotoma*

와인국영협동조합이 있는 남아공을 대표하는 주요 와인 산지로도 유명하다. 이곳에서 60km 정도를 더 동북쪽을 향해 내달리면 헥스강산 Hex River Mountain 기슭에 자리하고 있는 커루사막국립식물원에 도착할 수 있다. 로간기념정원 Logan Memorial Garden으로 알려진 이곳은 커스텐보쉬국립식물원에 이어 남아공에서 두 번째로 국립식물원으로 지정된 곳으로, 사막에서만 볼 수 있는 다양하고 독특한 식물들을 식물원 전역에서 감상할 수 있다. 온갖 신기한 식물들을 감상하다, 출출해지는 시점에 코커붐 Kokerboom 식당에서 점심을 먹고, 트레일 코스를 산책하다 보면 어느새 어둑어둑해지는 식물원의 야경을 맞이하게 된다. 만약 다시 케이프타운으로 돌아와야 하는 상황이라면, 돌아오는 중간에 위치한 팔이라는 조그맣고 소박한 분위기의 시골 마을에 잠시 들러, 하루의 피로를 풀며 세계 9번째 와인생산국인 남아공 본토의 와인을 음미해 보는 것도 또 다른 행복을 선사해 줄 것이다.

식물원의 역사

커루사막국립식물원은 마치에스폰테인 Matjiesfontein 인근의 화이트힐 Whitehill 에서 1921년 개장하여, 1925년에는 다육식물 애호가이자 마치에스폰테인 역의 역장이었던 아처Archer를 초대 큐레이터로 맞이하게 된다. 그러나 이곳은 수자원과 도로가 부족하여 식물원의 발전이 어려웠기 때문에, 1944년에는 당시 커스텐보쉬식물원 원장이었던 콤프톤 Compton 교수와 그곳의 식물학자였던 스위스 출신의 투디쿰 Thudichum과 함께 새로운 이전 적지를 찾게 된다. 이때 이들이 물색한 후보지는 두 곳이었는데, 한 곳은 로베르손 Robertson 인근 지역이었고, 또 다른 한 곳은 바로 우스터 Worcester 였다. 당시 우스터지방의회와 히틀리에 Heatlie 의 적극적인 노력과 토지 기증으로 이 지역 북쪽의 약 30ha의 지

훈장국화 Gazania

역에 1945년 8월 15일에 이전하여 다시 개장하게 된다. 이후 우스터지방의회와 히틀리에의 계속된 토지 기증으로 현재의 154ha에 해당하는 면적을 지니게 되었으며, 이때부터 커루국립식물원으로 일반인들에게 알려지게 되었다.

이전 직후 투디쿰은 첫 큐레이터가 되어 모든 이전 작업과 식물의 재배치에 대한 책임을 맡게 되었으나, 제대로 된 관수시설과 더불어 물공급이 원활치 못했던 지역 특성으로 인하여, 그는 손수 양동이로 물을 날라 식물들에게 관수하였다. 이때 이식된 많은 식물들 특히 퀴버트리 Quiver Trees, 나무알로에 *Aloe dichotoma* 같은 식물들은 여전히 잘 자라고 있으며, 세일힐 Shale Hill 트레일 코스에 자연스럽게 자라난 사철채송화 *Mesembryanthemum* 와 접시꽃채송화 *Drosanthemum* 는 그의 노력에 의해 정착했다고 해도 과언이 아니다. 이후 2001년 개장 80주년을 맞이하면서, 공식적인 명칭을 커루사막국립식물원으로 변경하였는데, '사막 desert'이라는 단어를 추가한 것은 이곳이 남부아

2,000년을 살 수 있는 벨빗치아

여름철 우기에만 성장하는 시포스템마 유타에 *Cyphostemma juttae*

비지Vygie와 메셈Mesemb으로 가득한 정원

프리카의 건조한 겨울철에도 잘 서식하는 식물들로 구성되어 있음을 강조하기 위한 것이다.

개인적으로 커루사막국립식물원의 역사에 대한 좀 더 흥미롭고 자세한 정보를 원한다면 2006년 3월에 출간된 'From Whitehill to Worcester(Veld & Flora, 2006)'를 참고하기 바란다.

식물원의 구성

총 154ha 규모의 대지 중, 11ha만이 사람의 손에 의해 가꾸어지고 있으며, 나머지 143ha에 해당하는 지역은 이곳에서 자생하는 자연식물들로 구성되어 있다. 이곳 11ha의 재배군락지에는 400여 종류의 자생식물이 서식하고 있으며, 식물원 내 온실과 묘포장에서는 2,500여 종류의 식물들이 번식되어 재배되고 있다. 이외에 143ha의 자연보호군락지에는 두 개의 식생 타입 즉, 로베르손 커루 Robertson Karoo와 브리디 세일 레나스터펠트 Breede Shale Renosterveld로 구성되어 많은 야생동물의 서식처가 되고 있다.

이곳에 서식하는 식물들은 주로 뜨겁고 건조한 기후에도 잘 견디는 식물들로서, 식물원 곳곳에 펼쳐져 있는 각각의 화단에는 다른 지역에서 이식해온 식물들을 모아서 재배하고 있다. 특히 나미비아 Namibian 화단에는 벨빗치아 *Welwitschia* 라는 사막식물을 볼 수 있는데, 이 식물은 2,000년을 살 수 있는 식물로서 연중 우기에만 20mm씩 자라는 성장이 매우 더딘 특이한 식물로 유명하다. 또한 하프맨스 Halfmens라고 불리는 파키포디움 나마콰눔 *Pachypodium namaquanum*(영어권에서는 코끼리코라고 부르기도 함)은 연강수량 50~150mm인 지역에 적응하여 서식하는 식물로서, 그 생김새가 아프리카 토인의 머리를 닮아 방문객들의 눈길을 끌기도 한다. 이외에도 여름철 우기에만 잎과 열매를 맺고, 겨울에는 휴면기에 들어가는 시포스테마 *Cyphostemma* 도 커루사막에서 볼 수 있는 독특한 식물 중 하나이다.

식물원 입구를 따라 올라가다 보면 두 갈래 길을 만나게 되는데, 이곳에서 원형으로 이어진 동선을 따라 한 바퀴 돌게 되면 식물원을 일주하게 된다. 그 두 갈래 길에서 우측을 향해 들어서면 도로 오른편에 드넓게 펼쳐진 잔디밭과 식당, 주차장이 나타난다. 이곳에서는 결혼식이나 발렌타인데이의 기념행사 등이 펼쳐지기도 한다. 이후 계속 직진하여 올라가면 도로 오른편에 관리사무소와 식물판매소를 비롯한 다양한 식물 전시장 겸 묘포장을 만나게 된다. 이곳에서는 2,500여 종류에 달하는 식물들이 재배되며, 판매되고 있다.

이곳의 배후 지역부터 하이킹 코스가 시작되는데 1.0km의 세일트레일 Shale Trail 코스가 가장 괜찮은 코스라고 할 수 있다. 이외에도 좀 더 역동적인 코스를 원한다면 2.4km의 호스피탈힐 Hospital Hill 코스나 식물원 입구에서 출발하는 3.4km의 비콘힐 Beacon Hill 하이킹 코스도 추천할 만하다. 원형의 도로 내부에는 커루모험길 Karoo Adventrue Trail 이 있는데, 가벼운 마음으로 식물원을 산책하기에는 가장 좋은 코스이다. 한편 이 지역의 트레일 코스를 둘러보다 보면, 거북이를 비롯하여 몽구스나 사막토끼 등과 같은 사막동물들을 가끔 볼 수 있는데, 이들은 색다른 재미를 선사해 준다.

남아프리카가 원산지인 비단알로에 *Aloe striata*

남아프리카에서 유럽으로 전파된 사철채송화 *Lampranthus spectabilis*

사막의 풍경을 보여주는 식물원 전경

한편 원형도로의 중간에 위치한 관리사무소의 반대편 언덕을 향해 올라가면 아담한 규모의 미로정원과 함께, 나마 쿡스케름 Nama Kookskerm 이라는 원주민 주방을 볼 수 있다. 이것은 나마 원주민들이 음식을 장만하고, 보관하는 장소로 다른 동물들의 접근을 막기 위해 케리붐 Kareeboom이나 소에트도링 Soetdoring, 하키즈도링 Hakiesdoring과 같은 날카로운 가시를 지닌 지역토착식물들을 이용하여 만들어졌다.

식물원의 운영 특성

정원 방문을 위한 가장 좋은 시기는 나마콸란드국화 Annual Namaqualand Daisies와 비지 Vygies가 분홍, 보라, 빨강, 노랑, 하양, 오렌지색 등의 오색창연한 꽃을 피우는 봄철로서, 특히 7월 하순~9월 하순까지가 가장 좋다. 커루사막국립식물원은 주로 식물을 수집하고 전시하며, 보존하기 위한 식물원으로서 특별한 행사나 이벤트는 없지만, 2008년부터 시작한 교육 파르마라트 환경교육 프로젝트 Parmalat Environmental Education Project 가 호응을 얻고 있는 프로그램이다. 이 프로그램은 교사들에게 환경에 대한 교육과 함께 교육 자격을 부여하는 제도이다. 입구에서 들어가다 우측에 위치한 코커붐 식당은 헥스강산으로의 조망이 뛰어난 식당으로 여기서 와인을 곁들인 간단한 식사로 허기를 채울 수도 있다.

Travel tip

주소 Roux Road, Panorama(off National Road), Worcester, South Africa
홈페이지 www.sanbi.org/gardens/karoo-desert
전화 +27 23 347 0785
개원시기 및 시간 연중무휴로 07:00~19:00까지 관람이 가능하다.
면적 154ha(이 중 11ha만 이용)

78

세계자연문화유산으로 지정된

커스텐보쉬식물원

Kirstenbosch Botanic Garden

프로테아가 만개한 9월의 식물원 풍경

커스텐보쉬식물원은 로벤 섬Robben Island, 성 루시아 습지공원Greater St. Lucia Wetland Park, 스터폰테인Sterkfontein The Cradle of Humankind, 우카람바 드라켄스버그 공원The Ukhahlamba-Drakensberg, 마풍구브웨 Mapungubwe와 함께 남아프리카공화국에 있는 6개의 세계자연문화유산World Heritage Site 가운데 하나인 케이프식물구보호지구Cape Floristic Region Protected Areas에 위치해 있다. 커스텐보쉬식물원은 케이프식물보호지구의 8개 보호구역 중 하나로 세계 최초로 세계자연문화유산에 등록된 식물원이기도 하다. 커스텐보쉬식물원이 세계자연문화유산으로 지정된 것은 아름다운 경관 때문만은 아니다. 지구상에서 보기 힘든 특이한 동식물들의 주요 서식처이자, 지질사적으로도 매우 중요한 생태적 발달사를 전시하는 살아있는 박물관이나 다름이 없기 때문이다. 특히 현재도 진행 중인 생물·생태학적 진화과정을 보여주는 독특한 핀보스 식생대Fynbos Biome에 위치하고 있으며, 지구상에서 찾아보기 힘든 고유한 생물들이 전체 지역의 31.9%를 차지하고 있는, 생물학적으로 매우 중요한 지구상의 25개 핫스팟hotspots 중 하나이다.

식물원의 역사

1895년 다이아몬드로 큰 재산을 모았던 세실 존 로즈Cecil John Rhodes는 커스텐보쉬를 매입하여 농장으로 관리하였다. 1902년 로즈가 사망한 이후에는 정부로 그 대지가 귀속되어 소나무를 비롯한 일부 침엽수와 유칼립투스만 식재된 채 방치되었다. 이후 1903년 남아프리카대학South African College의 해롤드 피어슨Harold Pearson 교수의 노력으로 보전·관리되어 오다가 1913년 정식으로 커스텐보쉬국립식물원으로 개장하게 되었다. 이후 1916년 피어슨 교

2번 게이트광장의 조형물

수는 사망하여 이곳 정원에 묻혔으며, 1919년 2대 원장으로 로버트 해롤드 콤프턴Robert Harold Compton 교수가 임명되면서 더욱 발전하게 되었다. 그러나 식물원의 설립 초기에는 많은 어려움과 함께 재정적 난관에 부딪치기도 하였다. 특히 세계 제1차 대전이 발발한 이후에는 연 1,000파운드에 불과한 재정적 지원조차 중단되었으며, 관리자 한 명만이 이곳을 관리하게 되었다. 이 당시 경비 충당을 위해 많은 대지에 상업용 작물이 재배되었으며, 장작과 돼지 사료로 사용된 도토리의 판매를 통해 관리비를 충당하는 상황도 있었다. 그러나 많은 사람들의 헌신적인 노력으로 매년 식물원협회로부터 충분한

남아프리카공화국의 국화인 킹프로테아

프로테아의 한 종류

넓게 펼쳐진 초화류 군락지

지원을 받게 되면서 오늘날 세계에서 가장 아름다운 식물원으로 발전하게 되었다.

식물원의 구성

커스텐보쉬식물원은 케이프타운 테이블마운틴의 깎아지른 듯한 동측 사면에 위치한 식물원으로 규모면에서도 세계적인 수준에 해당한다. 남아프리카의 다양한 식물을 전시하고 홍보하는 동시에 지역의 고유식물을 중점적으로 보존하는데 주력하는 국립식물원으로서, 남아프리카공화국의 9개 국립식물원 중 가장 대표적인 곳이다. 다양하고 독특한 케이프 식물구Cape Flora의 식물들을 전시할 뿐만 아니라, 주변

핀쿠션 프로테아 Pincushion Protea

남부아프리카의 많은 희귀종들을 포함하여 멸종위기에 처한 7,000여 종류에 달하는 식물들이 서식하고 있다. 자연림과 핀보스 보호지역을 따라 다양한 종류의 동식물들이 서식하는 총 528ha의 대지가 펼쳐져 있으며, 이 중 36ha가 일반인들에게 개방되어 있다. 케이프식물구계 Cape Floral Kingdom 라 불리우는 케이프식물구 Cape Floristic Region 의 심장부에 위치하고 있다.

세계 7대 식물원에 꼽힐 만큼 아름답고 다양한 종류의 식물을 보유한 야생식물원으로서, 남아프리카 지역에서만 자생하는 핀보스를 비롯하여 이 지역의 22,000종류의 식물종 중 9,000여 종류를 모아 전시하는 공간으로 널리 알려져 있다.

이곳에는 세 종류의 핀보스가 각각 다른 암석에서 유래한 토양에서 서식한다. 화강암 핀보스 Peninsula Granite Fynbos 는 주로 계곡의 낮은 경사지에서 서식하고, 사암 핀보스 Peninsula Sandstone Fynbos 는 계곡 중산간 경사 지역에서 서식하며, 케이프 와인랜드 핀보스 Cape Winelands Shale Fynbos 는 북쪽 경사면에 서식하고 있다. 특히 남아프리카공화국의 국화로 가을 일부를 제외하고 연중 꽃을 피우며 킹프로테아 King Protea 로 알려진 프로테아 키나로이데스 Protea cynaroides 는 좁은 골짜기의 상부로 올라가면 볼 수 있다.

주제정원으로는 관람로를 따라 핀보스원 Fynbos Garden을 비롯하여, 브레일트레일 Braille Trail 과 향기정원 Fragrance Garden, 유용식물원 Useful Plants Garden 과 물재생정원 Waterwise Demonstration Garden 등이 있다. 특히 식물원 입구에 위치한 식물협회온실 Botanic Society Conservatory 은 사막식물을 수집 · 전시하는 곳으로, 온실 입구에 들어서면 어린왕자로 익숙한 바오밥나무가 중앙에 위치해 있고, 네 곳의 각 모퉁이에 구근식물 Bulbs, 양치식물 Ferns, 암석식물 Stone plants 및 고유의 고산식물 Alpines 정원이 위치해 있다. 또한 이들 뿐만 아니라, 남부 아프리카의 다육식물 Succulent Plant 들을 야외와 연결된 중앙지역 일부에 전시하고 있다.

피크닉에 이용되는 잔디광장

식물원의 상징으로 이용되는 극락조화

식물원의 운영 특성

수천 종류의 식물들이 오색찬

경사면에 펼쳐진 넓은 야생화 군락

란한 아름다움을 선사하고, 꽃을 찾아 날아든 새들이 즐거운 선율을 들려주는 커스텐보쉬식물원은 푸른 잔디와 함께 곳곳에 펼쳐진 핀보스 계열의 야생화들이 9월의 봄을 만끽하게 해준다. 넓고 푸른 잔디에서 소풍을 즐기거나 저녁에 펼쳐지는 각종 콘서트를 보고 있노라면 천국의 평화로움을 느낄 수 있다. 특히 10월에서 이듬해 3월까지는 일요일 저녁 시간대(17:30~18:30)에 인기있는 야외 콘서트가 개최되어 방문객에게 재미를 더해 줄 뿐만 아니라, 다양하고 흥미로운 교육프로그램의 이용이 골드필드 교육센터 Gold Fields Education Center의 예약을 통해 가능하다.

Travel tip

주소 Rhodes Drive, Newlands, Cape Town, South Africa

홈페이지 www.sanbi.org/gardens/kirstenbosch

전화 +27 21 799 8899

개원시기 및 시간 4월~8월은 08:00~18:00까지, 9월~3월은 08:00~19:00까지 관람이 가능하다.

면적 528ha(이 중 36ha만 이용)

79

대서양과 인도양에 접한 해양생물의 보고

케이프반도해양보존지

Cape Peninsula Marine Reserve

디아즈 해변과 케이프포인트로 이어진 데크산책로

반도 서쪽 대서양의 벵겔라 한류와 동쪽 인도양의 아굴라스 난류가 만나는 지점에 위치하고 있는 케이프반도해양보존지는 비록 규모는 작지만 가장 풍부한 식물상이 존재하는 세계 6대 식물보존지 중 하나이다. 희망봉으로 더 알려진 케이프반도해양보존지 일대는 이러한 독특한 지리적 위치를 기반으로 다양한 생물환경을 보유하고 있다. 세계적으로 알려진 관광지답게 케이프타운 시내에서 승용차 이외에도 기차나 택시, 버스 등 다양한 대중교통 수단을 이용하여 방문할 수 있다. 케이프타운에서 M65도로를 달려 남쪽으로 계속 내려오다 보면 M4도로와 만나게 되는데 이곳이 케이프반도해양보존지의 입구라고 할 수 있다. 넓게 펼쳐진 길 양옆 평야에는 지면에 낮게 깔린 덤불들과 수많은 핀보스계의 식물들이 크고 작은 구릉을 배경으로 아름다운 풍경을 만들어 내고 있다. 특히 케이프포인트 Cape Point까지 가는 길에 펼쳐진 드넓은 초원은 결코 놓쳐서는 안되는 훌륭한 경관을 제공하고 있다.

식물원의 역사

40km에 달하는 긴 해안선을 끼고 7,750ha의 거대한 면적에 위치하여 다양하고 풍부한 동식물군계를 이루고 있는 케이프반도해양보존지는 지역정부에 의해 1938년 자연보전지역으로 지정된 이래, 1998년에 이르러서야 비로소 케이프반도 국립공원Cape Peninsula National Park으로 중앙정부의 지원을 받게 된다. 이후 2004년에는 인근 테이블마운틴에 포함되어 테이블마운틴 국립공원Table Mountain National Park이라는 정식 명칭을 얻고 지금의 모습을 갖추게 되었다.

식물원의 구성

이 지역에 덤불이 많은 것은 건조한 여름과 습한 겨울철 기후 속에서 부족해진 수분을 빼앗기지 않으려는 속성에 기인한 것이며, 동시에 강한 바람을 견뎌내기 위한 자연

바닷가 절벽에 서식하는 다양한 경엽식물들

순응의 결과이다. 잠시 여유를 가지고 차에서 내려 쉬고 있으면 어느샌가 자전거 트레킹을 하는 사람들이 인사를 하며 옆을 스치고 지나간다. 시간을 재촉하여 가던 길을 계속 달리면

케이프반도해양보존지 전경

반도 동쪽 끝에 위치한 케이프포인트에 도착하게 된다.

케이프포인트에서 희망봉으로 연결된 트레킹 코스를 걷다 보면 좌측의 아름다운 해변을 볼 수 있는데, 이곳이 흰모래와 굽이치는 파도, 거센 바람으로 알려진 디아즈 해변Diaz Beach이다. 잠깐 해안가를 산책하고 올라와 다시 산악코스를 걷다 보면 양옆으로 갈대와 덤불, 그리고 그 사이에 넓게 펼쳐진 경엽식물들을 관찰할 수 있다.

인도양과 대서양의 수온 차이에 의한 환경적 변화는 엄청난 양의 수산자원과 다양한 식물들의 중요한 서식환경을 제공하며, 수많은 곤충들을 비롯하여 도마뱀, 거북이 등의 파충류들과 바위너구리Dassie, 등줄쥐Striped Mouse, 뭉그스 Water Mongoose, 수달Cape Clawless Otter, 개코원숭이Baboons, 얼룩말Zebra, 영양 Eland 등의 크고 작은 포유류들이 서식하는 천혜의 장소가 되고 있다. 특히 해안과 산악지형의 전이지역으로서 조류만 해도 최소 250여 종류가 서식하고 있는 것으로 알려져 있다. 핀보스계의 프로테아Protea와 에리카Erica 등의 식물들이 태양조Sunbirds를 비롯한 꿀새 Sugarbirds 등의 다양한 조류들을 유혹하고 있지만, 이들 조류들은 여전히 내륙 식물군락보다는 해안가의 덤불 속에서 일 년의 대부분을 보내고 있다.

케이프반도해양보존지에서는 산성토양에서만 자라는 내륙성 핀보스와 알카리성 모래에서만 서식하는 해안성 핀보스 등 두 가지 종류의 핀보스를 동시에 관찰할 수 있는데, 무려 1,100여 종류의 고유식물들을 동시에 볼 수 있는 지구적 차원에서도 매우 주목받는 핵심지역이다. 프로테아와 에리카를 비롯하여 레스티오*Restios*(갈대의 일종) 등이 넓은 지역에 펼쳐져

케이프반도해양보존지를 설명하는 동판지도

서식하고 있으며, 특히 킹프로테아King Protea를 비롯하여 슈거부시Sugarbush, 나무바늘방석Tree Pincushion과 골든콘부시Golden Cone Bush 등과 같이 잘 알려진 24가지 종류의 프로테아스 군락을 볼 수 있다. 또한 일반적으로 잘 알려진 프리지아, 펠라고니움, 데이지, 릴리, 아이리스 등도 이곳 핀보스 군계에 해당하는 케이프반도해양보존지에서 그 기원을 찾을 수 있다.

식물원의 운영 특성

남아프리카공화국 해양서식자원법South African Marine Living Resources Act에는 이곳 해양보존지에서의 어떠한 서식처 교란행

벼랑 끝에 만개한 야생화

전형적인 핀보스 식생의 모습

위에 대해서도 엄격히 규제하고 있다. 특히 반도의 동측 일부 지역은 접근을 제한하는 구역을 두어 일반인의 출입을 엄격히 통제하고 있다.

보존지역 내의 일부 개방지역에서는 트레킹 코스를 두고 있으며, 이곳 중 일부에서는 고래관람을 비롯하여 낚시, 다이빙 등의 다양한 해양스포츠가 가능한 지역이 있다. 케이프포인트 방문객센터에서 등대까지는 30분 정도 소요되는 트레킹 코스가 있지만, 시간이 부족한 방문객들을 위해 공원 개장시간에 맞추어 케이블카를 운행하고 있다.

Travel tip

주소 Tokai Manor House, Tokai Road, Tokai 7945, South Africa
홈페이지 www.tmnp.co.za
전화 +27 21 780 9204
개원시기 및 시간 4월~9월은 07:00~17:00까지, 10월~3월은 06:00~18:00까지 관람이 가능하다.
면적 7,750ha

80

핀보스 식생대 보존에 앞장서는

해롤드포터국립식물원

Harold Porter National Botanical Garden, South Africa

핀보스 Fynbos 식생대의 한가운데에 위치한 해롤드포터국립식물원은 풍부한 핀보스 식물상을 보여주는 아름다운 식물원이다. 식물원의 가치를 이해하기 위해서는 먼저 이 핀보스 식생대를 이해하여야만 한다. 핀보스 식생대는 북반구 온대지방에 사는 우리들에게는 아주 생소한 식물들로 구성되어 있다.

거울연못과 부르버그 산

전 세계를 식물구계학적으로 나누었을 때 그중 가장 작은 것이 남아프리카 구계 South African Kingdom이며 여기에는 케이프 식물구Cape Region만이 존재한다. 이 식물구는 세계의 다른 식물구계들과는 아주 다른 모습을 나타내며 핀보스 식생대는 이 케이프 식물구를 대표한다. 케이프 식물구는 면적이 비교적 좁지만, 그 안에서 8,500종류 이상의 매우 다양한 식물 종들이 분포하고 있는데 그중 65% 이상이 세계의 다른 어느 곳에서도 볼 수 없는 종들이다.

핀보스라는 이름의 유래는 네덜란드에서 온 이주민들이 남아프리카 해안 일대에서 주종을 이루고 있는 식물들에 '아담한 덤불' 또는 '아담한 수풀'이라는 뜻인 '페인보스 fijnbosch'라는 이름을 붙인 것에서 비롯되었다고 한다. 페인이라는 말은 '작다'라는 뜻인데, 이 말은 여기에 사는 식물들의 잎 또는 나무들이 작거나 가늘다는 특징을 보고 붙였을 거라는 생각이 든다. 이 식물들의 잎은 작고 투박하지만, 그 꽃들은 크기와 색깔, 모양이 놀라울 정도로 다양하다.

핀보스 식생대의 식물은 정말로 다양한데, 전 세계에 자생하는 제라늄의 65% 이상, 붓꽃

핀보스 식생대에 자라는 희귀한 알로에 *Aloe flicatilis*

과의 30% 이상이 분포하며 데이지류가 1,600여 종류나 있다. 이외에도 다양한 식물들이 있는데 그중에 핀보스 식생대를 대표하는 식물은 에리카*Erica* 속, 영명으로는 히스 Heath라 불리는 종류이다. 전 세계의 에리카 총 740종류 중 625종류가 핀보스 식생대에 분포한다. 또 남아프리카공화국의 국화인 킹프로테아를 포함하여 프로테아*Protea* 속 식물이 328종류나 분포한다.

식물원의 역사

해롤드포터국립식물원의 역사는 1930년대에 해롤드 포터Harold Porter를 비롯한 세 사람의 사업가가 행클립Hangklip 지역의 토지를 매입하던 때로 거슬러 올라간다. 이들은 이 토지를 3개 지역으로 구분하여 마을을 조성하였고 현재 식물원이 위치하고 있는 베티 만 Betty's Bay(동업자였던 율돈Youldon의 딸 이름을 붙였음) 지역을 제외한 나머지는 2차 세계대전 때까지 모두 다른 사람들에게 소유권이 넘겨졌다.

1940년에 발생한 큰 산불 이후에 해롤드 닉슨 포터Harold Nixton Porter는 국민신탁 Trust Agreement과 협약을 맺어 식물원과 사립자연보호구 Private Nature Reserve를 조성하기로 하였

핀보스 식물들로 조성된 정원

원주민을 형상화한 조형물

세미나실과 식당 등을 갖춘 컨퍼런스 센터

다. 그는 자연보호구의 이름을 '샹그리라 Shangri-la' 즉 낙원이라고 지었는데, 그 이름에서 해롤드 포터가 얼마나 이 지역을 사랑했는지 느낄 수 있다. '샹그리라 자연보호구'는 당시 국립식물원 원장이었던 브라이언 라이크로프트 Brian Rycroft 교수에 의해 1955년 1월 13일에 공식적으로 개장되었다.

1958년 2월 27일 해롤드 포터가 사망한 후에 이 자연보호구는 샹그리라 자연보호구 회사에 상속되었다. 회사는 식물원 경영에 어려움을 겪자 1959년 8월 1일에 남아프리카공화국 국립식물원에 자연보호구를 제공하고 국립식물원에서 재정적으로도 책임지도록 하였다. 이때부터 해롤드 포터를 기념하는 의미로 해롤드포터국립식물원으로 명칭을 변경하게 되었다.

1960년대 이후에도 여러 사람들과 단체에 의한 기부를 통해 주변 지역으로 식물원의 범위가 확대되어 왔다. 그 결과 오늘날에는 바다로부터 10m 떨어진 지역부터 코겔버그 생물권 보전지역 Kogelberg Biosphere Reserve이 포함되어 있는 코겔버그 산까지 200.5ha에 이르는 면적을 갖게 되었다.

식물원의 구성

해롤드포터국립식물원에는 다양한 정원들이 조성되어 있다. 이들 정원은 주로 특별한 식생 또는 식물을 주제로 조성되어 있다. 예를 들어, 해롤드포터국립식물원이 위치한 지역을 대표하는 핀보스 생태계 Fynbos Ecosystem를 비롯하여 '생태계' 또는 '식생'이라고 번역하게

식물원 입구

되는 'Ecosystem'으로 정원을 구별하고 있다. 이 같은 정원으로는 숲 생태계Forest Ecosystem, 습지 생태계Wetland Ecosystem, 해안사구 생태계Dune Ecosystem 등이 조성되어 있어 남아프리카공화국의 대표적인 식생 유형을 볼 수 있다. 또한 남아공의 대표적인 식물인 프로테아 종류를 비롯하여 레스티오*Restio*류, 에리카류 등의 식물을 주제로 한 정원들이 조성되어 있다. 그 밖에 유용식물을 주제로 한 정원, 코겔버그 산에서 내려오는 풍부한 물을 이용한 다양하고 아름다운 연못이 조성되어 있다.

킹프로테아

식물원의 운영 특성

해롤드포터국립식물원에는 다양한 정원들이 조성되어 있다. 그러나 이 식물원에서 가장 핵심은 핀보스 식생대 그 자체라고 할 수 있다. 핀보스 식생대의 특징은 앞서 소개한 다양한 식물상 외에 아주 독특한 것이 있는데 '산불'이 바로 그것이다. 핀보스 식생대의 식물들은 산불에 의해 자연적인 갱신과 천이가 일어나는 것이 특징이다. 주기적으로 산불이 발생하여 땅을 덮고 있는 식물체들을 태워 없애줘야 땅에 떨어진 씨앗들이 잘 발아하여 새로운 식물군락을 형성하게 된다. 또 산불이 오래된 잎이나 줄기 또는 가지를 태워 없애줘야 새로운 싹이 잘 트는 매우 독특한 특징을 보인다. 다시 말해 산불이 주기적으로 발생하지 않으면 식물 군락은 점차 쇠퇴하게 되는 것이다.

자연 상태에서 개화한 프로테아

당연히 해롤드포터국립식물원도 여러 차례 산불을 겪게 되었지만 식물원의 건물들은 안전하게 보호되었다. 오늘날에는 이러한 핀보스 식생대의 특징을 잘 유지하기 위해 식물원에서는 주기적으로

레오파드 협곡이 보이는 정원

식물군락에 불을 내기도 한다. 이렇게 인위적으로 불을 내는 것은 완전히 통제가 가능한 상태에서 실시하기 때문에 자연적으로 산불이 발생하는 것에 비해 아주 안전하면서도 핀보스 식생대를 잘 유지하는 방법이 되고 있다.

우리는 보통 식물원이라고 하면 인위적으로 조성되고, 잘 가꾸어진 정원을 생각하게 된다. 그러나 해롤드포터국립식물원에서 볼 수 있듯이, 어떤 지역의 식물상을 잘 보존하는 것도 식물원의 중요한 역할이다. 전 세계에서 가장 독특하지만, 남아프리카에서조차 개발에 의해 점차 사라져 가고 있는 핀보스 식생대를 연구하고 보존하며 일반인들에게 그 중요성을 알리고 있는 해롤드포터국립식물원을 보면서, 우리나라 식물원과 수목원들의 역할에 대해서도 다시 한 번 생각해보게 된다.

Travel tip

주소 Cnr Clarence Dr. & Broadwith Rd., Betty's Bay, South Africa

홈페이지 www.sanbi.org.za

전화 +27 28 272 9311

개원시기 및 시간 연중무휴로 주중은 08:00~16:30까지, 주말은 08:00~17:00까지 관람이 가능하다.

면적 200.5ha

81 작지만 체계적인 연구와 교육을 수행하는 나이로비식물원

Nairobi Botanic Garden

나이로비식물원은 나이로비박물관과 연계되어 약용, 식용, 희귀 · 멸종위기식물 등의 체계적인 수집과 연구를 활발하게 수행하고 있으며, 향토약용식물원, 다육식물원 등을 조성하여 식물교육의 장으로도 활용하고 있다.

모자이크가 아름다운 향토약용식물원

나이로비식물원은 나이로비박물관 옆에 위치하고 있으며 나이로비 시내 중심부에서 1.5km 떨어져 있다. BGCI멤버인 나이로비식물원은 나이로비박물관과 함께 교육, 연구, 보존 및 레크리에이션의 네 가지 주요 기능을 수행하고 있다.

식물원의 역사

1902년에 모으기 시작한 유서 깊은 아프리카 동부 식물 표본을 기반으로 나이로비식물원이 구성되었는데, 나이로비박물관 부지가 나이로비 강까지 확장되어 사용되면서 1990년에 정식으로 설립한 식물원이다. 처음에는 단지 케냐에서 발견된 식물 종을 중심으로 구성되었지만 나중에 자연산책로와 예술작품(유리 작업과 조각)들이 통합되면서 현재의 모습을 갖추게 되었다. 케냐의 국립박물관에서 2005년 거버넌스의 책임과 역할을 강화하기 위하여 부서 수준의 행정 단위로 조정되어 식물원 부서가 형성되었다. 아프리카의 일부 중요한 식물수집은 19세기 중반부터 에리트레아, 에티오피아, 모잠비크, 토고 등에서 채집한 유럽 식물연구자들에 의해 이루어졌다.

식물원의 구성

나이로비식물원은 교육, 연구, 보존 및 레크리에이션의 네 가지 주요 기능을 충족하고 있다. 현재 식물원에는 약 600여 종의 케냐 향토수종과 100여 종의 외래 식물 종이 있으며, 16개의 주제별 화단이 구성되어 11개의 재배품종이 양묘되고 있다.

나이로비식물원에는 최근 개조 공사의 일환으로 TICAH Trust for Indigenous Culture and Health 에서 케냐 전국에서 수집된 향토약용식물 중심의 전시정원을 조성하였다. 케냐 전국에서 수집된 향토약용식물 Indigenous Medicinal Plants 로 구성되어 있는데, 대부분의 식물들은 실제 케냐에서 전통적으로 사용하고 있는 형태를 띠고 있다. 멸종위기 야생동물을 위한 아프리카 기금 AFEW: African Fund for Endangered Wildlife, TICAH, 대체의학기술학교 SAMTECH: The School of

다육식물원

자연스러운 나무벤치

경사지를 활용한 정원

Alternative Medicine and Technology 등 여러 파트너들의 재정 지원으로 정원이 조성되었다. 케냐의 재활용 유리 공예인 키텡겔라 Kitengela 유리로 아름답게 묘사된 모자이크와 함께 16개 화단으로 구성되어 있다. 현재, 정원에 심어진 식물은 돌나물과 Crassulaceae, 마편초과 Verbenaceae 등 총 36개과 100종이며, 공식적으로 약용식물 범위에는 덜 포함되지만 야생에서 식물들의 성장방식을 느낄 수 있는 두 개의 화단이 추가되어 있다. 케냐의 식물, 건강과 문화유산이 어우러진 생활 전통을 식물원에 반영하였고, 케냐박물관 방문객들의 눈에 가장 잘 띄는 곳에 조성하였다.

이외에도 어린이정원, 식물양묘장 Plant Nursery, 공룡의 아침식사, 소생물권 Mini Biosphere 등이 조성되어 있다.

식물원의 운영 특성

나이로비식물원은 약용, 식용, 희귀 · 멸종위기식물 등의 체계적인 수집과 연구를 다육식물원, 난원 등을 통하여 수행하고 있다. 식물양묘 및 조경관리 등도 식물원의 주요 업무라고 할 수 있다. 환경보전 분야처럼 특화된 분야로 공공교육 프로그램을 수행하고 있는데, 이를 위하여 국가, 지역 및 국제적인 단체와 협회와 협력하고 있다. 국가단위의 공

키팅겔라 유리로 만든 조형물

동작업자는 케냐농업연구소Kenya Agricultural Institute, 케냐산림청Kenya Forest Service, 케냐산림연구소Kenya Forest Research Institute, 케냐 국립과학기술위원회National Council of Science and Technology 등과 협력하고 있을 뿐만 아니라 아디스아바바대학교Addis Ababa University, 탄자니아 열대연구소Tropical Research Institute in Tanzania 등의 지역교육기관과도 연계하여 공동작업을 하고 있다. 국제적으로는 영국의 큐왕립식물원, 영국자연사박물관, 미국의 미주리식물원 등의 식물원뿐만 아니라 다양한 해외 유수 대학(에딘버러대학교, 케이프타운대학교, 오슬로대학교 등)과도 공동연구와 연계사업을 진행하고 있다.

나이로비박물관과 연계하여 나이로비식물원에서는 다양한 이벤트가 진행되고 있는데, 세계 생물다양성의 날, 세계 환경의 날, 국민 나무 심기, 국제 박물관의 날 등이 주요 행사들이다. 또한 나이로비식물원은 환경교육과 함께 식물배양, 식물 적응, 생태, 민속경제식물학, 분류 및 생물다양성 보존 등의 식물과학 교육프로그램을 지원한다. 또한 일반시민과 단체, 그리고 학교 야외 수업, 전문적인 시범 수업을 위한 가이드 투어를 제공하며 공공 기관을 위한 봉사활동 프로그램을 지원하고 있다.

나이로비식물원은 잔디공간과 야외무대를 시민들의 이벤트, 파티, 사진전, 다양한 모임 활동을 위한 공간으로 제공하고 있다. 일 년 방문객은 약 30,000명 정도이며, 6명의 자원봉사자가 활동하고 있다.

Travel tip

주소 P.O. Box 40658-00100 GPO, Nairobi, Kenya
홈페이지 www.museums.or.ke
전화 +254 20 444 8930
개원시기 및 시간 연중무휴로 개원한다.
면적 4ha

식물원의 역할과 역사

1. 식물원의 개념과 역할 및 유형

식물원의 개념

오늘날 우리들은 생활 주변 멀지 않은 곳에서 식물원을 쉽게 만날 수 있다. 많은 사람들이 식물원을 방문하여 아름다운 꽃들을 감상하고 정원을 산책하며 여유로움을 즐기기도 한다. 그러나 대부분의 경우 식물원이 정확히 무엇을 하는 곳인지 잘 모른 채 방문하고 있는 것이 사실이다. 식물원을 찾는 사람들이 식물원이 어떤 곳인가에 대해 좀 더 잘 이해하게 된다면, 식물원을 더 좋아하게 될 것이고 더 많은 것을 얻어 갈 수 있을 것이다.

세계적으로 유명한 식물원들은 과학적인 활동에 기반하여 기록을 보존하고 식물에 표찰을 붙이며 표본관, 도서관, 실험실 등과 같은 과학적인 시설도 운영하고 있다. 또, 공원이나 개인의 정원 가꾸기 활동에 많은 영향을 주고 있으며 다양한 식물의 세계를 일반인들에게 보여주기도 하며 많은 유용식물, 관상식물의 가치를 개발하기도 한다.

어떤 정의에 의하면 "식물원이란 살아있는 식물을 수집하여 재배, 보존하는 이외에 식물에 대한 연구를 수행하고 다른 사람에게도 연구나 관상용으로 보급하여 식물학의 발전을 꾀함으로써 인류에 공헌하는 곳"이라고 되어 있다. 그러므로 주로 관상식물을 심어 그 아름다움을 즐기며 휴식의 장소로 이용되는 정원이나 공원과는 구별된다. 또한, 기록을 유지하는 것이 식물원을 차별화하는 가장 기본적인 활동의 하나이다.

대학이나 산림청 등의 연습림이나 보호림 등은 사람이 다소의 재배행위를 하고 식물의 생육을 관리하지만 대개는 자연 상태 그대로의 식물상을 보호하는 데 치중하고 있으므로 이것도 식물원과는 성격이 다소 다르다고 할 수 있다.

반면, 농업시험장의 농장이나 온실과 같이 품종을 번식, 보존하고 분류하기 위하여 곡류, 채소, 과수 등 분야별로 각각의 종, 품종, 변종들을 유지 보존하면서 연구를 수행하고 있다면 그 기능은 특수식물원의 일종으로 볼 수 있다. 어떻든 식물원의 기능 중 식물의 보존기능은 유전자의 보존에 직결되어 있고 유전자원의 이용이라는 측면에서 점점 더 중요하게 될 것이 분명하다.

식물원 Botanical Garden은 식물을 과학적인 체계에 의하여 수집하고 유지 보전하며 관련된 정보를 기록하고 각각의 식물에 표찰을 붙여 일반에 공개한다는 점에서 공원이나 일반 정원과 다르다. 또한, 식물원은 휴양, 교육 및 연구의 목적을 가지고 일반에 공개되며 특히 식물의 보전에 관련된 중요한 역할을 수행한다. 수목원Arboretum은 식물원의 특수한 형태로 목본식물만을 수집하는 점이 다를 뿐 기본적으로는 식물원과 같은 역할을 수행한다.

식물원의 역할

식물원은 식물을 수집하여 키우고 번식시키고 개량하여 식물의 가치를 증대시키는 일을 체계적으로 수행하는 기관이다.

- 수집한 식물을 장기간 관리하고 유지한다.
- 식물종의 재배를 가능케 하는 재배기술을 확보한다.
- 식물이용자(가드너, 교육자, 과학자, 대학생, 예술가, 여행자, 그리고 일반 대중)의 필요에 부응하기 위하여 수집된 식물에 관한 정보와 지식을 제공한다.
- 식물을 표본화하여 보존하고 유전자와 종의 보존 및 광범위한 연구목적을 갖고 계속적인 재배를 수행한다.

식물원에서 생육되는 모든 식물은 분류학적으로 정확히 동정되어 그 이름이 밝혀지거나 붙여져야 하는데 야생식물에는 원산지, 재배식물에는 육성 내력이나 전래 내력 등이 기록되어야 연구재료로서 표본이나 유전자 보존의 목적상 가치가 있다. 식물의 등록이나 재배에 관한 각종 정보는 각 식물에 도입번호를 붙여 식물기록 카드, 식물 대장을 만들어 보관한다.

식물원의 가장 중요한 역할 중의 하나가 식물에 대한 연구라고 볼 때 각 식물에 대한 정보와 기록은 연구에 긴요하다. 최근에는 식물에 대한 연구가 다변화되어 분자생물학과 같이 실험실 내에서 수행되는 분야도 많아졌으나 식물원 내에서 수행하기에 적합한 식물분류학, 형태학 및 해부학, 자원식물학, 식물세포유전학, 생태학, 식물육종학, 원예학 등 여러 분야가 있다. 특히 살아있는 재료를 필요로 하고 그들의 재배를 기본으로 요하는 분야가 많다.

이 밖에 아름다운 관상용 식물을 많이 전시하여 식물을 좋아하는 사람들에게 관람시키고 푸른 환경을 조성하여 시민의 정서생활과 휴식의 장소를 제공하는 역할도 중요하다.

한편, 최근 식물원에서 요구되고 있는 새로운 기능은 환경 교육의 장이라는 점이다. 즉, 식물을 기반으로 하여 인간 생존에 절대적으로 필요한 지구환경보존에 관하여 일반인들에게 교육을 시행하여 자연에 대한 태도와 삶의 양식을 바꾸게 하여 궁극적으로 지구환경 보존이 가능하도록 해야 한다는 것이다. 위의 내용을 몇 가지로 요약하면 식물원은 식물 보전, 휴양, 그리고 교육을 시행하는 곳이라고 정의할 수 있다.

식물원의 유형

현재 전 세계적으로 148개국 이상에 2,000개 이상의 식물원이 조성되어 있다. 이 중 500여 개의 식물원이 서부 유럽에, 350여 개가 북미에 위치한다. 한국을 포함한 동아시아에는 200여 개가 조성되어 있는데 이 중 대다수가 중국에 위치한다. 한편, 서남아시아의 경우에는 인도의 식물원이 대부분을 차지한다.

식물원의 유형은 크게 종합식물원과 특수식물원으로 구분할 수 있다. 종합식물원은 식물의 수집, 재배, 보존, 개발, 연구, 관상 등의 모든 기능을 갖춘 식물원을 말한다. 많은 전통적인 식물원이 이러한 유형에 해당된다. 특수식물원은 식물원의 여러 목적 중 일부에 중점을 둔 경우, 혹은 일부 분야의 식물에 국한하고 있는 식물원을 말한다. 소규모로 운영되는 대다수의 식물원이 이 유형에 해당된다고 볼 수 있다. 특수식물원은 다음과 같이 네 가지 기준으로 분류해 볼 수 있다.

① 생태학적 분류: 수목원, 교목원, 침엽수원, 활엽수원, 관목원, 만경원, 수생식물원 등
② 지형, 지리적 분류: 암석원, 열대식물원, 고산식물원 등
③ 용도, 목적에 의한 분류: 약초원, 유실수원, 식용식물원, 밀원식물원, 유지식물원 등
④ 교육, 연구적 분류: 교재원, 맹인식물원, 희귀식물원, 유전자 보존원 등

식물원의 식물 수집 유형

식물원 내의 식물들은 일반인에게는 관상적 가치가 우선이겠지만 그 이외에 다음과 같은 다양한 필요에 의해 키우는 것이다.

· 참고용: 의약 연구용으로 제공되거나 교육용으로 제공된 식물재료의 동정을 위한 참고 식물
· 연구용: 식물분류학, 민속식물학, 원예학, 보전생물학 등의 연구를 위한 재료
· 육종식물의 부모종父母種이 되는 식물의 유지
· 보전을 위한 수집종의 유지(재배종의 야생품종을 장기보관용으로 수집)
· 복원프로그램에 의한 개체군의 증식과 재도입의 필요성

식물 기록의 중요성

앞에서 언급한 다양한 목적을 수행하기 위해서는 식물원에서 재배되는 식물은 정확하게 동정되고 문서화되어야만 한다. 현재 재배 중인, 그리고 과거에 재배되었던 식물에 관해 지속적으로 축적된 정보는 기록에 의해 구체화될 필요가 있다. 기록을 구체적으로 남기지 않을 경우 관리자에게 문제가 발생하면 자칫 그동안 축적된 지식이 동시에 상실되는 문제가 발생한다. 특히, 컴퓨터에 의한 기록의 보전은 원예적 관찰사항을 축적하고 정리함으로써 문제 해결과 정보의 활용이라는 측면에서 유용성이 크다.

기록을 유지하는 것은 미래에 이용될 관련된 정보를 축적하고 구체화하는 방법이다. 그 미래는 바로 내일이 될 수 있고, 그때 식물학자는 특정한 식물이 어떻게 구해졌고 이 식물이 야생 상태에서 수집되었는지의 여부를 알고 싶어 할 것이다. 계속되는 연구에서 사용할 식물과 정보 모두가 필요하기 때문이다. 또한, 관리자는 한 식물종이 과거에 어떻게 증식되었는지, 혹은 이 식물이 독성이 있거나 어린아이에게 위험을 줄 가능성이 있는지의 여부를 알고 싶어 할 것이다. 게다가 식물에 대한 지식은 보전을 위한 대중의 지지를 이끌어 내는데 필수적이다.

기록을 유지하는 것은 '부가적 가치'를 준다. 재배 중인 식물뿐 아니라 한 번 얻어진 관련 지식이 구조화된 방법에 따라 보존된다면 식물 수집의 가치와 중요성이 증대된다. 그러므로 식물 수집은 단순한 장식의 재료가 되는 것으로부터 다양한 용도로 사용될 일상용품으로 변화하게 되는 것이다. 식물원을 일반 공원과 묘목상의 묘포와 구별되게 하는 것은 바로 식물과 관련정보의 조합 때문이다.

2. 식물원의 역사

식물을 수집하여 재배하기 시작한 것은 인류사가 시작하기 이전부터다. 고대 이집트 사람들이 많은 식물을 수집하여 가꾸었다는 이야기가 전하고, 바빌론 사람들은 공중정원 Hanging Garden을 만들기도 하였다고 한다. 로마는 세력이 커짐에 따라 아르메니아, 페르시아 및 아시아 서부로부터 사과나무, 배나무, 자두나무, 살구나무, 복사나무 등을 도입하여 가꾸었으며, 시리아로부터는 올리브, 무화과나무, 아몬드 등을 도입하였다고 한다.

중국과 인도에서는 빈번히 발생하는 흉년에 대처하기 위하여 식량자원이 될 수 있는 식물을 수집하여 가꾸기 시작하였으며, 남아메리카의 아즈텍인들은 일찍부터 희귀한 꽃들을 많이 수집하여 재배하였다고 한다. 과학적인 연구와 관찰을 위하여 식물을 처음으로 심은 사람은 그리스의 아리스토텔레스로서 기원전 340년경 그가 만든 아테네의 식물원이 사상 최초의 식물원 형태인 것으로 이야기 된다.

대부분의 초기 식물원은 궁궐 내의 약초원이 모체가 된 경우가 많다. 통치자는 질병치료의 목적으로 자기가 다스리는 지역에 분포하는 약초들을 수집하여 궁궐 내에 집단으로 심고 관리하였던 것이다. 동양에서는 중국 한나라 무제武帝(BC 141~87)가 화남華南에 식물원을 조성하고 남방에서 이식한 계수나무, 바나나, 칸나, 감귤, 오이 등을 재배한 기록이 있다. 이와 관련하여 중국 남부에서는 유용식물의 품종 개량으로 많은 채소, 화훼류의 품종들이 생겨났으며 이들은 영국, 프랑스 사람들에 의해 동남아시아를 경유하여 유럽으로 전파하여 갔다. 일본의 동경대학 부속식물원은 1638년 하쿠 산白山에 있는 도쿠가와 막부德川幕府의 궁전 약초원에서 유래되었고, 우리나라에서도 삼국시대 이후에 의약용으로 궁궐 내 약초원을 조성하였다는 기록이 있다.

아메리카 대륙에도 식물원은 옛날부터 존재하였다. 1528년 스페인의 골데스가 멕시코를 점령하였을 때 몬테스마Montezuma 왕의 궁전 내에 약초원이 있었는데 여기서 자라던 카카오 나무의 종자는 후일 유럽으로 건너가 초콜릿의 원료가 되었다.

유럽 식물원의 전신은 대부분이 그리스도 수도원의 약초원이었다. 당시 병의 치료를 담당하던 수도원에는 아라비아 의술에 쓰인 동양의 약초들을 심은 약초원을 가지고 있었으며, 지금까지 비교적 잘 보존되고 있는 수도원은 9세기에 설립된 스위스의 베네딕트 수도원이다. 당시의 약초원은 대개 긴 담벽으로 가렸으며 이 약초원에는 살아있는 약초뿐만 아니라 건조된 동양의 약초도 취급하였다. 이들 약초의 감정이나 동정은 유럽의 식물학자들이 담당하였다. 이들은 건조된 약초로 식물표본을 만들어 식물의 동정에 이용하였다. 이것이 곧 식물분류학의 시초가 되었다. 그 후 13세기 로마 법왕 니코를 3세는 사상 최대의 약초원으로 바티칸 정원Vatican Garden을 만들었고 그 뒤 로마대학의 식물학 교수가 이곳에 심겨진 식물을 중심으로 식물학을 강의하였다. 이것이 식물원이 본격적으로 학문에 이용된 시발점이었으며 대학과의 최초 연계로 생각된다. 이와 같이 약초원을 기점으로 하여 후일 식물학연구의 장으로 발전한 유럽의 식물원은 15세기 대항해시대부터 향신료 및 기타 유용식물을 수집하기 시작하였으며 이는 유럽 각국의 식민정책의 하나로서 큰 발전을 하게 되었다.

영국의 런던 교외에 위치한 리치몬드의 큐왕립식물원(식물원으로 정식 개편된 것은 1841년)은 1759년부터 유용식물이나 희귀식물을 수집하기 위하여 탐험대나 식물학자를 세계 각지에 파견하였다. 수집된 식물은 큐 식물원에서 실험재배 후 증식하여 종묘를 식민지에 재수출함으로써 많은 경제적 이익과 식물산업을 발전시켰는데 남미의 파라고무나무를 말레이시아 반도에 도입한 것도 한 예라 하겠다. 그 밖에 파리식물원, 암스테르담식물원 등은 커피나무를 원산지인 아프리카에서 남미에 도입하여 커피산업을 번창시키는 역할을 하였다.

한편 교육적인 필요성에 의하여 학교에 식물원을 처음 설치한 곳은 1553년 이탈리아의 파두아Padua 대학교이다. 약학 교수인 프란시스 보나피드Francis Bonafede는 본초학 교수로 임명되면서 유럽에서 처음으로 식물학 교수가 되었고, 1545년 6월 29일 정식으로 식물원을 설치하였다. 보나피드는 학생들을 충실하게 가르치기 위하여 식물원을 만들었는데, 이것은 아직까지 남아 있다. 이 식물원은 2ha 정도의 면적에 식재되어 있는 식물과 표본관 및 18,000권이 넘는 장서를 비롯하여 600여 개에 달하는 식물학자들의 초상화를 소장하고 있다. 1543년 이탈리아의 피사Pisa에 식물원이 설치되면서 루카 기니Luca Ghini가 초대원장에 부임하였다가 안드레아 케살피노Andrea Cesalpino에게 물려주고, 1545년 플로렌스Florence에 새로 설치한 식물원을 맡아 관리하였다. 로마에 설치된 바티칸 정원은

1566년 케살피노의 제자인 미켈레 메르카티가 만들었다.

1587년에는 네덜란드의 라이덴Leiden 대학교에 식물원이 설치되었으며, 클루시우스Clusius가 이 식물원에 처음으로 식물을 심기 시작하여 1594년까지 1,000여 종류를 심었는데, 그 당시에 심었던 나도싸리류*Laburnum*는 1935년까지도 살아있었다고 한다. 1599년에는 이곳에서 처음으로 온실을 설치하였는데, 이것은 아프리카의 희망봉에서 들여온 쥐손이풀*Geranium*과 사철채송화류*Mesembryanthemum* 등의 식물을 보호하기 위함이었다고 한다.

프랑스에서는 1593년 몽펠리Montpellier 대학교에 식물원을 설치한 것이 시초이며 루이 13세가 파리에 왕립식물원을 설치하게 하여 약대 학생을 위해 모든 약용식물을 수집 · 재배하게 하였다. 이것이 지금의 국립자연사박물관이다. 투네폴트Tournefort와 주시우Jussieu 등의 유명한 식물분류학자들이 이 식물원을 거쳐 갔으며, 1927년에 새로 설치한 수목원은 주시우 정원이라고 부른다.

영국에서는 1621년 옥스포드대학에 딜렌을 초대 원장으로 하여 처음으로 식물원을 설치하였고, 1734년에는 처음으로 여기에 온실을 설치하였다. 1762년에는 캠브리지대학에도 식물원이 생겼다. 1670년 에딘버러에 설치한 식물원은 영국에서 둘째로 오래된 식물원으로, 제임스 서덜랜드James Sutherland가 초대 원장을 지냈다.

독일에서는 세계적으로 유명한 베를린식물원을 1646년에 설치하였는데, 글레디취J. G. Gleditsch(1744～1786), 빌더노우K. L. Willdenow(1801～1812), 아이흘러A. W. Eichler(1878～1887), 아돌프 엥글러Adolf Engler(1889~1921), 디일스L. Diels(1921～1945) 등의 유명한 식물분류학자들이 원장을 역임하였다.

스웨덴에서는 1655년 웁살라에 올라프 루드벡Olaf J. Rudbeck이 처음으로 식물원을 설치하고 초대 원장이 되었다. 유명한 식물학자인 칼 린네(1742～1777)는 당시 웁살라대학교의 학생이었다. 후에 린네와 툰베르그Carl Peter Thunberg(1784～1828)가 웁살라식물원의 원장이 되었고, 이후 당시의 식물원은 린네를 기념하기 위해 그대로 보존하고 그 식물원에서 떨어진 곳에 따로 식물원을 설치하였다.

일본은 1684년 동아시아지역에서는 처음으로 동경대학에 식물원을 설치하였고, 러시아는 18세기 초에 모스크바(1707)와 레닌그라드(1713, 현재 지명은 상트페테르부르크)에 식물원을 설치하였으며, 피셔Friedrich E. L. von Fishcer(1789～1854)가 레닌그라드식물원의 초대 원장을 역임하였다. 레닌그라드식물원은 현재 코마로프 식물연구소로 개칭되었다.

스페인에서는 1755년 마드리드에 식물원이 설치되었고, 원장 중 널리 알려져 있는 사람은 카바닐스A. J. Cavanilles이다. 헝가리에서는 1771년 부다페스트에 처음으로 식물원이 설치되었고, 포르투갈에서는 1772년 코임브라에 식물원이 설치되었다.

열대지방에 처음으로 설립된 캘커타식물원은 1787년 로버트 키드Robert Kyd가 호기심에서 시작한 것으로 거의 모든 세계 열대식물을 가꾸고 있다. 인도 식물학의 아버지로 불리고 있는 윌리암 록스버러William Roxburgh(1794~1814)가 제2대 원장을 지내면서 표본관을 만들기 시작하였다. 이 식물원은 1947년에 인도식물원으로 이름이 바뀌었다.

이후 19세기에 들어서면서 생긴 식물원들이 유명하게 되었는데, 브라질의 리우데자네이루식물원(1808), 노르웨이의 오슬로에 있는 하베식물원(1814), 오스트레일리아의 시드니식물원(1816) 및 스위스 제네바식물원(1817) 등이 그 좋은 예이다. 제네바식물원의 초대 원장이었던 드칸돌A.P.de Candolle은 원래 프랑스 몽펠리에Montpellier대학의 교수였으나 식물원을 만드는 조건으로 제네바에서 교수직을 맡았다. 그와 그의 아들 알폰스Alphonse는 식물학 분야에서 제네바를 세계의 중심지로 발전시켰다.

인도네시아 자바의 보고르식물원(1817)과 영국의 큐식물원(1841)도 19세기에 설립되었으며, 큐식물원의 초대 원장은 후커William J. Hooker였다. 큐식물원은 이미 1759년부터 유용식물이나 희귀식물을 수집하기 위하여 탐험대나 식물학자를 세계 각지에 파견하였으며 1841년에 정식으로 식물원으로 개편되었다. 이 식물원은 세계에서 가장 훌륭한 식물원으로 평가받고 있으며 현재 500만여 점의 표본, 목본식물 7,000여 종류와 초본식물 21,000여 종류를 보유하고 있다.

남아프리카의 케이프타운식물원(1848, 현재 이름은 커스텐보쉬Kirstenbosch 식물원), 자메이카의 킹스톤식물원(1857), 싱가포르식물원(1859), 미국의 미주리식물원(1859), 덴마크의 코펜하겐식물원(1871), 미국의 아놀드수목원(1872) 및 뉴욕식물원(1891), 아르헨티나의 부에노스아이레스수목원(1892) 등도 이 시기에 설립되어 오늘날까지 발전을 거듭하고 있는 유명한 식물원들이다.

20세기에 들어 건립된 유명한 식물원으로는 미국의 브루클린식물원이 1910년에 설치되었으며, 1932년에는 북극권인 콜라 반도에 식물원이 설치되었고, 1936년에는 캐나다의 몬트리올에 식물원이 설치되었다. 21세기에 들어 새로운 천년을 기념하여 대대적으로 계획 · 조성된 영국의 에덴프로젝트는 식물학과 예술을 획기적으로 조화시킨 식물원으로 평가받고 있다.

한편 우리나라에 현대적인 개념의 식물원이 정식으로 설치된 것은 1971년(설치령은 1967년에 입법되었으나 실제로 부지가 만들어진 것은 1971년이다) 서울대학교에 설치한 관악수목원이다. 그 후 천리포수목원, 광릉수목원(현 국립수목원), 한국자생식물원, 한택식물원 등 규모 있는 식물원들이 조성되었다.

국내 식물원의 발달 역사

우리나라에서도 삼국시대 이후에 의약용으로 궁궐 내 약초원을 조성하였다는 기록이 있는 등 관련 사료를 찾을 수 있다. 그러나 이것들을 현대적인 식물원 개념으로 보기는 어렵고 근대화 시기 이후의 역사를 다음과 같이 정리할 수 있다.

① 식물원 도입 시기(일제시대부터 1960년대까지): 아직은 식물원 본래의 개념이 적용되지 못하고 온실에 식물을 수집하여 전시하는 수준에 머물던 단계로 이 시기의 대표적인 식물원은 창경궁식물원, 남산식물원(지금은 없어진 온실식물원으로 선인장을 비롯한 다육식물들을 주로 수집하였다), 홍릉수목원 등을 들 수 있다.

② 식물원 현대화 시기(1967년부터 1990년대까지): 식물원 본래의 개념인 연구, 보전, 전시, 교육 등의 기능을 수행하는 식물원의 건립이 본격화된 시기이다. 서울대학교 관악수목원(1967) 및 수원수목원(1986), 광릉수목원(1983), 완도수목원(1991), 경상남도수목원(1993) 등의 학교 및 공공 식물원이 이 시기에 설립되었으며 기청산식물원(1969), 천리포수목원(1979), 여미지식물원(1985), 한택식물원(1987), 한국자생식물원(1989) 등의 사립식물원도 설립되었다.

③ 식물원 활성화 시기(1999년 국립수목원 승격 이후): 이 시기에 가장 주목할 만한 일은 기존에 산림청 임업연구원 중부임업시험장 수목원과에서 관리하던 광릉수목원이 산림청 직할의 국립수목원으로 승격(1999)된 것이다. 이를 필두로 한택식물원(2002), 고운식물원(2003), 신구대학식물원(2003), 평강식물원(2006) 등의 사립 또

는 학교식물원과 경기도립 물향기수목원(2006) 등의 공립 식물원들이 그간의 조성 과정을 거쳐 정식 개원하였다. 최근에는 국립백두대간수목원을 비롯하여 새로운 국립수목원들이 조성 중에 있으며 그 외에 많은 식물원들이 개원하였거나 개원을 준비하고 있는 등 식물원 분야는 발전을 거듭하고 있다.

(이 글은 안상득 외(1995), 이창복 외(1985), 장진성 외(2000), 이승겸 외(2009), 김용식 외(2011)를 참조하여 재구성한 것임을 밝혀둔다.)

참고문헌

국립수목원웹진(2011), 세계의 식물원 탐방자료-뉴욕식물원, 국립수목원 2011년 5월 웹진(http://www.kna.go.kr/upload/webzine/201105/).

국립수목원웹진(2011), 세계의 식물원 탐방자료-롱우드가든, 국립수목원 2011년 10월 웹진(http://www.kna.go.kr/upload/webzine/201110/).

김용기(1996), 〈일본의 식물원〉, 《환경과 조경》 Vol.199, pp.86~91.

김용식(1996), 〈영국의 식물원〉, 《환경과 조경》 Vol.199, pp.72~79.

김용식 · 전정일 · 김종근 · 유지현 · 이명훈 · 윤정원 · 김기송 · 성정원(2011), 〈한국 정원의 장기발전방안 모색을 위한 법적 · 제도적 정책에 관한 연구〉, 산림청 국립수목원.

김장훈(2013), 〈자원봉사로 학문적 업적을? 대단하네-북미 롱우드가든, 직원은 300명인데 자원봉사자만 1000명 가량-〉, 오마이뉴스 2013년 1월 29일자.

김재일(2001), 《생태기행3. 수도권》, 당대.

박원순(2011), 〈펜실베이니아대 부속 모리스수목원〉, 《환경과 조경》 Vol.283, pp.170~181.

신창호(2012), 〈생활 속 정원문화 선도를 위한 수목원의 역할-북미사례를 중심으로-〉, 《제22회 수목원 · 식물원 운영 전문화 워크숍 자료집》, 국립수목원.

안상득 · 장병호 · 이명선 · 권병선 · 김무남 · 정봉탁(1995), 《개정 자원식물학개론》, 선진문화사.

우보명(1985), 〈일본의 수목원 조성의 특징〉, 《서울대학교 농학연구》 Vol.10(2), pp.75~78.

이창복 · 김윤식 · 김정석 · 이정석(1985), 《신고 식물분류학》, 향문사.

이학섭(2008), 〈뉴욕식물원의 츄올리 유리공예전〉, 《환경과 조경》, Vol.240, pp.90~101.

이학섭(2008), 〈롱우드가든〉, 《환경과 조경》, Vol.244, pp.92~101.

이학섭(2008), 〈펜실베이니아대 모리스수목원〉, 《환경과 조경》, Vol.248, pp.72~81.

장진성 · 전정일 · 김휘(2000), 《식물원 운영 지침서》, 산림청 국립수목원.

최주견(2004), 〈세계의 식물원과 꽃 박람회〉, 《농경과 원예》.

현정오(1997), 〈Morris 수목원 소개〉, 《서울대학교수목원 연구보고》 제17호, pp.80~86.

Angela Kay Kepler(2003), *Hawaii's floral splandor*, Mutual Publising.

Charles H. Lamoureux(1996), *Trailside plants of Hawaii's national parks*, Hawaii Natural History Association.

Clayton and Michele Oslund(1998), *Hawaiian gardens are to Go to*, Plant Pics.

Dan and Pauline Lutkenhouse(1994), *Hawaii Tropical Garden*, Hawaii Tropical Garden.

Deni Bown(1997), *Royal botanic garden Edinburgh*, Polton Press.

Denis and Jillian Friar(2000), *FRAIAR'S guide to New Zealand gardens open to visit 2001~2002. 5th edition*, Hodder Moa Beckett publishers Ltd.

Descanso Garden(2001), *Descanso Gardens*, The Donning Company Publishers.

Douglass. H(2003), *Hawaii's trees and shrubs*, Mutual Publising.

Douglass Peebles and Leland Miyano(2003), *Hawaii's flowers*, Mutual Publising.

Eden Project Books(2003), *The guide: Eden project 3rd edition*, Transworld Publisher.

Etelka Leadlay and Jane Greene(1998), *The Darwin Technical Manual for Botanic Gardens*, Botanic Gardens Conservation International (BGCI).

Isolde Hagemann and Bernhard Zepernick(1993), *The Berlin-Dahlem Botanic Garden*, Fördererkreis der naturwissenschaftlichen Museen Berlins e.V.

Kathleen McCormick(2000), *The garden lover's guide to the West*, Princeton Architectural Press.

Leslie Lockwood, Jan Wilson and Murray Fagg(2001), *Botanic gardens of Australia: A guide to 80 gardens*, New Holland Publishers(Australia) Pty Ltd.

Mary Zuazua Jenkins(1998), *America's public garden*, National Geographic Society.

저자 소개

이숭겸 신구대학교 총장
이길순 신구대학교 아동복지과 교수
윤근영 신구대학교 환경조경과 교수
이창경 신구대학교 미디어콘텐츠과 교수
황환주 신구대학교 원예디자인과 교수
김인호 신구대학교 환경조경과 교수
전정일 신구대학교 원예디자인과 교수
변재상 신구대학교 환경조경과 교수

세계의 식물원 산책 1

초 판 1쇄 발행 2013년 6월 18일
초 판 2쇄 발행 2015년 2월 27일

지은이 이숭겸 이길순 윤근영 이창경 황환주 김인호 전정일 변재상
펴낸이 김정일
펴낸곳 신구문화사
디자인 은디자인

등 록 1968. 6. 10. 제1-205호
주 소 경기도 성남시 중원구 광명로 395번길1
전 화 031-741-3055~6, 031-741-3054(팩스)
이메일 shingupub@naver.com
홈페이지 www.shingubook.com

ISBN 978-89-7668-198-0 978-89-7668-197-3(set)

이 도서의 국립중앙도서관 출판시도서목록(CIP)은 서지정보유통 지원시스템 홈페이지(http://seoji.nl.go.kr)와
국가자료공동목록시스템(http://www.nl.go.kr/kolisnet)에서 이용하실 수 있습니다. (CIP제어번호: CIP2013006448)